代数学教本

海老原 円

数学書房

はじめに

　本書は，題名の通り，代数学の教本である．

　大学で数学を学ぶ場合，まず，微積分の基礎と線形代数を学んでから，大きく分けて代数学，幾何学，解析学という3つの分野に進んでいく，というのが通例であろう．

　本書は，微積分と線形代数を学び終え，はじめて代数学という分野に触れようとする読者を対象としている．したがって，微積分の基礎や線形代数の知識はすでに読者が持っているものと仮定して書かれている．また，集合や写像に関する基本的なことがらについても，ひと通り学んでいることを想定している．

　「代数」という言葉を聞いて，まず，中学で学ぶ連立1次方程式や1変数の2次方程式を連想する読者も多いであろう．確かに，代数学は「数」の「代わり」に文字を使い，方程式を立てて考える数学の一分野として出発した．しかし，大学で学ぶ代数学は，個々の方程式の解法の探究というよりは，むしろ，「ある集合に定義された演算がどのような構造を持っているか」ということを論ずることに重点をおく．それはいわば，演算の構造論といった様相を呈し，しばしば，いろいろな演算に共通してあらわれる「現象」を「抽出」するという方法がとられる．いわゆる「抽象化」である．

　線形代数においても，抽象化は非常に強力な道具であった．ベクトルのなす集合に加法やスカラー乗法が定められている状況を抽象化したものが，線形空間 (ベクトル空間) という概念である．その幾何学的な意味についてはひとまずおくことにすれば，線形空間はひとつのまとまった代数系 (演算や作用の定まった集合) をなす．

　本書では「群」，「環」，「体」，「環上の加群」といった代数系を扱う．定義については本文に譲るが，これらの代数系は，読者が数学のどの分野を学ぶことになっても必要なものである．本書においても，抽象的な議論を用いて，これらの概念について論ずることになる．

　抽象的な議論は，その議論の及ぶ範囲の広さ・汎用性という点や，本質を浮き彫りにする透明性という点からみて，非常に強力である．しかし，一方において，「なぜそのような抽象化をおこなうのか」「どのようなことがらを念頭においているのか」という視点を持つことも大切である．抽象的な定義から出発

し，論理を一段一段組み立てていくことによって，次第に巨大な建造物が出来上がる様子を味わうことは，数学の醍醐味のひとつであるが，そのような議論に取り組む前に，その議論の「ひながた」である具体的な事象を知っておけば，理解がより深まるであろう．

そこで，本書では，第 1 章を「代数学入門」と題して，本書で扱う概念のひながたに相当するものをいくつかそこで取り上げることにした．

第 1 章でまず取り扱ったのは，整数である．整数を整数で割って余りを出すという素朴な操作をもとにして，剰余類という概念を導き，さらには 2 つの剰余類同士の和や積を定義する．このような議論の中に，すでに環や体，イデアルといった諸概念の萌芽がみられる．素数という概念も，その後，さまざまな形に一般化される．

次に扱ったのは，置換である．線形代数において行列式を定義するときに，すでに置換が用いられるが，本書ではあらためて置換についての基本事項を述べた．n 文字の置換全体の集合は，置換の合成を積と考えることによって，群をなす．この群は対称群とよばれる．対称群は，いわば群論の発祥の地である．

置換の積は，数や式の加法や乗法とは異なり，一般に交換法則を満たさない．交換法則を満たさない演算の例としては，行列の積もあげられるが，置換と行列に共通しているのは，それがある種の変換に関連する概念である，ということである．有限個の文字の変換 (並べかえ) を表現するのが置換であり，ベクトルに対する線形変換を表現するのが行列である．行列のなす集合もしばしば群をなす．このように，「群」は「変換」に関連して登場することが多い．

いま述べたようなことを実感していただくためには，群の理論を本格的に学ぶ前に，群の実例をある程度頭に入れておくのがよいと思われる．そこで，第 1 章の最後では，群の例をいくつか考察することにした．

さて，第 1 章でウォーミングアップを終えて，第 2 章は群についての一般論を述べている．第 3 章では環と体について，第 4 章は，環上の加群について，それぞれ述べている．

第 2 章から第 4 章の各章においては，それぞれ前半部分は，基本的な概念の説明に費やされる．これらの 3 つの章の前半部分では，似たような議論が展開されていることに読者は気づくであろう．たとえば，「準同型定理」という名の定理が，群に対しても，環に対しても，環上の加群に対しても，同じような形で存在し，その証明も似たようなものであることを発見するであろう．

このことは，群であれ，環や体であれ，環上の加群であれ，基本的なことがらを論ずるにあたっては，ある共通の考え方が底流として存在することを意味する．いい換えれば，これらのことがらを理解するには，ひとつの「コツ」のようなものをつかんでしまえばよい，ということでもある．読者には是非そのコツをつかんでいただきたいので，これらの 3 つの章の前半部分では，あえて同じような議論をくり返している．

第 2 章から第 4 章の後半部分は，それぞれ固有の話題を選んで，それについて述べている．ただし，あまり欲張って多くの話題を取り上げることをせず，その分，叙述を丁寧にすることを心がけた．

第 2 章においては，アーベル群の基本定理を紹介し (証明は第 4 章に回した)，交換子群や類等式についても言及している．シローの定理は，有限群の構造の分析には重要な定理ではあるものの，やや専門的な話題であるので，簡単な紹介にとどめ，証明は省略した．

第 3 章においては，非可換環の考察は省略し，単位元を持つ可換環のみ取り扱っている．後半部分は，一意分解整域上の多項式環がやはり一意分解整域であるという定理の証明に紙数を割いている．

第 4 章の後半部分は，単項イデアル整域上の有限生成加群の構造について論じ，アーベル群の基本定理をも包含する定理を紹介している．議論を進めるにあたっては，線形代数との類似を重視する方針をとった．

ホモロジー代数については述べることができなかったが，読者が将来，ホモロジー代数を勉強するであろうことを想定し，完全系列の考え方や Five Lemma などを述べ，それらを実際に用いて議論を展開している．

最後に，第 5 章では体の拡大の理論について述べ，ガロア理論とよばれる理論の一端をのぞいてみることにした．ガロア理論は，1 変数多項式の根の状況を，体の拡大や体の自己同型写像と関連付けて理解しようとする理論である．その理論構成は非常に美しいものであるが，やや専門的な話題でもあるので，骨子を述べるにとどめた．ただ，理論の展開に際して，それまでに学んできたことがらをフル活用することになるので，読者の学習の総まとめとしては適切な材料であると思われる．

以上が本書の概略である．本書で取り扱うことのできなかったことがらも多い．内容の取捨選択は，かなり悩ましい問題であるが，いちおう，大学の標準的なカリキュラムに沿うものを選んだつもりである．

本書の内容や構成を考えるにあたって，次の 2 点を大まかな指針とした．

- 基本的な知識と，それを活用する考え方を読者が習得できるようにする．
- それらの知識や考え方の素養があれば，将来専門的な勉強に進んだときにも，必要な知識をそのつど自力で身につけることができるようにする．

　代数学の考え方を身につけるためには，ある程度の知識が必須である．必要最低限の知識は本書で述べたつもりであるが，単なる知識を寄せ集めても，それは読者の糧とはならない．読者が知識を自分のものとするためには，その習得の「深さ」が必要である．その深さを1冊の書物においてどのように実現するか…．それは非常にむずかしい問題である．著者は大学で代数学の講義を長年受け持っているが，知識をいかに深く習得させるかということについて，いまだに満足のいく解答を見出せずにいる．しかし，著者のささやかな経験から得たものは，惜しみなく本書に注ぎ込んだつもりである．

　最後に，数学書房の横山伸氏には，本書の構想の段階から多くの貴重なご意見をいただいたことを述べておく．ここにあらためて感謝の意を表したい．

2017年秋 著者記す

目 次

はじめに　　i

第 1 章　代数学入門　　1
1.1　整数とその演算　　1
1.1.1　整数の演算と素因数分解　　1
1.1.2　ユークリッドの互除法　　5
1.1.3　合同式と同値関係　　7
1.1.4　$\mathbb{Z}/m\mathbb{Z}$ の演算　　9
1.1.5　方程式 $ax \equiv b \pmod{m}$ を解く　　11
1.1.6　$\mathbb{Z}/m\mathbb{Z}$ の可逆元　　12
1.1.7　整域　　14
1.1.8　フェルマの小定理とオイラーの定理　　14
1.2　置換　　16
1.2.1　置換の定義とその演算　　16
1.2.2　互換　　17
1.2.3　置換の符号　　18
1.3　群の定義と例　　20
1.3.1　群の定義　　21
1.3.2　部分群　　22
1.3.3　群の例　　23
1.3.4　二面体群　　27
1.3.5　乗積表と群の準同型写像　　29

第 2 章　群　　33
2.1　記号の準備　　33
2.1.1　べき乗など　　33
2.1.2　KL (K, L は G の部分集合) など　　33
2.2　群の生成系　　34
2.2.1　いくつかの元で生成される部分群　　34
2.2.2　巡回群　　36

2.2.3	群の元の位数	37
2.3	剰余類と剰余群	38
2.3.1	剰余類	38
2.3.2	ラグランジュの定理とその応用	40
2.3.3	正規部分群	42
2.3.4	剰余群	44
2.4	準同型定理とその応用	46
2.4.1	準同型写像の基本的な性質	46
2.4.2	標準的準同型写像と準同型定理	48
2.4.3	準同型定理の応用	49
2.5	群の直積とアーベル群の基本定理	53
2.5.1	群の直積	53
2.5.2	アーベル群の基本定理	56
2.6	特別な部分群・類等式・シローの定理など	57
2.6.1	交換子と交換子群	57
2.6.2	中心・中心化群・正規化群	59
2.6.3	類等式	60
2.6.4	シローの定理	63

第3章　環と体　64

3.1	環の例 — 特に多項式環	64
3.1.1	環の例	64
3.1.2	多項式環	65
3.1.3	1変数多項式環	67
3.2	部分環・部分体	70
3.2.1	部分環・部分体の定義と例	70
3.2.2	部分環・部分体の生成	71
3.3	環のイデアルと剰余環	75
3.3.1	イデアルの定義と例	75
3.3.2	イデアルの生成	76
3.3.3	単項イデアル環・単項イデアル整域	78
3.3.4	剰余環	79
3.3.5	素イデアル・極大イデアル	81

- 3.4 準同型写像と準同型定理 83
  - 3.4.1 準同型写像の定義と例 83
  - 3.4.2 準同型写像の核・像など 84
  - 3.4.3 準同型定理 85
  - 3.4.4 中国剰余定理 88
- 3.5 商体,標数,素体 89
  - 3.5.1 商体 89
  - 3.5.2 標数 92
  - 3.5.3 素体 93
- 3.6 一意分解整域 95
  - 3.6.1 既約元と素元 95
  - 3.6.2 一意分解整域 97
  - 3.6.3 単項イデアル整域は一意分解整域である 99
  - 3.6.4 既約多項式 100
  - 3.6.5 原始多項式とガウスの補題 102
  - 3.6.6 一意分解整域上の多項式環は一意分解整域である 105
  - 3.6.7 アイゼンシュタインの判定法 107

第 4 章 環上の加群   109

- 4.1 基本事項 109
  - 4.1.1 環上の加群 109
  - 4.1.2 部分加群 110
  - 4.1.3 部分加群の生成 111
  - 4.1.4 和と直和分解 112
  - 4.1.5 剰余加群 114
  - 4.1.6 線形写像 (準同型写像) 115
  - 4.1.7 準同型定理 116
  - 4.1.8 線形写像全体のなす加群 117
- 4.2 完全系列・可換図式 118
  - 4.2.1 可換図式 119
  - 4.2.2 完全系列 119
  - 4.2.3 Five Lemma 121
- 4.3 自由加群,ねじれ加群 122

- 4.3.1 基底と自由加群 122
- 4.3.2 有限生成な自由加群の階数 123
- 4.3.3 座標写像 126
- 4.3.4 ねじれ元, ねじれ部分 127
- 4.4 単項イデアル整域上の有限生成加群の構造 128
  - 4.4.1 自由加群の部分加群 128
  - 4.4.2 自由加群の間の線形写像の表現行列 130
  - 4.4.3 行列を使って単項イデアル整域上の有限生成加群の構造を考える 133
  - 4.4.4 表現行列を簡単にする ($R = \mathbb{Z}$ の場合) ... 134
  - 4.4.5 表現行列を簡単にする (R が一般の単項イデアル整域の場合) ... 139
  - 4.4.6 標準形の一意性 141
  - 4.4.7 単項イデアル整域上の有限生成加群の構造 (その 1) ... 143
  - 4.4.8 単項イデアル整域上の有限生成加群の構造 (その 2) ... 144

第 5 章 体の拡大とガロア理論 151

- 5.1 体の拡大の基本事項 151
  - 5.1.1 体の拡大と代数的な元 151
  - 5.1.2 最小多項式 152
  - 5.1.3 体の拡大次数 154
  - 5.1.4 単純拡大 156
  - 5.1.5 デロスの問題 159
  - 5.1.6 代数拡大 162
- 5.2 ガロア理論入門 164
  - 5.2.1 体の同型写像のなす群 (ガロア理論序論その 1) ... 164
  - 5.2.2 固定体 (ガロア理論序論その 2) 168
  - 5.2.3 分解体 170
  - 5.2.4 最小分解体と自己同型写像 173
  - 5.2.5 分離拡大・非分離拡大 178
  - 5.2.6 正規拡大 183
  - 5.2.7 ガロア拡大とガロア群 185
  - 5.2.8 ガロア理論の基本定理 191
- 5.3 補遺 198

5.3.1	代数閉体，代数閉包	198
5.3.2	有限体	199
5.3.3	超越次数	201

問の解答 203

索　引 220

第 1 章

代数学入門

これから本書で学ぶ代数学は，演算について考察する．このとき，たとえば「$2+3=5$」という個別の演算結果を問題にするのではなく，「整数全体の集合が加法という演算に関してどのような構造を持っているか」ということや，「ほかに同じような構造を持った集合はあるか」ということなどを調べる．つまり，演算の全体構造を問題にするのである．

1.1 整数とその演算

まず，整数全体の集合 $\mathbb{Z}$ とその演算について調べることにしよう．

1.1.1 整数の演算と素因数分解

次の命題は証明なしに認める．

命題 1.1 $a, b \in \mathbb{Z}, b > 0$ とするとき
$$a = qb + r, \quad 0 \leq r < b$$
を満たす整数 q, r がただ 1 組存在する．

$a, b \in \mathbb{Z}$ に対して，$a = qb$ となる $q \in \mathbb{Z}$ が存在するとき，a は b の**倍数**である，あるいは，b は a の**約数**であるという．このことを
$$b|a$$
と表す．2 以上の整数 p が 1 と p 以外に正の約数を持たないとき，p は**素数**であるという．素数でない 2 以上の整数を**合成数**という．

命題 1.2 $d \in \mathbb{Z}$ とし，d の倍数全体の集合を I とする．

  (1) $0 \in I$ である．
  (2) $x, y \in I$ ならば，$x + y, x - y \in I$ である．
  (3) $c \in \mathbb{Z}, x \in I$ ならば，$cx \in I$ である．

問 1.1 命題 1.2 を証明せよ．

定義 1.3 $\mathbb{Z}$ の部分集合 I が次の条件を満たすとき，I は $\mathbb{Z}$ の**イデアル**であるという．

(1) $0 \in I$ である．
(2) $x, y \in I$ ならば，$x+y, x-y \in I$ である．
(3) $c \in \mathbb{Z}, x \in I$ ならば，$cx \in I$ である．

「イデアル」という概念は，のちにもう少し一般的な状況で定義される．

$a_1, a_2, \ldots, a_k \in \mathbb{Z}$ とする．すべての a_i $(1 \leq i \leq k)$ の共通の倍数を，これらの整数の**公倍数**という．正の公倍数のうち，最小のものを**最小公倍数**という．すべての a_i $(1 \leq i \leq k)$ の共通の約数を，これらの整数の**公約数**という．正の公約数のうち，最大のものを**最大公約数**という．$a_1, a_2, \ldots, a_k$ の最大公約数が 1 のとき，これらは**互いに素**であるという．

次の定理は，$\mathbb{Z}$ の演算の構造を考える際に重要な役割を果たす．

定理 1.4 $a_1, a_2, \ldots, a_k \in \mathbb{Z}$ とし，これらのうち，少なくとも 1 つは 0 でないとする．これらの整数の最大公約数を d とする．また

$$I = \{c_1 a_1 + c_2 a_2 + \cdots + c_k a_k \,|\, c_1, c_2, \ldots, c_k \in \mathbb{Z}\}$$

とおく．このとき，I に属する正の整数のうち，最小のものが d であり，I は d の倍数全体の集合と一致する．

証明．【ステップ 1】 I は $\mathbb{Z}$ のイデアルである (問 1.2)．

【ステップ 2】 I は 0 以外の整数を含む．さらに，$x \in I$ ならば $-x \in I$ であるので，I は正の整数を含む．I に含まれる正の整数のうち，最小のものを d' とする．このとき，次の式 (1.1) が成り立つ．

$$I = \{nd' \,|\, n \in \mathbb{Z}\}. \tag{1.1}$$

実際，I は $\mathbb{Z}$ のイデアルであり，$d' \in I$ であるので，任意の $n \in \mathbb{Z}$ に対して $nd' \in I$ である．よって，$I \supset \{nd' \,|\, n \in \mathbb{Z}\}$ となる．一方，任意の $x \in I$ をとり

$$x = qd' + r \quad (q, r \in \mathbb{Z}, \ 0 \leq r < d')$$

となる q, r を選ぶと，$d' \in I$ より $qd' \in I$ であり，$x \in I$ であるので

$$r = x - qd' \in I$$

となる．もし $r > 0$ ならば，r は I に属する正整数であって，d' より小さい．これは d' の選び方に反する．よって $r = 0$ であり，x は d' の倍数である．よって，$I \subset \{nd' \mid n \in \mathbb{Z}\}$ が成り立つ．こうして，式 (1.1) が示される．

【ステップ 3】 $a_i = 0 \cdot a_1 + \cdots + 1 \cdot a_i + \cdots + 0 \cdot a_k \in I$ であるので，ステップ 2 より，a_i は d' の倍数である $(1 \leq i \leq k)$．したがって，d' は $a_1, a_2, \ldots, a_k$ の公約数であり，d' は最大公約数 d 以下である．

【ステップ 4】 $d' \in I$ より，$d' = \sum_{i=1}^{k} c'_i a_i$ を満たす $c'_i \in \mathbb{Z} \, (1 \leq i \leq k)$ が存在する．$a_i \, (1 \leq i \leq k)$ は d の倍数であるので，d' は d の正の倍数である．よって，$d' \geq d$ である．

【ステップ 5】 以上のことより，$d' = d$ となり，定理が証明される． □

問 1.2 定理 1.4 の証明のステップ 1 を示せ．

系 1.5 定理 1.4 の状況において

$$d = c_1 a_1 + \cdots + c_k a_k$$

を満たす $c_1, \ldots, c_k \in \mathbb{Z}$ が存在する．特に，$a_1, \ldots, a_k$ が互いに素ならば

$$1 = c_1 a_1 + \cdots + c_k a_k$$

を満たす $c_1, \ldots, c_k \in \mathbb{Z}$ が存在する．

証明． 定理 1.4 より，ただちにしたがう． □

系 1.6 定理 1.4 の状況において，n は $a_1, \ldots, a_k$ の任意の公約数とする．このとき，d は n の倍数である．

証明． $a_i \, (1 \leq i \leq k)$ は n の倍数である．系 1.5 より，$d = \sum_{i=1}^{k} c_i a_i$ を満たす $c_i \in \mathbb{Z} \, (1 \leq i \leq k)$ が存在するので，d は n の倍数である． □

系 1.7 $a, b, c \in \mathbb{Z}$ は整数とする．a と c は互いに素であり，$c | ab$ であるとする．このとき，$c | b$ が成り立つ．

証明． a と c が互いに素であるので，系 1.5 より

$$1 = xc + ya \tag{1.2}$$

を満たす整数 x, y が存在する．式 (1.2) の両辺を b 倍すると

$$b = bxc + yab$$

が得られる．このとき，$c|bxc, c|ab$ より $c|b$ がしたがう． □

系 1.8 p は素数とし，$a, b \in \mathbb{Z}$ とする．このとき，「$p|ab$ ならば，$p|a$ または $p|b$」が成り立つ．

証明． $p|ab$ かつ $p \nmid a$ であると仮定して，$p|b$ が成り立つことを示せばよい．p が素数であるので，p と a の最大公約数は 1 または p であるが，$p \nmid a$ であるので，p は a の約数でない．したがって，p と a の最大公約数は 1 である．そこで，系 1.7 を $c = p$ の場合に適用すれば，$p|b$ が得られる． □

c が合成数のとき，$c \nmid a, c \nmid b$ であっても，$c|ab$ となることがある．

系 1.8 は次のように一般化される (証明は省略する)．

系 1.9 p は素数とし，$a_1, a_2, \ldots, a_k \in \mathbb{Z}$ とする．$p|a_1 a_2 \cdots a_k$ ならば，ある $i \ (1 \leq i \leq k)$ に対して $p|a_i$ が成り立つ．

定理 1.10 (素因数分解とその一意性) a は 2 以上の任意の整数とする．

(1) a は有限個の素数の積の形に分解する．

$$a = p_1 p_2 \cdots p_k \quad (p_i \text{ は素数}, \ 1 \leq i \leq k).$$

(2) この分解は積の順序を除けば一意的である．

証明． (1) 帰納法により示す．$a = 2$ のとき，$k = 1, p_1 = 2$ とすればよい．そこで，$a \geq 3$ とし，2 以上 $a - 1$ 以下の整数は有限個の素数の積の形で表されると仮定する．a が素数ならば，$k = 1, p_1 = a$ とすればよい．a が合成数のとき，$a = bc, 1 < b < a, 1 < c < a$ を満たす $b, c \in \mathbb{Z}$ がとれる．このとき，帰納法の仮定により，b, c は有限個の素数の積の形で表されるので，$a = bc$ もまた有限個の素数の積の形で表される．

(2) a が次のように素数の積の形に 2 通りに表されるとする．

$$a = p_1 p_2 \cdots p_k = q_1 q_2 \cdots q_l \quad (p_1, \ldots, p_k, q_1, \ldots, q_l \text{ は素数}).$$

このとき，$k \leq l$ であるとして一般性を失わない．p_1 は a の約数であるので，$p_1 | q_1 q_2 \cdots q_l$ である．よって，系 1.9 により，$p_1 | q_j$ となる $j \ (1 \leq j \leq l)$ が存在する．必要に応じて $q_1, \ldots, q_l$ の順序を並べかえることにより，$p_1 | q_1$ であるとする．このとき，p_1 も q_1 も素数であるので，$p_1 = q_1$ であり，よって

$$p_2 \cdots p_k = q_2 \cdots q_l$$

が成り立つ．同様に考えると，必要に応じて $q_1, \ldots, q_l$ の順序を並べかえれば

$$p_1 = q_1, \ p_2 = q_2, \ldots, \ p_k = q_k$$

が成り立つことがわかる．このとき，もし $l > k$ ならば，$1 = q_{k+1} \cdots q_l$ となるが，これは不合理である．よって，$k = l$ も成り立つ． □

2 以上の整数 a を定理 1.10 のようにいくつかの素数の積の形に表すことを a の**素因数分解**とよぶ．同じ素数をまとめて

$$a = p_1^{e_1} p_2^{e_2} \cdots p_s^{e_s} \quad (p_1, p_2, \ldots, p_s \text{ は相異なる素数}, \ e_1, e_2, \ldots, e_s \in \mathbb{N})$$

と表すこともある．

1.1.2　ユークリッドの互除法

整数 $a_1, a_2, \ldots, a_k$ の最大公約数を $\mathrm{GCD}(a_1, a_2, \ldots, a_k)$ という記号で表す．最大公約数を求める方法に**ユークリッドの互除法**がある．

例 1.1　60 と 264 の最大公約数は，次のように求められる．

$$\begin{aligned}
264 &= 60 \times 4 + 24, \\
60 &= 24 \times 2 + 12, \\
24 &= 12 \times 2.
\end{aligned}$$

最後の式で 24 が 12 で割り切れたので，求める最大公約数は 12 である．

次の命題は，ユークリッドの互除法の根拠を与える．

命題 1.11　$a_1, a_2, \ldots, a_k, q_2, \ldots, q_k \in \mathbb{Z}$ とし，$a_1 \neq 0$ とする．$2 \leq i \leq k$ を満たす i について，$r_i = a_i - q_i a_1$ とおくとき，次が成り立つ．

$$\mathrm{GCD}(a_1, a_2, \ldots, a_k) = \mathrm{GCD}(a_1, r_2, \ldots, r_k).$$

証明．　$\mathrm{GCD}(a_1, a_2, \ldots, a_k) = d$, $\mathrm{GCD}(a_1, r_2, \ldots, r_k) = d'$ とおく．$a_1, a_2, \ldots, a_k$ が d の倍数であるので，$r_i = a_i - q_i a_1$ も d の倍数である（$2 \leq i \leq k$）．よって，d は $a_1, r_2, \ldots, r_k$ の公約数であり，それは最大公約数 d' 以下である．一方，$a_1, r_2, \ldots, r_k$ が d' の倍数であるので，$a_i = r_i + q_i a_1$ も d' の倍数である（$2 \leq i \leq k$）．よって，d' は $a_1, a_2, \ldots, a_k$ の公約数であり，$d' \leq d$ が成り立つ．よって，$d = d'$ である． □

この命題によれば，例 1.1 は次のような式で説明できる．

$$\mathrm{GCD}(264, 60) = \mathrm{GCD}(24, 60) = \mathrm{GCD}(24, 12) = \mathrm{GCD}(0, 12) = 12.$$

例 1.2 $\mathrm{GCD}(30, 84, 105)$ は，「いちばん小さい正の整数で残りの数を割って余りを出す」という操作を続けることによって，次のように求められる．

$$\mathrm{GCD}(30, 84, 105) = \mathrm{GCD}(30, 24, 15) = \mathrm{GCD}(0, 9, 15)$$
$$= \mathrm{GCD}(0, 9, 6) = \mathrm{GCD}(0, 3, 6) = \mathrm{GCD}(0, 3, 0) = 3.$$

系 1.5 によれば，$a_1, \ldots, a_k \in \mathbb{Z}$ に対して，$\mathrm{GCD}(a_1, \ldots, a_k) = \sum_{i=1}^{k} c_i a_i$ を満たす $c_i \in \mathbb{Z}\,(1 \leq i \leq k)$ が存在する．ユークリッドの互除法を利用して，そのような $c_i\,(1 \leq i \leq k)$ を 1 組見つけることができる．

例 1.3 $60 c_1 + 264 c_2 = 12$ を満たす $c_1, c_2 \in \mathbb{Z}$ は，次のような行列の変形によって見つけることができる．

$$\begin{pmatrix} 1 & 0 & 60 \\ 0 & 1 & 264 \end{pmatrix} \xrightarrow{R_2 - 4R_1} \begin{pmatrix} 1 & 0 & 60 \\ -4 & 1 & 24 \end{pmatrix}$$
$$\xrightarrow{R_1 - 2R_2} \begin{pmatrix} 9 & -2 & 12 \\ -4 & 1 & 24 \end{pmatrix} \xrightarrow{R_2 - 2R_1} \begin{pmatrix} 9 & -2 & 12 \\ -22 & 5 & 0 \end{pmatrix}.$$

ここで，単位行列の横に $\begin{pmatrix} 60 \\ 264 \end{pmatrix}$ を並べた行列に対して，最後の列がユークリッドの互除法となるように，行列全体に行基本変形をほどこしている．R_i は行列の第 i 行を意味し，たとえば「$R_2 - 4R_1$」は，第 2 行から第 1 行の 4 倍を引く変形を表す．上の変形を連立 1 次方程式の拡大係数行列の変形とみると

$$\begin{cases} x = 60 \\ y = 264 \end{cases} \iff \begin{cases} 9x - 2y = 12 \\ -22x + 5y = 0 \end{cases}$$

が成り立つ (詳細は線形代数の教科書を参照)．よって，$c_1 = 9, c_2 = -2$ とおけば，$x = 60, y = 264$ に対して $c_1 x + c_2 y = 12$，すなわち，$60 c_1 + 264 c_2 = 12$ が成り立つ (もちろん，このような c_1, c_2 の組はほかにもたくさんある)．

問 1.3 $30 c_1 + 84 c_2 + 105 c_3 = 3$ を満たす $c_1, c_2, c_3 \in \mathbb{Z}$ を 1 組求めよ．

1.1.3 合同式と同値関係

定義 1.12 $m \in \mathbb{N}$ とし，$a, b \in \mathbb{Z}$ とする．$a - b$ が m の倍数であるとき，a と b は m を法として**合同**であるという．このことを
$$a \equiv b \pmod{m}$$
と表す．また，このような式を**合同式**という．

自然数 m に対して，m の倍数全体からなる $\mathbb{Z}$ のイデアルを I とおくとき (命題 1.2，定義 1.3 参照)，「$a \equiv b \pmod{m} \Leftrightarrow a - b \in I$」が成り立つ．

命題 1.13 $m \in \mathbb{N}$ とし，$a, b, c \in \mathbb{Z}$ とする．
(1) $a \equiv a \pmod{m}$ である．
(2) $a \equiv b \pmod{m}$ ならば $b \equiv a \pmod{m}$ である．
(3) $a \equiv b \pmod{m}$ かつ $b \equiv c \pmod{m}$ ならば，$a \equiv c \pmod{m}$ である．

問 1.4 命題 1.13 を証明せよ．

命題 1.13 のような性質を一般的に考えてみよう．

定義 1.14 X は空でない集合とする．X の任意の 2 つの元の組 x, y に対して，$x \sim y$ という関係が成り立つか，成り立たないか ($x \not\sim y$) が定まっており，次の 3 つの条件が成り立つとき，この関係 $\sim$ は**同値関係**であるという．
(1) (反射律) 任意の $x \in X$ に対して，$x \sim x$ が成り立つ．
(2) (対称律) $x, y \in X$ に対して，$x \sim y$ ならば $y \sim x$ が成り立つ．
(3) (推移律) $x, y, z \in X$ に対して，「$x \sim y$ かつ $y \sim z$」ならば $x \sim z$ が成り立つ．

命題 1.13 によれば，自然数 m を法とする合同関係は同値関係である．

定義 1.15 空でない集合 X に同値関係 $\sim$ が与えられているとする．X の元 x に対して，X の部分集合 $C(x)$ を
$$C(x) = \{y \in X \mid y \sim x\}$$
と定め，これを x の**同値類**とよぶ．

例 1.4 $\mathbb{Z}$ において，自然数 m を法とする合同関係を考えると

$$C(0) = (m \text{ の倍数全体の集合}),$$
$$C(1) = (m \text{ で割ったとき } 1 \text{ 余る整数全体の集合}),$$
$$\vdots$$
$$C(m-1) = (m \text{ で割ったとき } m-1 \text{ 余る整数全体の集合})$$

である．また，$C(m) = C(0), C(m+1) = C(1)$ などが成り立つ．これらの $C(i)$ は，m を法とする**剰余類**とよばれる．

命題 1.16 空でない集合 X に同値関係 $\sim$ が与えられているとする．また，$x, y \in X$ とする．

(1) $x \in C(x)$ である．特に，$C(x) \neq \emptyset$ である．
(2) $x \sim y \Leftrightarrow C(x) \cap C(y) \neq \emptyset \Leftrightarrow C(x) = C(y)$.
(3) $x \not\sim y \Leftrightarrow C(x) \cap C(y) = \emptyset \Leftrightarrow C(x) \neq C(y)$.

証明．(1) 反射律より $x \sim x$ であるので，$x \in C(x)$ である．

(2) まず，「$x \sim y$」を仮定して，「$C(x) = C(y)$」を示す．任意の $z \in C(x)$ をとると，$z \sim x$ であるので，$x \sim y$ とあわせて推移律を用いれば，$z \sim y$ が得られる．よって $z \in C(y)$ である．したがって $C(x) \subset C(y)$ である．また，対称律より $y \sim x$ であるので，x と y の役割を入れ換えれば，$C(y) \subset C(x)$ が得られる．よって，$C(x) = C(y)$ である．

また，$C(x) \neq \emptyset$ より，「$C(x) = C(y) \Rightarrow C(x) \cap C(y) \neq \emptyset$」が成り立つ．

最後に，「$C(x) \cap C(y) \neq \emptyset$」を仮定して，「$x \sim y$」を示す．$w \in C(x) \cap C(y)$ を選ぶと，$w \sim x, w \sim y$ が成り立つ．このとき，対称律より $x \sim w$ である．さらに $w \sim y$ とあわせて推移律を用いれば，$x \sim y$ が示される．

(3) (2) よりしたがう． □

命題 1.16 によれば，集合 X に同値関係が定まっているとき，X は互いに共通部分を持たないいくつかの同値類に分割される．このことを同値関係 $\sim$ による**類別**とよぶ．たとえば，例 1.4 において，$\mathbb{Z}$ は次のように分割される．

$$\mathbb{Z} = C(0) \cup C(1) \cup \cdots \cup C(m-1).$$

次に，各同値類を「ひとまとまりのもの」として取り扱うことを考える．

定義 1.17 空でない集合 X に同値関係 $\sim$ が定まっているとき，同値類全体の集合を $X/\sim$ と表し，同値関係 $\sim$ による X の**商集合**という．

$$X/\sim = \{Z \mid Z \text{ は } X \text{ の部分集合で，ある } x \in X \text{ に対して } Z = C(x)\}.$$

同値類を $C(x)$ と書くかわりに，$\bar{x}$ と表すこともある．

$\mathbb{Z}$ において，自然数 m を法とする合同関係を考えると，商集合は m 個の元からなる有限集合である．この商集合を特に $\mathbb{Z}/m\mathbb{Z}$ と表す．

$$\mathbb{Z}/m\mathbb{Z} = \{C(0), C(1), C(2), \ldots, C(m-1)\} = \{\bar{0}, \bar{1}, \bar{2}, \ldots, \overline{m-1}\}.$$

1.1.4 $\mathbb{Z}/m\mathbb{Z}$ の演算

$m \in \mathbb{N}, m \geq 2$ とする．集合 $\mathbb{Z}/m\mathbb{Z}$ に演算を定義しよう．$\mathbb{Z}/m\mathbb{Z}$ の元は $\bar{a}$ ($a \in \mathbb{Z}$) と表される．$\bar{a}, \bar{b} \in \mathbb{Z}/m\mathbb{Z}$ に対して，次のことが成り立っていた．

$$\bar{a} = \bar{b} \Longleftrightarrow a \equiv b \pmod{m}.$$

定義 1.18 $\mathbb{Z}/m\mathbb{Z}$ の元 α, β に対して，$\alpha = \bar{a}, \beta = \bar{b}$ となる $a, b \in \mathbb{Z}$ を選ぶ．このとき，和 $\alpha + \beta$，積 $\alpha\beta \in \mathbb{Z}/m\mathbb{Z}$ を次のように定める．

$$\alpha + \beta = \overline{a+b}, \quad \alpha\beta = \overline{ab}.$$

この「定義」には注意が必要である．$\alpha = \bar{a}, \beta = \bar{b}$ となる $a, b \in \mathbb{Z}$ の選び方は 1 通りでない．たとえば，$\alpha = \bar{a} = \overline{a'}, \beta = \bar{b} = \overline{b'}$ であるとき，$\alpha + \beta$ は，$\overline{a+b}, \overline{a'+b'}$ のどちらを採用すればよいのか？

命題 1.19 $a, b, a', b' \in \mathbb{Z}$ が $a \equiv a' \pmod{m}, b \equiv b' \pmod{m}$ を満たすと仮定する．このとき，次が成り立つ．

(1) $a + b \equiv a' + b' \pmod{m}$.

(2) $a - b \equiv a' - b' \pmod{m}$.

(3) $ab \equiv a'b' \pmod{m}$.

証明． 仮定より，$a - a' = km, b - b' = lm$ となる $k, l \in \mathbb{Z}$ が存在する．

(1) $(a+b) - (a'+b') = (a-a') + (b-b') = km + lm = (k+l)m$ であるので，$a + b \equiv a' + b' \pmod{m}$ が成り立つ．

(2) (1) と同様に証明される (詳細な検討は読者にゆだねる)．

(3) $ab - a'b' = ab - a'b + a'b - a'b' = (a-a')b + a'(b-b') = (kb + a'l)m$ であるので，$ab \equiv a'b' \pmod{m}$ が成り立つ． □

$\alpha = \bar{a} = \overline{a'}$, $\beta = \bar{b} = \overline{b'} \in \mathbb{Z}/m\mathbb{Z}$ とすると，$a \equiv a' \pmod{m}$, $b \equiv b' \pmod{m}$ が成り立つ．このとき，命題 1.19 により，$a+b \equiv a'+b' \pmod{m}$, $ab \equiv a'b' \pmod{m}$ が成り立つので
$$\overline{a+b} = \overline{a'+b'}, \quad \overline{ab} = \overline{a'b'}$$
である．よって，定義 1.18 において，$\alpha = \bar{a}$, $\beta = \bar{b}$ を満たす $a, b \in \mathbb{Z}$ の選び方によらず，$\alpha + \beta$, $\alpha\beta$ が定まる．このことを，「和 $\alpha + \beta$，積 $\alpha\beta$ は **well-defined** である」という．こうして，集合 $\mathbb{Z}/m\mathbb{Z}$ の加法や乗法が定まった．

ここで，いくつか一般的な定義を述べておこう．

定義 1.20 空でない集合 R の任意の 2 つの元 x, y に対して，x と y の和とよばれ，$x+y$ と書かれる R の元を対応させる演算と，x と y の積とよばれ，xy と書かれる R の元を対応させる演算が定まっており，次の条件がすべて成り立つとき，R は**環** (ring) であるという．

(1) 任意の $x, y, z \in R$ に対して $(x+y)+z = x+(y+z)$ が成り立つ．
(2) 任意の $x, y \in R$ に対して $y+x = x+y$ が成り立つ．
(3) R の**零元**とよばれ，0 と書かれる R の元が存在して，任意の $x \in R$ に対して，$x+0 = 0+x = x$ が成り立つ．
(4) 任意の $x \in R$ に対して，x の (加法に関する) **逆元**とよばれ，$-x$ と書かれる R の元が存在して，$x+(-x) = (-x)+x = 0$ が成り立つ．
(5) 任意の $x, y, z \in R$ に対して $(xy)z = x(yz)$ が成り立つ．
(6) 任意の $x, y, z \in R$ に対して，$x(y+z) = xy + xz$，および，$(y+z)x = yx + zx$ が成り立つ．

定義 1.21 環 R がさらに次の条件 (7) を満たすとき，R は**可換環** (commutative ring) であるという．

(7) 任意の $x, y \in R$ に対して，$yx = xy$ が成り立つ．

定義 1.22 環 R がさらに次の条件 (8) を満たすとき，R は**単位元を持つ**という．

(8) R の**単位元**とよばれ，1 と書かれる零元でない R の元が存在して，任意の $x \in R$ に対して，$1 \cdot x = x \cdot 1 = x$ が成り立つ．

上の条件 (1), (5) は，それぞれ，加法，乗法に関する**結合法則**とよばれる．条件 (2), (7) は，それぞれ，加法，乗法に関する**交換法則**とよばれる．条件 (6) は**分配法則**とよばれる．また，$x + (-y)$ を $x - y$ と表す $(x, y \in R)$．

例 1.5 $\mathbb{Z}$ は通常の加法，乗法に関して，単位元を持つ可換環をなす．

問 1.5 R は環とし，$x \in R$ とするとき，$0 \cdot x = x \cdot 0 = 0$ が成り立つことを環の定義から導け．【ヒント】 $(0+0)x, x(0+0)$ を考えよ．

命題 1.23 $m \in \mathbb{N}, m \geq 2$ とする．$\mathbb{Z}/m\mathbb{Z}$ の加法と乗法を定義 1.18 のように定めると，$\mathbb{Z}/m\mathbb{Z}$ は単位元を持つ可換環となる．ここで，零元は $\bar{0}$，単位元は $\bar{1}$，$\bar{x} \in \mathbb{Z}/m\mathbb{Z}$ の加法に関する逆元は $\overline{(-x)}$ である．

証明は，第 3 章において一般的な状況で述べるので，ここでは省略する．

1.1.5　方程式 $ax \equiv b \pmod{m}$ を解く

$\mathbb{Z}/m\mathbb{Z}$ に加法と乗法が定義された．$\alpha + (-\beta) = \alpha - \beta$ であるので，減法も定まったことになる $(\alpha, \beta \in \mathbb{Z}/m\mathbb{Z})$．では，除法についてはどうであろうか？ $m \in \mathbb{N}$ とし，$a, b \in \mathbb{Z}$ とする．次の方程式 (1.3) の整数解を考えよう．

$$ax \equiv b \pmod{m}. \tag{1.3}$$

命題 1.24 方程式 (1.3) において，$d = \mathrm{GCD}(a, m)$ とおく．

(1) $x \in \mathbb{Z}$ が方程式 (1.3) の整数解ならば，$x \equiv x' \pmod{m}$ を満たす $x' \in \mathbb{Z}$ はすべて方程式 (1.3) の整数解である．したがって，m を法とする剰余類 $C(x)$ 全体が方程式 (1.3) の整数解であると考えられる．

(2) $d \nmid b$ ならば，方程式 (1.3) は整数解を持たない．

(3) $d | b$ とし，$a' = \dfrac{a}{d}, b' = \dfrac{b}{d}, m' = \dfrac{m}{d}$ とおく．このとき，$x \in \mathbb{Z}$ に対して，「$ax \equiv b \pmod{m} \Leftrightarrow a'x \equiv b' \pmod{m'}$」が成り立つ．

証明． (1) $x \equiv x' \pmod{m}$ と仮定すると，$ax \equiv ax' \pmod{m}$ であるので，x が $ax \equiv b \pmod{m}$ を満たすならば，x' も $ax' \equiv b \pmod{m}$ を満たす．

(2) 方程式 (1.3) が解 $x \in \mathbb{Z}$ を持つとすると，$ax - b = qm$ を満たす $q \in \mathbb{Z}$ が存在する．$d | a, d | m$ より $b = ax - qm$ も d の倍数となり，仮定に反する．

(3) $ax \equiv b \pmod{m}$ とすると，ある $q \in \mathbb{Z}$ に対して $ax - b = qm$ となる．両辺を d で割れば $a'x - b' = qm'$ となり，$a'x \equiv b' \pmod{m'}$ が得られ

る.逆に,$a'x \equiv b' \pmod{m'}$ ならば,ある $s \in \mathbb{Z}$ に対して $a'x - b' = sm'$ となる.両辺を d 倍すれば $ax - b = sm$ となり,$ax \equiv b \pmod{m}$ が得られる. □

そこで,$\mathrm{GCD}(a, m) = 1$ という仮定のもとに方程式 (1.3) を考察しよう.

命題 1.25 方程式 (1.3) において,$\mathrm{GCD}(a, m) = 1$ とする.
 (1) 方程式 (1.3) は整数解を持つ.
 (2) 方程式 (1.3) の解は,剰余類としてただ 1 つに定まる.すなわち,$x, x' \in \mathbb{Z}$ がともに方程式 (1.3) の解ならば,$x \equiv x' \pmod{m}$ が成り立つ.

証明. (1) 系 1.5 より,$ya + zm = 1$ を満たす $y, z \in \mathbb{Z}$ が存在する.このとき,$ya \equiv 1 \pmod{m}$ であるので,$x = yb$ とおけば
$$ax \equiv a(yb) \equiv (ya)b \equiv 1 \cdot b \equiv b \pmod{m}$$
が成り立つ.

(2) $ax \equiv b \pmod{m}$,$ax' \equiv b \pmod{m}$ とすると,$ax \equiv ax' \pmod{m}$ より,$m | a(x - x')$ である.このとき,系 1.7 より $m | (x - x')$ である. □

例題 1.1 方程式 $3x \equiv 2 \pmod{17}$ の整数解を求めよ.

【解答】 まず,$3y + 17z = 1$ を満たす y, z を 1 組求める.

$$\begin{pmatrix} 1 & 0 & 3 \\ 0 & 1 & 17 \end{pmatrix} \xrightarrow{R_2 - 5R_1} \begin{pmatrix} 1 & 0 & 3 \\ -5 & 1 & 2 \end{pmatrix}$$
$$\xrightarrow{R_1 - R_2} \begin{pmatrix} 6 & -1 & 1 \\ -5 & 1 & 2 \end{pmatrix} \xrightarrow{R_2 - 2R_1} \begin{pmatrix} 6 & -1 & 1 \\ -17 & 3 & 0 \end{pmatrix}.$$

よって,$y = 6, z = -1$ とおけば,$3y + 17z = 1$ を満たす.したがって $x \equiv 2y \pmod{17}$,すなわち $x \equiv 12 \pmod{17}$ が求める解である. □

問 1.6 $7x \equiv 3 \pmod{19}$ の整数解を求めよ.

1.1.6 $\mathbb{Z}/m\mathbb{Z}$ の可逆元

方程式 (1.3) の解は,(それが存在するならば) m を法とする剰余類として存在するので (命題 1.24 (1)),この方程式を環 $\mathbb{Z}/m\mathbb{Z}$ における方程式
$$\bar{a}\bar{x} = \bar{b} \tag{1.4}$$

と考えることができる．このとき
$$\bar{a}\bar{y} = \bar{1} \in \mathbb{Z}/m\mathbb{Z}$$
を満たす $\bar{y}$ が存在すれば，$\bar{x} = \bar{y}\bar{b}$ は方程式 (1.4) の解である．

定義 1.26 R は単位元 1 を持つ環とする．$\alpha \in R$ に対して $\alpha\beta = \beta\alpha = 1$ となる $\beta \in R$ が存在するとき，α は R の**可逆元** (単元) であるという．また，β を α の乗法に関する**逆元**といい，$\beta = \alpha^{-1}$ と表す．

命題 1.27 $a \in \mathbb{Z}$ とし，$m \in \mathbb{N}$, $m \geq 2$ とする．$d = \mathrm{GCD}(a, m)$ とおくとき，次の 2 つの条件 (i), (ii) は同値である．

(i) $d = 1$ である．

(ii) $\bar{a}$ は $\mathbb{Z}/m\mathbb{Z}$ の可逆元である．

証明． (i) $\Rightarrow$ (ii) 系 1.5 より，$ya + zm = 1$ を満たす $y, z \in \mathbb{Z}$ が存在する．このとき，$ya \equiv 1 \pmod{m}$，すなわち $\bar{y}\bar{a} = \bar{1} \in \mathbb{Z}/m\mathbb{Z}$ が成り立つ．

(ii) $\Rightarrow$ (i) ある $\bar{w} \in \mathbb{Z}/m\mathbb{Z}$ ($w \in \mathbb{Z}$) に対して $\bar{w}\bar{a} = \bar{1}$ が成り立つとすると，$wa - 1 = qm$ となる $q \in \mathbb{Z}$ が存在する．$d|a$, $d|m$ より，$1 = wa - qm$ は d の倍数である．よって，$d = 1$ である． $\square$

系 1.28 p を素数とすると，$\mathbb{Z}/p\mathbb{Z}$ の零元でない元はすべて可逆元である．

証明． $\bar{a} \in (\mathbb{Z}/p\mathbb{Z}) \setminus \{\bar{0}\}$ ($a \in \mathbb{Z}$) とする．p が素数であるので，$\mathrm{GCD}(a, p)$ は 1 または p であるが，$\bar{a} \neq \bar{0}$ のとき，$p \nmid a$ であるので，$\mathrm{GCD}(a, p) = 1$ である．このとき，命題 1.27 より，$\bar{a}$ は $\mathbb{Z}/p\mathbb{Z}$ の可逆元である． $\square$

定義 1.29 単位元 1 を持つ可換環 K がさらに次の条件 (9) を満たすとき，K は**体** (field) であるという．

(9) 零元でない K の元は，すべて K の可逆元である．

K を体とし，$a \in K \setminus \{0\}$ とするとき，a^{-1} をかけることは「a で割る」ことである．a^{-1} は $\dfrac{1}{a}$ とも表され，$a^{-1}b$ は $\dfrac{b}{a}$ とも表される ($b \in K$)．

例 1.6 $\mathbb{Q}, \mathbb{R}, \mathbb{C}$ は，通常の加法と乗法に関して，体をなす．これらはそれぞれ**有理数体**，**実数体**，**複素数体**とよばれる．

系 1.28 は次のようにいい換えられる．

系 1.30 p が素数のとき，$\mathbb{Z}/p\mathbb{Z}$ は体である．

p が素数のとき，体 $\mathbb{Z}/p\mathbb{Z}$ は有限個の元からなる．このような体を**有限体**という．$\mathbb{Q}, \mathbb{R}, \mathbb{C}$ などのように，無限個の元を含む体を**無限体**という．

1.1.7 整域

定義 1.31 単位元 1 を持つ可換環 R がさらに次の条件 (10) を満たすとき，R は**整域** (integral domain) であるという．

(10) $\alpha, \beta \in R$ が $\alpha\beta = 0$ を満たすならば，$\alpha = 0$ または $\beta = 0$ である．

例 1.7 $\mathbb{Z}$ は整域であるが，体ではない．

命題 1.32 K を体とすると，K は整域である．

証明． $\alpha, \beta \in K$ が $\alpha\beta = 0$ を満たすと仮定して，結論「$\alpha = 0$ または $\beta = 0$」を導く．$\alpha = 0$ ならば結論が成立する．$\alpha \neq 0$ とすると，逆元 α^{-1} が存在する．これを式 $\alpha\beta = 0$ の両辺にかければ，$\beta = 0$ が得られる． □

命題 1.33 2 以上の自然数 m に対して，次の 3 つの条件は同値である．

(a) m は素数である．
(b) $\mathbb{Z}/m\mathbb{Z}$ は整域である．
(c) $\mathbb{Z}/m\mathbb{Z}$ は体である．

証明． 系 1.30 より (a) $\Rightarrow$ (c) が，命題 1.32 より (c) $\Rightarrow$ (b) がしたがう．(b) $\Rightarrow$ (a) の対偶を示す．m が素数でないとすると
$$m = ab \quad (1 < a < m,\ 1 < b < m)$$
を満たす $a, b \in \mathbb{Z}$ が存在する．このとき，環 $\mathbb{Z}/m\mathbb{Z}$ において $\bar{a} \neq \bar{0}, \bar{b} \neq \bar{0}$ であるが，$\bar{a}\bar{b} = \bar{m} = \bar{0}$ となるので，$\mathbb{Z}/m\mathbb{Z}$ は整域でない． □

1.1.8 フェルマの小定理とオイラーの定理

フェルマ (Fermat) の小定理とよばれる定理と，その一般化について述べる．

定理 1.34 (フェルマの小定理) p は素数とし，a は p の倍数でない整数とする．このとき，$a^{p-1} \equiv 1 \pmod{p}$ が成り立つ．

まず，次の補題を示す．

補題 1.35 p, a は定理 1.34 のものとする．$k, l \in \mathbb{Z}$ が $k \not\equiv l \pmod{p}$ を満たすならば，$ka \not\equiv la \pmod{p}$ である．特に，$k \not\equiv 0 \pmod{p}$ ならば，$ka \not\equiv 0 \pmod{p}$ である．

証明． 前半部分のみ示せばよい．対偶を示す．$ka \equiv la \pmod{p}$ とすると，$p|(k-l)a$ である．$p \nmid a$ であるので，系 1.8 より，$p|(k-l)$ である． □

定理 1.34 の証明． 補題 1.35 により，$1 \leq k \leq p-1$ を満たす整数 k に対して，$p \nmid ka$ となる．ka を p で割った余りを i_k ($1 \leq i_k \leq p-1$) とおくと，補題 1.35 より，$i_1, i_2, \ldots, i_{p-1}$ は相異なるので，集合同士の等式

$$\{i_1, i_2, \ldots, i_{p-1}\} = \{1, 2, \ldots, p-1\} \tag{1.5}$$

が成り立つ．$1 \leq k \leq p-1$ を満たす $k \in \mathbb{N}$ について，$(p-1)$ 個の合同式

$$ka \equiv i_k \pmod{p}$$

を辺々かけあわせると，式 (1.5) により，得られる式の右辺は $(p-1)!$ と等しいので

$$(p-1)! \, a^{p-1} \equiv (p-1)! \pmod{p}$$

が成り立つ．よって，$(p-1)!(a^{p-1}-1)$ は p の倍数である．$1, 2, \ldots, p-1$ は p の倍数でないので，系 1.9 より，$p|(a^{p-1}-1)$ が得られる． □

定理 1.34 は次のようにいい換えられる．

定理 1.36 (フェルマの小定理の別の形) p は素数とする．このとき，任意の $\alpha \in (\mathbb{Z}/p\mathbb{Z}) \setminus \{\bar{0}\}$ は $\alpha^{p-1} = \bar{1}$ を満たす．

次に，フェルマの小定理の一般化を考える．

定義 1.37 $m \in \mathbb{N}, m \geq 2$ とする．$1 \leq k \leq m-1, \mathrm{GCD}(k,m)=1$ を満たす整数 k の個数を $\varphi(m)$ と表し，これを**オイラー関数** (Euler function) とよぶ．

例 1.8 $\varphi(2)=1, \varphi(3)=2, \varphi(4)=2, \varphi(5)=4, \varphi(6)=2$ である．p が素数ならば，$\varphi(p)=p-1$ である．

命題 1.38 上で定義した $\varphi(m)$ は，環 $\mathbb{Z}/m\mathbb{Z}$ の可逆元の個数と一致する．

証明． 命題 1.27 よりしたがう． □

定理 1.39 (オイラーの定理) $m \in \mathbb{N}, m \geq 2$ とし，a は m と互いに素な整数とする．このとき，$a^{\varphi(m)} \equiv 1 \pmod{m}$ が成り立つ．

m が素数 p の場合，$\varphi(p) = p - 1$ であるので，定理 1.39 はフェルマの小定理の一般化である．オイラーの定理は次のようにいい換えられる．

定理 1.40 (オイラーの定理の別の形) $m \in \mathbb{N}, m \geq 2$ とするとき，環 $\mathbb{Z}/m\mathbb{Z}$ の可逆元 α に対して，$\alpha^{\varphi(m)} = \bar{1}$ が成り立つ．

証明は，第 2 章において述べる．

1.2 置換

いくつかの文字の並べかえを**置換**という．n 文字の置換全体は「群」をなす．群の一般論を学ぶ前に，置換について考察しておこう．

1.2.1 置換の定義とその演算

n は自然数とし，$X = \{1, 2, \ldots, n\}$ とする．

定義 1.41 全単射写像 $\sigma : X \to X$ を n 文字の**置換**とよぶ．

置換は σ, τ, ρ などのギリシャ文字の小文字で表す．

$\sigma : X \to X$ は n 文字の置換とする．$\sigma(1) = i_1, \sigma(2) = i_2, \ldots, \sigma(n) = i_n$ であるとき，次のように表記する．

$$\sigma = \begin{pmatrix} 1 & 2 & \ldots & n \\ i_1 & i_2 & \ldots & i_n \end{pmatrix}.$$

$i_1, i_2, \ldots, i_n$ は $1, 2, \ldots, n$ を並べかえたものになっている．ここで，上の段の並びは必ずしも $1, 2, \ldots, n$ でなくてもよい．たとえば，$\begin{pmatrix} 1 & 2 & 3 \\ 3 & 1 & 2 \end{pmatrix}$ と $\begin{pmatrix} 1 & 3 & 2 \\ 3 & 2 & 1 \end{pmatrix}$ は同じ置換を表す．

定義 1.42 σ, τ は n 文字の置換とする.
(1) 合成写像 $\sigma \circ \tau$ を σ と τ の**積**とよび, $\sigma\tau$ と表す.
(2) σ の逆写像 σ^{-1} を置換 σ の**逆置換**とよび, 同じ記号 σ^{-1} で表す.
(3) 恒等写像 id (任意の $k \in X$ に対して id$(k) = k$ となる写像) を**恒等置換**とよび, id, 1_n, 1 などと表す.

定義 1.43 n 文字の置換全体の集合を n **次対称群** (symmetric group) とよび, 記号 S_n で表す.

S_n は $n!$ 個の元からなる集合である.

例 1.9 $\sigma = \begin{pmatrix} 1 & 2 & 3 \\ 2 & 3 & 1 \end{pmatrix}, \tau = \begin{pmatrix} 1 & 2 & 3 \\ 3 & 2 & 1 \end{pmatrix}$ とすると

$$\sigma\tau(1) = \sigma(\tau(1)) = \sigma(3) = 1, \quad \sigma\tau(2) = \sigma(2) = 3, \quad \sigma\tau(3) = \sigma(1) = 2$$

より, $\sigma\tau = \begin{pmatrix} 1 & 2 & 3 \\ 1 & 3 & 2 \end{pmatrix}$ である. また, $\sigma^{-1} = \begin{pmatrix} 1 & 2 & 3 \\ 3 & 1 & 2 \end{pmatrix}$ である.

一般に, $\tau\sigma$ と $\sigma\tau$ は等しいとは限らない (例 1.9, 問 1.7 参照).

問 1.7 例 1.9 において, $\tau\sigma, \tau^{-1}$ を求めよ.

命題 1.44 $\sigma, \tau, \rho \in S_n$ に対して, $(\sigma\tau)\rho = \sigma(\tau\rho)$ が成り立つ.
証明. 1 以上 n 以下の任意の整数 k に対して

$$(\sigma\tau)\rho(k) = \sigma\tau\bigl(\rho(k)\bigr) = \sigma\bigl(\tau\bigl(\rho(k)\bigr)\bigr) = \sigma\bigl(\tau\rho(k)\bigr) = \sigma(\tau\rho)(k)$$

が成り立つので, $(\sigma\tau)\rho = \sigma(\tau\rho)$ である. □

1.2.2 互換

$1 \le p < q \le n$ を満たす $n, p, q \in \mathbb{N}$ に対して, $\sigma \in S_n$ を次のように与える.

$$\sigma(k) = \begin{cases} q & (k = p \text{ のとき}), \\ p & (k = q \text{ のとき}), \\ k & (\text{それ以外のとき}). \end{cases}$$

σ は 2 つの文字 p と q だけを交換する置換である. このような置換を**互換**とよび, 記号 $(p\,q)$ で表す. σ が互換ならば, $\sigma\sigma = \text{id}, \sigma^{-1} = \sigma$ が成り立つ.

命題 1.45 $n \geq 2$ とする.任意の置換 $\sigma \in S_n$ は,いくつかの互換の積として表される.

証明. n に関する帰納法を用いる.$n = 2$ のとき,$S_2 = \{\text{id}, (1\,2)\}$ であり,命題の主張は正しい (恒等置換は 0 個の互換の積と考える).そこで,$n \geq 3$ とし,$(n-1)$ 文字の置換については命題の主張が正しいと仮定する.$\sigma(n) = k$ とおく.$k = n$ ならば,σ は文字 n を固定するので,$(n-1)$ 個の文字の置換とみなせる.よって,帰納法の仮定より,σ はいくつかの互換の積として表される.$k \neq n$ のとき,$\tau = (k\,n)$ とおくと,$\tau\sigma(n) = \tau(k) = n$ となるので,$\tau\sigma$ は $(n-1)$ 文字の置換とみなせる.よって,帰納法の仮定より

$$\tau\sigma = \tau_1 \tau_2 \ldots \tau_m \qquad (\tau_1, \tau_2, \ldots, \tau_m \text{ は互換})$$

という形に表される.両辺に左から $\tau\,(=\tau^{-1})$ をかけることにより

$$\sigma = \tau\tau_1\tau_2\ldots\tau_m$$

が得られる. $\square$

置換を互換の積として表す仕方は一意的ではない.

問 1.8 置換 $\sigma = \begin{pmatrix} 1 & 2 & 3 & 4 \\ 4 & 1 & 2 & 3 \end{pmatrix}$ を互換の積として表せ.

1.2.3 置換の符号

定義 1.46 置換 $\sigma \in S_n$ に対して,$\text{sgn}(\sigma)$ を

$$\text{sgn}(\sigma) = \prod_{1 \leq i < j \leq n} \left(\frac{\sigma(j) - \sigma(i)}{j - i} \right)$$

と定め,置換 σ の**符号** (signature) とよぶ.

ここで,記号 $\displaystyle\prod_{1 \leq i < j \leq n}$ は,$1 \leq i < j \leq n$ を満たす自然数 i, j のすべての組合せにわたって積をとることを意味する.

例 1.10 $\sigma = \begin{pmatrix} 1 & 2 & 3 \\ 2 & 1 & 3 \end{pmatrix}$ の符号は次のように計算できる.

$$\text{sgn}(\sigma) = \frac{\bigl(\sigma(2) - \sigma(1)\bigr)\bigl(\sigma(3) - \sigma(1)\bigr)\bigl(\sigma(3) - \sigma(2)\bigr)}{(2-1)(3-1)(3-2)}$$

$$= \frac{(1-2)(3-2)(3-1)}{(2-1)(3-1)(3-2)} = -1.$$

途中の式の分母と分子は絶対値が等しい．置換の符号は 1 または -1 である．

定義 1.47 $\sigma \in S_n$ とする．$1 \leq i < j \leq n$ かつ $\sigma(i) > \sigma(j)$ を満たす自然数の組合せ (i, j) の総数を σ の**転倒数**とよぶ．

命題 1.48 置換 σ の転倒数を t とするとき，$\mathrm{sgn}(\sigma) = (-1)^t$ である．

証明． $\prod_{1 \leq i < j \leq n} \bigl(\sigma(j) - \sigma(i)\bigr) = (-1)^t \prod_{1 \leq i < j \leq n} (j - i)$ よりしたがう．実際，$\prod_{1 \leq i < j \leq n} \bigl(\sigma(j) - \sigma(i)\bigr)$ と $\prod_{1 \leq i < j \leq n} (j - i)$ は絶対値が等しく，前者は $\sigma(i)$ と $\sigma(j)$ の大小関係が逆転する回数 t の偶奇に応じて正負が定まる． □

問 1.9 $\sigma = \begin{pmatrix} 1 & 2 & 3 & 4 \\ 4 & 1 & 2 & 3 \end{pmatrix}$ の転倒数と符号を求めよ．

命題 1.49 $\sigma, \tau \in S_n$ とするとき，次のことが成り立つ．

(1) $\mathrm{sgn}(\mathrm{id}) = 1$.
(2) $\mathrm{sgn}(\sigma\tau) = \mathrm{sgn}(\sigma)\mathrm{sgn}(\tau)$.
(3) $\mathrm{sgn}(\sigma^{-1}) = \dfrac{1}{\mathrm{sgn}(\sigma)} = \mathrm{sgn}(\sigma)$.
(4) σ が互換ならば $\mathrm{sgn}(\sigma) = -1$.

証明． (1) 恒等置換 id の転倒数が 0 であることよりしたがう．
(2)

$$\begin{aligned}
\mathrm{sgn}(\sigma\tau) &= \prod_{1 \leq i < j \leq n} \left(\frac{\sigma(\tau(j)) - \sigma(\tau(i))}{j - i} \right) \\
&= \prod_{1 \leq i < j \leq n} \left(\frac{\sigma(\tau(j)) - \sigma(\tau(i))}{\tau(j) - \tau(i)} \cdot \frac{\tau(j) - \tau(i)}{j - i} \right) \\
&= \prod_{1 \leq i < j \leq n} \left(\frac{\sigma(\tau(j)) - \sigma(\tau(i))}{\tau(j) - \tau(i)} \right) \cdot \prod_{1 \leq i < j \leq n} \left(\frac{\tau(j) - \tau(i)}{j - i} \right) \\
&= \prod_{1 \leq i < j \leq n} \left(\frac{\sigma(\tau(j)) - \sigma(\tau(i))}{\tau(j) - \tau(i)} \right) \cdot \mathrm{sgn}(\tau)
\end{aligned}$$

であるが

$$\frac{\sigma(\tau(j)) - \sigma(\tau(i))}{\tau(j) - \tau(i)} = \frac{-(\sigma(\tau(j)) - \sigma(\tau(i)))}{-(\tau(j) - \tau(i))} = \frac{\sigma(\tau(i)) - \sigma(\tau(j))}{\tau(i) - \tau(j)}$$

に注意し，$\tau(i)$ と $\tau(j)$ のうち小さいほうを k，大きいほうを l とおき直せば

$$\frac{\sigma(\tau(j)) - \sigma(\tau(i))}{\tau(j) - \tau(i)} = \frac{\sigma(l) - \sigma(k)}{l - k}$$

が成り立つので

$$\prod_{1 \leq i < j \leq n} \left(\frac{\sigma(\tau(j)) - \sigma(\tau(i))}{\tau(j) - \tau(i)} \right) = \prod_{1 \leq k < l \leq n} \left(\frac{\sigma(l) - \sigma(k)}{l - k} \right) = \mathrm{sgn}(\sigma)$$

が得られ，(2) が示される．

(3) $\mathrm{sgn}(\sigma)\mathrm{sgn}(\sigma^{-1}) = \mathrm{sgn}(\sigma\sigma^{-1}) = \mathrm{sgn}(\mathrm{id}) = 1$ が成り立つ．ここで，$\mathrm{sgn}(\sigma)$ は 1 または -1 であるので，$\mathrm{sgn}(\sigma^{-1}) = \dfrac{1}{\mathrm{sgn}(\sigma)} = \mathrm{sgn}(\sigma)$ となる．

(4) $\sigma = (p\,q)$ とする $(1 \leq p < q \leq n)$．$1 \leq i < j \leq n$，$\sigma(i) > \sigma(j)$ となる i, j の組合せは次のいずれかである．

(ア) $i = p, \quad j = q;$ (イ) $i = p, \quad p+1 \leq j \leq q-1;$
(ウ) $p+1 \leq i \leq q-1, \quad j = q.$

よって，σ の転倒数は $1 + 2(q - p - 1)$ であり，$\mathrm{sgn}(\sigma) = -1$ である． □

定理 1.50 $\sigma \in S_n$ とする．

(1) $\sigma = \tau_1 \tau_2 \ldots \tau_k$ （各 τ_i は互換）ならば $\mathrm{sgn}(\sigma) = (-1)^k$ である．
(2) σ を互換の積に分解するときに要する互換の個数が偶数であるか奇数であるかは，分解の仕方によらない．

証明． (1) 命題 1.49 (2), (4) よりしたがう．

(2) $\sigma = \tau_1 \tau_2 \ldots \tau_k = \rho_1 \rho_2 \ldots \rho_l$ （各 τ_i, ρ_j は互換）ならば，(1) より $\mathrm{sgn}(\sigma) = (-1)^k = (-1)^l$ となり，k と l の偶奇は一致する． □

定義 1.51 置換 σ が偶数個の互換の積で表されるとき，σ は**偶置換**であるという．σ が奇数個の互換の積で表されるとき，σ は**奇置換**であるという．

σ が偶置換ならば $\mathrm{sgn}(\sigma) = 1$ であり，奇置換ならば $\mathrm{sgn}(\sigma) = -1$ である．

問 1.10 $\sigma, \tau \in S_n$ が偶置換ならば，$\sigma\tau$, σ^{-1} も偶置換であることを示せ．

1.3 群の定義と例

群の定義と，いくつかの例を述べる．一般論は第 2 章で述べる．

1.3.1 群の定義

空でない集合 S の任意の 2 つの元の組合せ (a,b) に対して S の元 $a \circ b$ が対応しているとき，S 上の **2 項演算** $\circ$ が定まっているという．2 項演算を単に**演算**ということもある．2 項演算 $\circ$ は，直積集合 $S \times S = \{(a,b) \mid a, b \in S\}$ から S への写像と考えることができる．

$$\circ : S \times S \ni (a,b) \longmapsto a \circ b \in S.$$

定義 1.52 空でない集合 G に 2 項演算 $\circ$ が定まり，次の 3 つの条件が成り立つとき，G は演算 $\circ$ に関して**群** (group) をなす (群である) という．

(1) 任意の $a, b, c \in G$ に対して，$(a \circ b) \circ c = a \circ (b \circ c)$ が成り立つ．

(2) ある元 $e \in G$ が存在して，任意の $a \in G$ に対して $a \circ e = e \circ a = a$ が成り立つ．

(3) 任意の $a \in G$ に対して，ある $a' \in G$ が存在して，$a \circ a' = a' \circ a = e$ が成り立つ．

上の定義の条件 (1) は**結合法則**とよばれる．また，条件 (2) を満たす元 e を群 G の**単位元**という．条件 (3) の元 a' を a の**逆元**という．

命題 1.53 G は群とする．

(1) G の単位元はただ 1 つ存在する．

(2) G の元 a に対して，a の逆元はただ 1 つ存在する．

証明．(1) $e, \tilde{e}$ がともに G の単位元であるとする．e が単位元であることより，$e\tilde{e} = \tilde{e}$ が成り立つ．一方，$\tilde{e}$ が単位元であることより，$e\tilde{e} = e$ となる．したがって，$e = \tilde{e}$ が得られる．

(2) a', a'' がともに a の逆元であるとする．このとき

$$a' = a'e = a'(aa'') = (a'a)a'' = ea'' = a''$$

が成り立つので，a の逆元はただ 1 つである． □

定義 1.54 群 G がさらに次の条件 (4) を満たすとき，G は**可換群** (commutative group)，あるいは，**アーベル群** (abelian group) であるという．

(4) 任意の $a, b \in G$ に対して，$b \circ a = a \circ b$ が成り立つ．

可換群でない群を**非可換群**という．

群の演算は乗法や加法の形で書かれることが多い．群 G の演算を乗法の記法を用いて
$$G \times G \ni (a,b) \longmapsto ab \in G$$
と表すとき，G は**乗法群**とよばれる．$a, b \in G$ に対して，ab を a と b の**積**とよぶ．乗法群 G の単位元を (特定の記号がない場合は) e と表し，$a \in G$ の逆元を a^{-1} と表す．また，$n \in \mathbb{N}$ に対して，a を n 回かけた積を a^n と表す．

群 G の演算を加法の記法を用いて
$$G \times G \ni (a,b) \longmapsto a+b \in G$$
と表すとき，G は**加法群**とよばれる．$a, b \in G$ に対して，$a+b$ を a と b の**和**とよぶ．ただし，この記法は可換群にのみ用いられる．すなわち，加法群は必ず可換群であるものとする．加法群 G の単位元を 0 と表す．0 は G の**零元**ともよばれる．a の逆元を $-a$ と表し，$a+(-b)$ を $a-b$ と表す ($a, b \in G$)．また，$n \in \mathbb{N}$ に対して，a を n 回足し合わせた和を na と表す．

これ以降，特に断らない限り，乗法群の記法を用いる．

定義 1.55 有限個の元からなる群を**有限群** (finite group) といい，そうでない群を**無限群** (infinite group) という．群 G の元の個数を群の**位数** (order) といい，記号 $|G|$ で表す．G が無限群のときは，$|G| = \infty$ と定める．

問 1.11 G は群とし，$a, b, c \in G$ とする．
 (1) $ac = bc$ ならば $a = b$ であることを示せ．
 (2) $ca = cb$ ならば $a = b$ であることを示せ．

問 1.11 の事実は，しばしば**簡約法則**とよばれる．

問 1.12 群 G の元 a, b に対して，$(ab)^{-1} = b^{-1}a^{-1}$，$(a^{-1})^{-1} = a$ を示せ．

1.3.2 部分群

G は群とし，H は G の空でない部分集合とする．「$a, b \in H \Rightarrow ab \in H$」 ($G$ が加法群の場合は「$a, b \in H \Rightarrow a+b \in H$」) が成り立つとき，$H$ は G の演算について**閉じている**という．

定義 1.56 群 G の空でない部分集合 H が G の演算について閉じており，この演算に関して H 自身が群をなすとき，H は G の**部分群** (subgroup) であるという．

命題 1.57 G は群とし，H は G の部分集合とするとき，次の2つの条件 (a), (b) は同値である．

(a) H は G の部分群である．
(b) H は次の2つの条件 (ア), (イ) を満たす．
(ア) $e \in H$; (イ) $a, b \in H \Longrightarrow a^{-1}b \in H$.

証明． (a) $\Rightarrow$ (b) 読者にゆだねる．

(b) $\Rightarrow$ (a) $a \in H$ とするとき，条件 (イ) を a と e に適用すれば，$a^{-1} \in H$ が得られる．$a, b \in H$ とするとき，条件 (イ) を $a^{-1}\,(\in H)$ と b に適用すれば，$(a^{-1})^{-1}b = ab \in H$ が得られる．よって，H は G の演算に関して閉じている．また，H の元に対しても結合法則が成り立つ．さらに単位元 e が H 内に存在し，$a \in H$ の逆元 a^{-1} も H 内に存在する．よって，H は G の部分群である． □

注意 1.1 (1) 命題 1.57 において，$H \neq \emptyset$ ならば，条件 (b) の (ア) は (イ) よりしたがう．実際，H の元 a をとれば，$e = a^{-1}a \in H$ である．

(2) H が G の部分群であることは，H が次の3つの条件 (ウ), (エ), (オ) を満たすこととも同値である (詳細な検討は読者にゆだねる)．

(ウ) $e \in H$; (エ) $a, b \in H \Rightarrow ab \in H$; (オ) $a \in H \Rightarrow a^{-1} \in H$.

1.3.3 群の例

群の理論を学ぶ前に，群の例になるべくたくさん触れておこう．

例 1.11 $G = \{e\}$ とし，演算を $ee = e$ と定めると，G は群である．

例 1.12 $n \in \mathbb{N}, n \geq 2$ とする．n 文字の置換全体の集合 (n 次**対称群**) S_n は，置換の積に関して群をなす．単位元は恒等置換 id であり，$\sigma \in S_n$ の逆元は逆置換 σ^{-1} である．S_n は有限群であり，位数は $|S_n| = n!$ である．

問 1.13 $n \geq 3$ のとき，n 次対称群 S_n は非可換群であることを示せ．

例 1.13 $n \in \mathbb{N}, n \geq 2$ とする.n 次対称群 S_n の部分集合 A_n を
$$A_n = \{\sigma \in S_n \,|\, \mathrm{sgn}(\sigma) = 1\}$$
と定めると,A_n は S_n の部分群である.実際,命題 1.49 (1) より,$\mathrm{id} \in A_n$ である.また,$\sigma, \tau \in A_n$ とするとき,命題 1.49 (2), (3) より
$$\mathrm{sgn}(\sigma^{-1}\tau) = \mathrm{sgn}(\sigma^{-1})\mathrm{sgn}(\tau) = \mathrm{sgn}(\sigma)\mathrm{sgn}(\tau) = 1$$
であるので,$\sigma^{-1}\tau \in A_n$ が成り立つ.よって,命題 1.57 より,A_n は S_n の部分群である.この群 A_n は n 次**交代群** (alternating group) とよばれる.

例 1.14 $\sigma = \begin{pmatrix} 1\,2\,3 \\ 2\,3\,1 \end{pmatrix}, \tau = \begin{pmatrix} 1\,2\,3 \\ 1\,3\,2 \end{pmatrix} \in S_3$ とすると,$\sigma^3 = \mathrm{id}, \tau^2 = \mathrm{id}$ である.さらに
$$H_1 = \{\mathrm{id}, \sigma, \sigma^2\}, \quad H_2 = \{\mathrm{id}, \tau\}$$
とおくと,H_1, H_2 は S_3 の部分群である (問 1.14).

例 1.15 $V = \{\mathrm{id}, (1\,2)(3\,4), (1\,3)(2\,4), (1\,4)(2\,3)\}$ は 4 次対称群 S_4 の部分群である (問 1.14).

一般に,対称群の部分群を**置換群**とよぶ.例 1.12,例 1.13,例 1.14,例 1.15 の群はすべて置換群である.

問 1.14 例 1.14 の H_1, H_2 が S_3 の部分群であること,および,例 1.15 の V が S_4 の部分群であることを確かめよ.

例 1.16 $\mathbb{Z}, \mathbb{Q}, \mathbb{R}, \mathbb{C}$ は加法に関して可換群をなす.単位元は 0 であり,元 x の逆元は $-x$ である.

例 1.17 $m \in \mathbb{N}$ に対して,m の倍数全体の集合を $m\mathbb{Z}$ と表すと,$m\mathbb{Z}$ は加法群 $\mathbb{Z}$ の部分群である.

例 1.18 $m \in \mathbb{N}, m \geq 2$ とするとき,環 $\mathbb{Z}/m\mathbb{Z}$ は加法に関して可換群をなす.単位元は $\bar{0}$ である.

一般に,環 R は加法に関して可換群をなす (環の定義を参照せよ).

例 1.19 加法群 $\mathbb{Z}$ の部分集合 $\mathbb{N}$ は加法に関して閉じているが,$\mathbb{Z}$ の部分群ではない.実際,$1 \in \mathbb{N}$ の加法に関する逆元は $\mathbb{N}$ 内に存在しない.

例 1.20 $\mathbb{Q}, \mathbb{R}, \mathbb{C}$ は乗法に関して群をなさない. 実際, 0 の乗法に関する逆元は存在しない. $\mathbb{Q}^* = \mathbb{Q} \setminus \{0\}, \mathbb{R}^* = \mathbb{R} \setminus \{0\}, \mathbb{C}^* = \mathbb{C} \setminus \{0\}$ とおくと, これらは乗法に関して可換群をなす. 単位元は 1 であり, 元 x の逆元は $\dfrac{1}{x}$ である.

例 1.21 正の実数全体の集合を $\mathbb{R}_+$ と表すと, $\mathbb{R}_+$ は乗法に関して可換群をなす.

例 1.22 p は素数とし, $G = (\mathbb{Z}/p\mathbb{Z}) \setminus \{\bar{0}\}$ とおくと, G は乗法に関して可換群をなす. 実際, 任意の $\bar{a} \in G$ は乗法に関する逆元を持つ (系 1.28). G の単位元は $\bar{1}$ である.

一般に K を体とするとき, $K^* = K \setminus \{0\}$ は乗法に関して可換群をなす.

問 1.15 単位元 1 を持つ可換環 R の可逆元全体の集合を R^* とおくと, R^* は乗法に関して可換群をなすことを示せ.

例 1.23 $T = \{z \in \mathbb{C}^* \mid |z| = 1\}$ は乗法群 $\mathbb{C}^*$ の部分群である. 実際, $1 \in T$ であり, $z, w \in T$ ならば, $|z^{-1}w| = |z|^{-1}|w| = 1$ より, $z^{-1}w \in T$ である.

例 1.24 $m \in \mathbb{N}$ とする. $\mathbb{C}^*$ の部分集合 U_m を
$$U_m = \{z \in \mathbb{C}^* \mid z^m = 1\}$$
$$= \left\{\cos\frac{2k}{m}\pi + \sqrt{-1}\sin\frac{2k}{m}\pi \ \Big| \ k = 0, 1, 2, \ldots, m-1\right\}$$
と定めると, U_m は乗法群 $\mathbb{C}^*$ の部分群である. 実際, $1 \in U_m$ であり, さらに, $z, w \in U_m$ ならば, $(z^{-1}w)^m = z^{-m}w^m = 1$ より, $z^{-1}w \in U_m$ である.
$$\zeta = \cos\frac{2\pi}{m} + \sqrt{-1}\sin\frac{2\pi}{m}$$
とおくと, $\zeta^m = 1$ であり, $U_m = \{1, \zeta, \zeta^2, \ldots, \zeta^{m-1}\}$ である.

例 1.25 $K = \mathbb{R}$ または $K = \mathbb{C}$ とし, V は K 上の線形空間 (ベクトル空間) とすると, V は加法に関して群をなす.

例 1.26 $n \in \mathbb{N}$ とする. n 次実正則行列全体の集合を $GL(n, \mathbb{R})$, n 次複素正則行列全体の集合を $GL(n, \mathbb{C})$ と表す. これらは乗法群であり, **一般線形群** (general linear group) とよばれる. 単位元は単位行列 E_n であり, 行列 A の逆元は逆行列 A^{-1} である. $n \geq 2$ のとき, これらの群は非可換群である.

例 1.27 $n \in \mathbb{N}$ とし, $K = \mathbb{R}$ または $K = \mathbb{C}$ とする.
$$SL(n, K) = \{A \in GL(n, K) \mid \det A = 1\}$$
とおくと, $SL(n, K)$ は $GL(n, K)$ の部分群である (問 1.16 参照). これを**特殊線形群** (special linear group) とよぶ.

問 1.16 $SL(n, \mathbb{R})$ は $GL(n, \mathbb{R})$ の部分群であることを示せ.

例 1.28 $n \in \mathbb{N}$ とする. n 次直交行列全体の集合
$$O(n) = \{A \in GL(n, \mathbb{R}) \mid A^{-1} = {}^t\!A\}$$
は $GL(n, \mathbb{R})$ の部分群である (問 1.17). $O(n)$ を n 次の**直交群** (orthogonal group) とよぶ. また
$$SO(n) = \{A \in O(n) \mid \det A = 1\}$$
は $O(n)$ の部分群であり, **特殊直交群** (special orthogonal group) とよばれる.

問 1.17 $O(n)$ は $GL(n, \mathbb{R})$ の部分群であることを示せ.

例 1.29 $G = \left\{ \begin{pmatrix} 1 & a \\ 0 & 1 \end{pmatrix} \middle| a \in \mathbb{R} \right\}$ は $GL(2, \mathbb{R})$ の部分群である. 実際, $P(a) = \begin{pmatrix} 1 & a \\ 0 & 1 \end{pmatrix}$ とおくと
$$P(a)P(b) = P(a+b) \in G, \quad P(a)^{-1} = P(-a) \in G, \quad E_2 = P(0) \in G$$
が成り立つ ($a, b \in \mathbb{R}$). ここで, E_2 は 2 次の単位行列を表す.

例 1.30 $A = \begin{pmatrix} \cos \frac{2}{3}\pi & -\sin \frac{2}{3}\pi \\ \sin \frac{2}{3}\pi & \cos \frac{2}{3}\pi \end{pmatrix}$, $B = \begin{pmatrix} 1 & 0 \\ 0 & -1 \end{pmatrix}$ とする. このとき
$$A^2 = \begin{pmatrix} \cos \frac{4}{3}\pi & -\sin \frac{4}{3}\pi \\ \sin \frac{4}{3}\pi & \cos \frac{4}{3}\pi \end{pmatrix}, \quad AB = \begin{pmatrix} \cos \frac{2}{3}\pi & \sin \frac{2}{3}\pi \\ \sin \frac{2}{3}\pi & -\cos \frac{2}{3}\pi \end{pmatrix},$$
$$A^2 B = \begin{pmatrix} \cos \frac{4}{3}\pi & \sin \frac{4}{3}\pi \\ \sin \frac{4}{3}\pi & -\cos \frac{4}{3}\pi \end{pmatrix}, \quad A^3 = E_2, \quad B^2 = E_2, \quad BAB^{-1} = A^{-1}$$
が成り立つ. いま

$$D_3 = \{E_2, A, A^2, B, AB, A^2B\}$$

とおくと，D_3 は乗法に関して非可換群をなす (命題 1.58)．この群については，次の小節において，もう少しくわしく考察する．

1.3.4 二面体群

例 1.30 の群 D_3 の幾何学的な意味を考えよう．

xy 平面上で，x 軸を ℓ_0 とおく．原点を中心として直線 ℓ_0 を反時計回りに角度 $\dfrac{\pi}{3}$ 回転させて得られる直線を ℓ_1 とし，ℓ_0 を反時計回りに角度 $\dfrac{2\pi}{3}$ 回転させて得られる直線を ℓ_2 とする．さらに，xy 平面上の 3 点 P_1, P_2, P_3 を

$$P_1 = (1, 0), \quad P_2 = \left(\cos\frac{2}{3}\pi, \sin\frac{2}{3}\pi\right), \quad P_3 = \left(\cos\frac{4}{3}\pi, \sin\frac{4}{3}\pi\right)$$

と定める．このとき，3 点 P_1, P_2, P_3 を結んでできる三角形 $P_1P_2P_3$ は正三角形である．

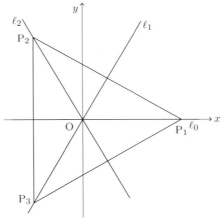

xy 平面において，行列 A は反時計回りに角度 $\dfrac{2}{3}\pi$ 回転する作用を引き起こし，B は ℓ_0 に関する折り返しを引き起こす．A^2 は反時計回りに角度 $\dfrac{4}{3}\pi$ 回転する作用を引き起こす．AB は ℓ_1 に関する折り返しを引き起こし，A^2B は ℓ_2 に関する折り返しを引き起こす．

これらはすべて正三角形 $P_1P_2P_3$ の合同変換を引き起こす．D_3 は正三角形 $P_1P_2P_3$ の合同変換全体のなす群であると考えることができる．

このことを少し一般化しよう．

例 1.31 $A = \begin{pmatrix} \cos\frac{2}{m}\pi & -\sin\frac{2}{m}\pi \\ \sin\frac{2}{m}\pi & \cos\frac{2}{m}\pi \end{pmatrix}, B = \begin{pmatrix} 1 & 0 \\ 0 & -1 \end{pmatrix}$ とする．ここで，$m \in \mathbb{N}, m \geq 3$ とする．

$$D_m = \{E_2, A, A^2, \ldots, A^{m-1}, B, AB, A^2B, \ldots, A^{m-1}B\}$$

とおくと，D_m は乗法に関して非可換群をなす (命題 1.58)．この群を**二面体群** (dihedral group) とよぶ．

命題 1.58 例 1.31 の D_m, A, B について，次のことが成り立つ．

(1) $E_2, A, A^2, \ldots, A^{m-1}, B, AB, A^2B, \ldots, A^{m-1}B$ は相異なる行列である．また，$A^m = E_2, B^2 = E_2$ である．さらに，$k \in \mathbb{Z}$ に対して $BA^kB^{-1} = A^{-k}, BA^k = A^{-k}B$ が成り立つ．

(2) 任意の $i, j \in \mathbb{Z}$ に対して $A^iB^j \in D_m$ が成り立つ．

(3) $k, l \in \mathbb{Z}$ に対して，次が成り立つ．特に $B^kA^l \in D_m$ である．

$$B^kA^l = \begin{cases} A^l & (k \text{ が偶数のとき}), \\ A^{-l}B & (k \text{ が奇数のとき}). \end{cases}$$

(4) D_m は $GL(2, \mathbb{R})$ の非可換な部分群であり，その位数は $2m$ である．

証明． (1) 計算により確かめられる．

(2) $i \equiv r \pmod{m}, 0 \leq r \leq m-1, j \equiv s \pmod{2}, 0 \leq s \leq 1$ を満たすように整数 r, s を選べば，$A^iB^j = A^rB^s \in D_m$ となる．

(3) k が偶数のとき，$B^k = E_2$ より，$B^kA^l = A^l$ である．k が奇数のとき，$B^kA^l = BA^l = A^{-l}B$ である．

(4) $X = A^pB^q, Y = A^rB^s \in D_m$ とする ($p, q, r, s \in \mathbb{Z}$)．$XY = A^pB^qA^rB^s$ であるが，$B^qA^r = A^{r'}B^{q'}$ ($r', q' \in \mathbb{Z}$) と書き直せるので，$XY \in D_m$ である．同様に，$X^{-1} = B^{-q}A^{-p} \in D_m$ である．さらに，$E_2 \in D_m$ である．よって，D_m は $GL(2, \mathbb{R})$ の部分群である．$AB \neq BA$ より D_m は非可換群である．(1) より，その位数は $2m$ である． □

xy 平面上に m 個の点

$$P_k = \left(\cos\frac{2(k-1)}{m}\pi, \sin\frac{2(k-1)}{m}\pi\right) \quad (1 \leq k \leq m)$$

をとり，これらの点を順に結んでできる正 m 角形 $P_1P_2\cdots P_m$ を考える．このとき，D_m はこの正 m 角形を回転させたり，折り返したりする合同変換全

体のなす群である (詳細な検討は読者にゆだねる).

1.3.5 乗積表と群の準同型写像

位数 m の有限群 $G = \{a_1, a_2, \ldots, a_m\}$ の演算の様子を表にすることを考えよう.m 行 m 列の表を作り,i 行 j 列の欄に $a_i a_j$ (加法群の場合は $a_i + a_j$)$(1 \leq i \leq m, 1 \leq j \leq m)$ を書き入れたものを**乗積表**という.

例 1.32 加法群 $\mathbb{Z}/3\mathbb{Z} = \{\bar{0}, \bar{1}, \bar{2}\}$ の乗積表は次の通りである.

	$\bar{0}$	$\bar{1}$	$\bar{2}$
$\bar{0}$	$\bar{0}$	$\bar{1}$	$\bar{2}$
$\bar{1}$	$\bar{1}$	$\bar{2}$	$\bar{0}$
$\bar{2}$	$\bar{2}$	$\bar{0}$	$\bar{1}$

例 1.33 例 1.24 の乗法群 U_m を $m = 3$ の場合に考える.$U_3 = \{1, \zeta, \zeta^2\}$ であり,乗積表は次の通りである.

	1	ζ	ζ^2
1	1	ζ	ζ^2
ζ	ζ	ζ^2	1
ζ^2	ζ^2	1	ζ

例 1.32 と例 1.33 を見比べよう.$\bar{0}, \bar{1}, \bar{2} \in \mathbb{Z}/3\mathbb{Z}$ をそれぞれ $1, \zeta, \zeta^2 \in U_3$ と対応させると,$\mathbb{Z}/3\mathbb{Z}$ と U_3 の演算の構造が同一であることが見てとれる.

無限群に対しては乗積表を書くことはできないが,2 つの異なる群が同一の構造を持つ例を示しておく.

例 1.34 加法群 $\mathbb{R}$ と例 1.29 の乗法群 G に対して,写像 $f: \mathbb{R} \to G$ を

$$f: \mathbb{R} \ni a \longmapsto f(a) = \begin{pmatrix} 1 & a \\ 0 & 1 \end{pmatrix} \in G$$

と定めると,f は全単射である.さらに,$a, b \in \mathbb{R}$ に対して,次の式が成り立つ.

$$f(a+b) = f(a)f(b).$$

写像 f によって a と $f(a)$ が1対1に対応するが，上の式は，この対応によって，$\mathbb{R}$ での加法が G での乗法に対応することを意味する．したがって，加法群 $\mathbb{R}$ と乗法群 G は同一の構造を持つと考えられる．

同一の構造ではないが，2つの群の演算の間に密接な関係がある場合もある．

例 1.35 加法群 $\mathbb{R}$ から例 1.23 の乗法群 T への写像 $f : \mathbb{R} \to T$ を
$$f : \mathbb{R} \ni \alpha \longmapsto f(\alpha) = \cos(2\pi\alpha) + \sqrt{-1}\sin(2\pi\alpha) \in T$$
と定めると，$\alpha, \beta \in \mathbb{R}$ に対して，$f(\alpha + \beta) = f(\alpha)f(\beta)$ が成り立つので，写像 f によって，$\mathbb{R}$ の加法が T の乗法に対応する．ただし，f は単射でない．このとき，$f^{-1}(1) = \{\alpha \in \mathbb{R} \mid f(\alpha) = 1\} = \mathbb{Z}$ が成り立つ．

定義 1.59 G, G' は群とする．写像 $f : G \to G'$ が群の**準同型写像** (homomorphism) であるとは，任意の $a, b \in G$ に対して
$$f(ab) = f(a)f(b) \tag{1.6}$$
が成り立つことをいう．準同型写像 $f : G \to G'$ がさらに全単射であるとき，f は**同型写像** (isomorphism) であるという．群 G から G' への同型写像が存在するとき，G と G' は**同型**であるといい，$G \cong G'$ と表す．G から G 自身への同型写像を G の**自己同型写像** (automorphism) という．

注意 1.2 上の定義において，たとえば G が加法群，G' が乗法群の場合は，式 (1.6) は次のようになる．
$$f(a + b) = f(a)f(b).$$

例 1.32 の群 $\mathbb{Z}/3\mathbb{Z}$ と例 1.33 の群 U_3 は同型である．例 1.34 の写像 f は同型写像である．例 1.35 の写像 f は準同型写像であるが，同型写像ではない．

例 1.36 G は群とし，H は G の部分群とする．包含写像 $\iota : H \to G$ (H の元 x に対して $x \in G$ を対応させる写像) は準同型写像である．

例 1.37 $m \in \mathbb{N}, m \geq 2$ とする．写像 $\pi : \mathbb{Z} \to \mathbb{Z}/m\mathbb{Z}$ を
$$\pi : \mathbb{Z} \ni a \longmapsto \pi(a) = \bar{a} \in \mathbb{Z}/m\mathbb{Z}$$
と定めると，$a, b \in \mathbb{Z}$ に対して
$$\pi(a+b) = \overline{a+b} = \bar{a} + \bar{b} = \pi(a) + \pi(b)$$

が成り立つ．よって，π は加法群 $\mathbb{Z}$ から加法群 $\mathbb{Z}/m\mathbb{Z}$ への準同型写像である．さらに，$\pi^{-1}(\bar{0}) = m\mathbb{Z}$ である (m の倍数全体．例 1.17 参照).

例 1.38 加法群 $\mathbb{R}$ から例 1.21 の乗法群 $\mathbb{R}_+$ への写像 f を
$$f : \mathbb{R} \ni x \longmapsto 2^x \in \mathbb{R}_+$$
と定めると，f は全単射であり
$$f(x+y) = 2^{x+y} = 2^x 2^y = f(x)f(y) \quad (x, y \in \mathbb{R})$$
が成り立つので，f は同型写像である．したがって，加法群 $\mathbb{R}$ は乗法群 $\mathbb{R}_+$ と同型である．

例 1.39 $K = \mathbb{R}$ または $K = \mathbb{C}$ とし，V, V' は K 上の線形空間とする．このとき，線形写像 $T : V \to V'$ は，加法群 V から V' への準同型写像である．

例 1.40 一般線形群 $GL(n, \mathbb{R})$ から乗法群 $\mathbb{R}^*$ への写像 f を
$$f : GL(n, \mathbb{R}) \ni A \longmapsto f(A) = \det A \in \mathbb{R}^*$$
と定めることができる．このとき，$A, B \in GL(n, \mathbb{R})$ に対して
$$f(AB) = \det(AB) = \det A \det B = f(A)f(B)$$
となるので，f は準同型写像である．さらに，$f^{-1}(1) = SL(n, \mathbb{R})$ である (例 1.26, 例 1.27 参照).

例 1.41 $n \in \mathbb{N}, n \geq 2$ とする．n 次対称群 S_n から乗法群 $U_2 = \{1, -1\}$ (例 1.24 参照) への写像 f を
$$f : S_n \ni \sigma \longmapsto f(\sigma) = \operatorname{sgn}(\sigma) \in U_2$$
と定めると，命題 1.49 により，f は準同型写像である．さらに，$f^{-1}(1) = A_n$ (n 次交代群) である．

例 1.42 詳細な検討は読者にゆだねるが，次のようにして 2 面体群 D_m から対称群 S_m への準同型写像 $f : D_m \to S_m$ を作ることができる ($m \geq 3$). 小節 1.3.4 の記号をそのまま用いる．行列 $C \in D_m$ を正 m 角形 $P_1 P_2 \cdots P_m$ に作用させると，m 個の頂点 $P_1, P_2, \ldots, P_m$ がそれぞれ
$$P_{i_1}, P_{i_2}, \ldots, P_{i_m}$$

にうつされる.そこで,$C \in D_m$ に対して $\sigma = \begin{pmatrix} 1 & 2 & \cdots & m \\ i_1 & i_2 & \cdots & i_m \end{pmatrix} \in S_m$ を対応させる写像を f とすると,f は準同型写像である.さらに,この写像 f が単射であることもわかるが,その証明は省略する.

第 2 章

群

この章では，群についてもう少し深く学ぶ．ここでも，群の演算については，特に断らない限り，乗法群の記法を用いる．

2.1 記号の準備

これからの議論を進めていくのに必要な記号を準備する．

2.1.1 べき乗など

G は群とし，$a \in G$ とする．自然数 n に対して，a を n 回かけたものを a^n と表すことは前に述べたが，n が 0 や負の整数の場合も含めて

$$a^n = \begin{cases} \underbrace{aa \cdots a}_{n \text{ 個}} & (n > 0 \text{ のとき}), \\ e & (n = 0 \text{ のとき}), \\ \underbrace{(aa \cdots a)}_{(-n) \text{ 個}}{}^{-1} & (n < 0 \text{ のとき}) \end{cases}$$

と定める．このとき，指数法則 $a^{m+n} = a^m a^n \, (m, n \in \mathbb{Z})$ が成り立つ．

G が加法群の場合は，a^n の代わりに na という記法を用いる．このとき，$(m+n)a = ma + na \, (m, n \in \mathbb{Z})$ が成り立つ．

$a, b \in G$ に対して，$(ab)^{-1} = b^{-1} a^{-1}$ が成り立つ (問 1.12)．より一般に

$$(a_1^{n_1} a_2^{n_2} \cdots a_{k-1}^{n_{k-1}} a_k^{n_k})^{-1} = a_k^{-n_k} a_{k-1}^{-n_{k-1}} \cdots a_2^{-n_2} a_1^{-n_1}$$

が成り立つ $(a_1, \ldots, a_k \in G, \, n_1, \ldots, n_k \in \mathbb{Z})$．

2.1.2 KL (K, L は G の部分集合) など

G は群とし，K, L は G の部分集合とする．G の部分集合 KL, K^{-1} を

$$KL = \{xy \,|\, x \in K, y \in L\}, \quad K^{-1} = \{x^{-1} \,|\, x \in K\}$$

と定める．また，$a \in G$ とするとき，aK, Ka を

$$aK = \{ax \,|\, x \in K\}, \quad Ka = \{xa \,|\, x \in K\}$$

と定める．3つ以上の部分集合などについても同様の記法を用いる．$M \subset G$, $b \in G$ とするとき，たとえば KLM, aKb は次のように定まる．

$$KLM = \{xyz \,|\, x \in K, y \in L, z \in M\}, \quad aKb = \{axb \,|\, x \in K\}.$$

G が加法群のときは，$K + L, -K, a + K \,(= K + a)$ を次のように定める．

$$K + L = \{x + y \,|\, x \in K, y \in L\}, \quad -K = \{-x \,|\, x \in K\},$$
$$a + K = \{a + x \,|\, x \in K\}.$$

問 2.1 例 1.14 において，$\sigma H_2, \sigma\tau H_2, H_2\sigma, H_1^{-1}, H_1 H_2$ を求めよ．

2.2 群の生成系

まず，群の生成系の考え方を学ぶ．

2.2.1 いくつかの元で生成される部分群

X, Λ は空でない集合とする．Λ の各元 λ に対して X の部分集合 X_λ が与えられているとき，X の部分集合の族 $(X_\lambda)_{\lambda \in \Lambda}$ が与えられているという．

X の部分集合の族 $(X_\lambda)_{\lambda \in \Lambda}$ の**共通部分** $\bigcap_{\lambda \in \Lambda} X_\lambda$，および**合併集合 (和集合)** $\bigcup_{\lambda \in \Lambda} X_\lambda$ を次のように定める．

$$\bigcap_{\lambda \in \Lambda} X_\lambda = \{x \in X \,|\, 任意の \lambda \in \Lambda に対して x \in X_\lambda\},$$
$$\bigcup_{\lambda \in \Lambda} X_\lambda = \{x \in X \,|\, ある \lambda \in \Lambda に対して x \in X_\lambda\}.$$

命題 2.1 G は群とし，$(H_\lambda)_{\lambda \in \Lambda}$ は G の部分群の族とする．このとき，$\bigcap_{\lambda \in \Lambda} H_\lambda$ は G の部分群である．

証明． 命題 1.57 を用いる．任意の $\lambda \in \Lambda$ に対して $e \in H_\lambda$ であるので，$e \in \bigcap_{\lambda \in \Lambda} H_\lambda$ である．$a, b \in \bigcap_{\lambda \in \Lambda} H_\lambda$ を任意にとると，任意の $\lambda \in \Lambda$ に対して $a, b \in H_\lambda$ であるので，$a^{-1}b \in H_\lambda$ である．よって，$a^{-1}b \in \bigcap_{\lambda \in \Lambda} H_\lambda$ である．

したがって，$\bigcap_{\lambda \in \Lambda} H_\lambda$ は G の部分群である． □

問 2.2 例 1.14 において，$H_1 \bigcup H_2$ は S_3 の部分群でないことを示せ．

定義 2.2 G は群とし，S は G の空でない部分集合とする．S を含むような G のすべての部分群の族を $(H_\mu)_{\mu \in M}$ とする．この部分群の族の共通部分を S で**生成された** G **の部分群**とよび，$\langle S \rangle$ と表す．

$$\langle S \rangle = \bigcap_{\mu \in M} H_\mu.$$

$S = \{s_1, s_2, \ldots, s_k\}$(有限集合) となる場合は，$\langle S \rangle = \langle s_1, s_2, \ldots, s_k \rangle$ と表す．特に，$S = \{s\}$ のときは，$\langle S \rangle = \langle s \rangle$ と表す．

命題 2.3 G は群とし，S は G の空でない部分集合とする．
(1) $\langle S \rangle$ は G の部分群であって，S を含む．
(2) G の部分群 H に対して，「$H \supset S \Rightarrow H \supset \langle S \rangle$」が成り立つ．
(3) $\langle S \rangle$ は S を含む G の部分群の中で，包含関係に関して最小である．

証明．(1) 定義 2.2 と命題 2.1 よりしたがう．
(2) 定義 2.2 の記号を用いる．H が S を含む G の部分群であるならば，ある $\nu \in M$ に対して $H = H_\nu$ となるので，$H = H_\nu \supset \bigcap_{\mu \in M} H_\mu = \langle S \rangle$ である．
(3) (1) と (2) よりしたがう． □

次の定理は $\langle S \rangle$ の具体的な形を示している．

定理 2.4 G は群とし，S は G の空でない部分集合とする．$x \in G$ について，次の条件 (P) を考える．

(P) 「ある $k \in \mathbb{N}$, $s_1, s_2, \ldots, s_k \in S$, $n_1, n_2, \ldots, n_k \in \mathbb{Z}$ が存在して，$x = s_1^{n_1} s_2^{n_2} \cdots s_k^{n_k}$ となる．」

このとき，$\langle S \rangle$ は次のような集合である．

$$\langle S \rangle = \{x \in G \mid x \text{ は条件 (P) を満たす}\}. \tag{2.1}$$

証明． 等式 (2.1) の右辺の集合を $\tilde{S}$ とおき，$\tilde{S} = \langle S \rangle$ を示す．
【ステップ 1】 $\tilde{S}$ は G の部分群であって，S を含む．実際，$s \in S$ を 1 つ

選べば，$e = s^0 \in \tilde{S}$ がわかる．また，$x, y \in \tilde{S}$ とすると
$$x = s_1^{n_1} \cdots s_k^{n_k}, y = t_1^{m_1} \cdots t_l^{m_l}$$
$$(s_i, t_j \in S, n_i, m_j \in \mathbb{Z}, 1 \leq i \leq k, 1 \leq j \leq l)$$
と表されるので，$x^{-1}y = s_k^{-n_k} \cdots s_1^{-n_1} t_1^{m_1} \cdots t_l^{m_l} \in \tilde{S}$ である．よって，$\tilde{S}$ は G の部分群である．また，$t \in S$ ならば，$t = t^1 \in \tilde{S}$ であるので，$S \subset \tilde{S}$ である．

【ステップ 2】 ステップ 1 と命題 2.3 (2) より，$\tilde{S} \supset \langle S \rangle$ が成り立つ．

【ステップ 3】 $\tilde{S} \subset \langle S \rangle$ である．実際，$\tilde{S}$ の任意の元 z は
$$z = u_1^{p_1} \cdots u_q^{p_q} \ (u_i \in S, p_i \in \mathbb{Z}, 1 \leq i \leq q)$$
と表される．各 $u_i \ (1 \leq i \leq q)$ は S の元であるので，特に $\langle S \rangle$ の元であり，$\langle S \rangle$ は G の部分群であるので，$z \in \langle S \rangle$ となる．よって，$\tilde{S} \subset \langle S \rangle$ である．

【ステップ 4】 以上のことより，$\tilde{S} = \langle S \rangle$ が示される． □

系 2.5 G は群とし，$x \in G$ とするとき，次が成り立つ．
$$\langle x \rangle = \{z \in G \mid \text{ある } n \in \mathbb{Z} \text{ に対して } z = x^n \text{ となる}\}.$$

定義 2.6 G は群とする．G の空でない部分集合 S が $\langle S \rangle = G$ を満たすとき，S を G の**生成系** (生成元の集合) とよぶ．群 G が有限集合を生成系として持つとき，G は**有限生成** (finitely generated) であるという．

例 2.1 例 1.14 において，$H_1 = \langle \sigma \rangle$，$H_2 = \langle \tau \rangle$ である．また，$S_3 = \langle \sigma, \tau \rangle$ である．実際，$S_3 = \{\mathrm{id}, \sigma, \sigma^2, \tau, \sigma\tau, \sigma^2\tau\}$ である．

例 2.2 例 1.17 において，$m\mathbb{Z} = \langle m \rangle$ である．

例 2.3 例 1.24 において，$U_m = \langle \zeta \rangle$ である．

例 2.4 例 1.31 において，$D_m = \langle A, B \rangle$ である．

2.2.2 巡回群

定義 2.7 G は群とする．ある $x \in G$ に対して $G = \langle x \rangle$ となるとき，G を x で生成された**巡回群** (cyclic group) といい，x を G の**生成元**とよぶ．

$G = \langle x \rangle \ (x \in G)$ ならば，任意の $z \in G$ は $z = x^n \ (n \in \mathbb{Z})$ と表され
$$x^n x^m = x^{n+m} = x^m x^n \quad (n, m \in \mathbb{Z})$$
が成り立つので，巡回群はアーベル群 (可換群) である．

例 2.5 巡回群の例をいくつか挙げる.
(1) 加法群 $\mathbb{Z}$ は 1 で生成された巡回群である.
(2) 加法群 $\mathbb{Z}/m\mathbb{Z}$ は $\bar{1}$ で生成された巡回群である ($m \in \mathbb{N}$, $m \geq 2$).
(3) 例 1.24 の U_m は ζ で生成された巡回群である.

問 2.3 加法群 $\mathbb{Z}/4\mathbb{Z}$ について, $\mathbb{Z}/4\mathbb{Z} = \langle \bar{3} \rangle$, $\mathbb{Z}/4\mathbb{Z} \neq \langle \bar{2} \rangle$ を示せ.

定理 2.8 H を巡回群 G の部分群とすると, H もまた巡回群である.

証明. $G = \langle x \rangle$ ($x \in G$) とする. $H = \{e\}$ ならば, $H = \langle e \rangle$ であるので, H は巡回群である. $H \neq \{e\}$ とすると, H は x^m ($m \neq 0$) という形の元を含むが, $(x^m)^{-1} = x^{-m} \in H$ より, H は x^l ($l \in \mathbb{N}$) という形の元を含む. そこで
$$k = \min\{l \in \mathbb{N} \mid x^l \in H\} \tag{2.2}$$
とおく. このとき, $x^k \in H$ より, $\langle x^k \rangle \subset H$ である (命題 2.3 (2)). 一方, 任意の $y \in H$ は $y = x^n$ ($n \in \mathbb{Z}$) と表される. このとき
$$n = qk + r \quad (q, r \in \mathbb{Z},\ 0 \leq r \leq k-1)$$
を満たす q, r を選ぶと, $x^n, x^k \in H$ より, $x^r = x^n(x^k)^{-q} \in H$ となる. このとき, もし $r > 0$ ならば, k の選び方に反するので (式 (2.2) 参照), $r = 0$ である. したがって, $y = (x^k)^q \in \langle x^k \rangle$ となる. よって, $H = \langle x^k \rangle$ であり, H は巡回群である. □

2.2.3 群の元の位数

定義 2.9 G は群とし, $x \in G$ とする. $x^n = e$ となる自然数 n が存在するとき, そのような n の中で最小のものを x の**位数** (order) とよぶ. そのような n が存在しないとき, x の位数は ∞ と定める.

問 2.4 加法群 $\mathbb{Z}/6\mathbb{Z}$ において, $\bar{0}, \bar{1}, \bar{2}, \bar{3}, \bar{4}, \bar{5}$ の位数をそれぞれ求めよ.

補題 2.10 群 G の元 x の位数を s とし, $m, n \in \mathbb{Z}$ とする.
(1) $s < \infty$ のとき, 「$x^m = e \Leftrightarrow s \mid m$」が成り立つ.
(2) $s < \infty$ のとき, 「$x^m = x^n \Leftrightarrow m \equiv n \pmod{s}$」が成り立つ.
(3) $s = \infty$ のとき, $m \neq n$ ならば $x^m \neq x^n$ である.

証明. (1) $m = ks\, (k \in \mathbb{Z})$ と表されるとき, $x^m = (x^s)^k = e^k = e$ である. 逆に, $x^m = e$ であると仮定する. このとき
$$m = qs + r \quad (q, r \in \mathbb{Z},\ 0 \leq r \leq s-1)$$
となる q, r を選ぶと, $x^r = x^{m-qs} = x^m(x^s)^{-q} = e$ が成り立つ. $r > 0$ ならば, 位数 s の定め方に反する. よって, $r = 0$ であり, $s | m$ である.

(2) $x^m = x^n \Leftrightarrow x^{m-n} = e \Leftrightarrow s | (m-n) \Leftrightarrow m \equiv n \pmod{s}$.

(3) $x^m = x^n$ ならば, $x^{|m-n|} = e$ となり, $s = \infty$ であることに反する. □

命題 2.11 群 G の元 x の位数が s であるとき, G の部分群 $\langle x \rangle$ の位数も s である. すなわち, x の位数と $\langle x \rangle$ の位数は一致する.

証明. $\langle x \rangle = \{x^n \mid n \in \mathbb{Z}\}$ である. $s = \infty$ のとき, 補題 2.10 (3) より, $\langle x \rangle$ は無限個の元を含み, $|\langle x \rangle| = \infty$ である. $s < \infty$ のとき, 補題 2.10 (2) より
$$\langle x \rangle = \{e, x, x^2, \ldots, x^{s-1}\}$$
であり, $\langle x \rangle$ の位数は s である. □

2.3 剰余類と剰余群

第 1 章において, $\mathbb{Z}/m\mathbb{Z}$ を構成した ($m \in \mathbb{N}$, $m \geq 2$). 加法に着目すると, 加法群 $\mathbb{Z}$ とその部分群 $m\mathbb{Z}$ を用いて, 新たな加法群 $\mathbb{Z}/m\mathbb{Z}$ を作ったことになる. ここでは, そのようなことを一般化する.

2.3.1 剰余類

定義 2.12 G は群とし, H は G の部分群とする. $x, y \in G$ とする.

(1) $x^{-1}y \in H$ となるとき, x と y は H に関して**左合同**であるといい, ここでは $x \equiv_l y\ (H)$ と表す.

(2) $xy^{-1} \in H$ となるとき, x と y は H に関して**右合同**であるといい, $x \equiv_r y\ (H)$ と表す.

命題 2.13 G は群とし, H は G の部分群とする.

(1) $x, y \in G$ に対して, 左合同関係 $x \equiv_l y\ (H)$ は同値関係である.

(2) $x, y \in G$ に対して, 右合同関係 $x \equiv_r y\ (H)$ は同値関係である.

証明. (1) $x, y, z \in G$ とする. $x^{-1}x = e \in H$ より, $x \equiv_l x \ (H)$ である (反射律). $x \equiv_l y \ (H)$ ならば, $x^{-1}y \in H$ であるので, $y^{-1}x = (x^{-1}y)^{-1} \in H$ となる. よって, $y \equiv_l x \ (H)$ である (対称律). $x \equiv_l y \ (H), y \equiv_l z \ (H)$ ならば, $x^{-1}y, y^{-1}z \in H$ であるので, $x^{-1}z = (x^{-1}y)(y^{-1}z) \in H$ となる. よって, $x \equiv_l z \ (H)$ である (推移律).

(2) 読者の演習問題とする (問 2.5). □

問 2.5 命題 2.13 (2) を証明せよ.

命題 2.14 G は群とし, H は G の部分群とする. また, $x \in G$ とする.

(1) H に関する左合同関係において, x の同値類を $C(x)$ と表すとき, $C(x) = \{xh \mid h \in H\} = xH$ である.

(2) H に関する右合同関係において, x の同値類を $C'(x)$ と表すとき, $C'(x) = \{hx \mid h \in H\} = Hx$ である.

証明. (1) $C(x) = \{z \in G \mid x \equiv_l z \ (H)\} = \{z \in G \mid x^{-1}z \in H\}$ であるが,「$x^{-1}z \in H$」⇔「ある $h \in H$ が存在して $x^{-1}z = h$」⇔「ある $h \in H$ が存在して $z = xh$」に注意すれば, $C(x) = \{xh \mid h \in H\} = xH$ が得られる.

(2) 読者の演習問題とする (問 2.6). □

問 2.6 命題 2.14 (2) を示せ.

H に関する左合同関係による同値類を, G の H に関する**左剰余類**とよび, 右合同関係による同値類を**右剰余類**とよぶ. G が加法群の場合は, $x \in G$ を含む左剰余類は $x + H$ であり, この場合は右剰余類 $H + x$ と一致する.

同値関係の一般論 (命題 1.16) より, 次の命題がしたがう.

命題 2.15 G を群とし, H を G の部分群とするとき, 次が成り立つ.

(1) $y \in xH \Leftrightarrow x^{-1}y \in H \Leftrightarrow xH = yH \Leftrightarrow xH \cap yH \neq \emptyset$.

(2) $y \notin xH \Leftrightarrow x^{-1}y \notin H \Leftrightarrow xH \neq yH \Leftrightarrow xH \cap yH = \emptyset$.

(3) $y \in Hx \Leftrightarrow xy^{-1} \in H \Leftrightarrow Hx = Hy \Leftrightarrow Hx \cap Hy \neq \emptyset$.

(4) $y \notin Hx \Leftrightarrow xy^{-1} \notin H \Leftrightarrow Hx \neq Hy \Leftrightarrow Hx \cap Hy = \emptyset$.

命題 2.15 (1), (2) により, G は互いに共通部分を持たない左剰余類に分割される. 命題 2.15 (3), (4) により, G は互いに共通部分を持たない右剰余類

に分割される．また，$eH = He = H$ であることにも注意する．

左剰余類全体の集合を G の H による**左商集合**とよび，G/H と表す．右剰余類全体の集合を**右商集合**とよび，$H\backslash G$ と表す（この記号は差集合 $X \setminus Y$ とまぎらわしいが，文脈から判断していただきたい．混乱を避けるため，この小節以降，第 2 章に限っては，差集合の記号を使わない）．

例 2.6 例 1.14 において，S_3 の H_1 に関する左剰余類は
$$\mathrm{id}H_1 = \sigma H_1 = \sigma^2 H_1 = H_1, \quad \tau H_1 = \sigma\tau H_1 = \sigma^2\tau H_1 = \{\tau, \sigma\tau, \sigma^2\tau\}$$
の 2 種類であり，$S_3 = H_1 \cup \tau H_1$, $S_3/H_1 = \{H_1, \tau H_1\}$ となる．

S_3 の H_1 による右剰余類は，次の 2 種類である．
$$H_1\mathrm{id} = H_1\sigma = H_1\sigma^2 = H_1, \quad H_1\tau = H_1\sigma\tau = H_1\sigma^2\tau = \{\tau, \sigma\tau, \sigma^2\tau\}.$$
この場合，左剰余類と右剰余類は一致し，$S_3/H_1 = H_1\backslash S_3$ が成り立つ．

一方，S_3 の H_2 に関する左剰余類は次の 3 種類である．
$$\mathrm{id}H_2 = \tau H_2 = H_2, \sigma H_2 = \sigma\tau H_2 = \{\sigma, \sigma\tau\}, \sigma^2 H_2 = \sigma^2\tau H_2 = \{\sigma^2, \sigma^2\tau\}.$$
S_3 の H_2 に関する右剰余類は次の 3 種類である．
$$H_2\mathrm{id} = H_2\tau = H_2, H_2\sigma = H_2\sigma^2\tau = \{\sigma, \sigma^2\tau\}, H_2\sigma^2 = H_2\sigma\tau = \{\sigma^2, \sigma\tau\}.$$
この場合，$S_3/H_2 \neq H_2\backslash S_3$ である．

例 2.7 加法群 $\mathbb{Z}$ の部分群 $m\mathbb{Z}$ を考える（$m \in \mathbb{N}, m \geq 2$）．$\mathbb{Z}$ の $m\mathbb{Z}$ に関する左剰余類と右剰余類は一致し，$\bar{x} = x + m\mathbb{Z}$ ($x \in \mathbb{Z}$) という形である．左商集合 $\mathbb{Z}/m\mathbb{Z}$ と右商集合 $m\mathbb{Z}\backslash\mathbb{Z}$ は一致し，次が成り立つ．
$$\mathbb{Z}/m\mathbb{Z} = m\mathbb{Z}\backslash\mathbb{Z} = \{\bar{0}, \bar{1}, \bar{2}, \ldots, \overline{m-1}\}.$$

2.3.2 ラグランジュの定理とその応用

まず，左剰余類と右剰余類の関係について述べる．

命題 2.16 G は群とし，H は G の部分群とする．
 (1) $a, b \in G$ に対して，「$aH = bH \Leftrightarrow Ha^{-1} = Hb^{-1}$」が成り立つ．
 (2) 写像 $\varphi : G/H \to H\backslash G$ を
$$\varphi : G/H \ni aH \mapsto Ha^{-1} \in H\backslash G$$
と定めることができる．さらに，φ は全単射である．

証明. (1) 命題 2.15 を用いれば，次が得られる．

$$aH = bH \iff a^{-1}b \in H \iff a^{-1}(b^{-1})^{-1} \in H \iff Ha^{-1} = Hb^{-1}.$$

(2) $aH = a'H\,(a, a' \in G)$ ならば，(1) より $Ha^{-1} = Ha'^{-1}$ であるので，写像 φ は well-defined である．また，$aH, bH \in G/H\,(a, b \in G)$ が

$$\varphi(aH) = \varphi(bH)$$

を満たすならば，$Ha^{-1} = Hb^{-1}$ であるので，(1) より $aH = bH$ がしたがう．よって，φ は単射である．さらに，任意の $Ha \in H\backslash G\,(a \in G)$ に対して

$$\varphi(a^{-1}H) = H(a^{-1})^{-1} = Ha$$

が成り立つので，φ は全射である． □

定義 2.17 G は群とし，H は G の部分群とする．G の H に関する相異なる左剰余類の個数を G における H の**指数** (index) とよび，$(G:H)$ と表す．左剰余類が無限個存在するときは，$(G:H) = \infty$ と表す．

$(G:H)$ は左商集合 G/H の元の個数にほかならない．また，命題 2.16 によれば，$(G:H)$ は相異なる右剰余類の個数や，右商集合の元の個数とも一致する．

例 2.8 例 2.6 において，$(S_3 : H_1) = 2, (S_3 : H_2) = 3$ である．

例 2.9 例 2.7 において，$(\mathbb{Z} : m\mathbb{Z}) = m$ である $(m \in \mathbb{N}, m \geq 2)$．

補題 2.18 G は群とし，H は G の部分群とする．$a \in G$ に対して，2 つの写像 $\varphi_a : H \to aH, \psi_a : H \to Ha$ を

$$\varphi_a : H \ni x \longmapsto ax \in aH, \quad \psi_a : H \ni x \longmapsto xa \in Ha$$

と定めると，この 2 つの写像はいずれも全単射である．

証明. $x, y \in H$ に対して「$ax = ay \Rightarrow x = y$」が成り立つので (問 1.11 (2))，$\varphi_a$ は単射である．また，aH の任意の元は $ah\,(h \in H)$ という形に表されるので，φ_a は全射である．ψ_a についても同様である． □

定理 2.19 (ラグランジュ (Lagrange) の定理) G は有限群とし，H は G の部分群とするとき

$$|G| = (G:H)\,|H|$$

が成り立つ．特に，$(G:H), |H|$ はいずれも $|G|$ の約数である．

証明. $(G:H) = k$ とすると，$G = \bigcup_{i=1}^{k} a_i H \, (a_i \in G, 1 \leq i \leq k)$ と表される．ここで，$a_i H \, (1 \leq i \leq k)$ は互いに共通部分を持たない左剰余類である．補題 2.18 より，各 $a_i H$ に含まれる元の個数は $|H|$ と等しいので $(1 \leq i \leq k)$，$|G| = k|H| = (G:H)|H|$ が得られる． □

系 2.20 G を有限群とし，$x \in G$ とする．

(1) x の位数は $|G|$ の約数である．

(2) $x^{|G|} = e$ である．

証明. (1) 命題 2.11 より，x の位数は G の部分群 $\langle x \rangle$ の位数に等しく，定理 2.19 より，それは $|G|$ の約数である．

(2) x の位数を s とすると，(1) より $|G| = ks \, (k \in \mathbb{N})$ と表されるので，$x^{|G|} = (x^s)^k = e^k = e$ が得られる． □

系 2.20 を用いて，定理 1.40 (オイラーの定理の別の形) を証明しよう．

定理 1.40 の証明. $\mathbb{Z}/m\mathbb{Z}$ の可逆元全体を G とおくと，G は乗法に関して群をなし (問 1.15)，その位数はオイラー関数 $\varphi(m)$ である (命題 1.38)．よって，系 2.20 (2) により，$\alpha \in G$ に対して，$\alpha^{\varphi(m)} = \overline{1}$ が成り立つ． □

例題 2.1 有限群 G の位数が素数 p ならば，G は巡回群であることを示せ．

【解答】 $x \in G, x \neq e$ とすると，x の位数は 1 または p であるが (系 2.20)，$x \neq e$ より，それは 1 ではなく，p である．よって，$|\langle x \rangle| = p$ である (命題 2.11)．G とその部分群 $\langle x \rangle$ の位数が等しいので，$G = \langle x \rangle$ である． □

2.3.3 正規部分群

命題 2.21 G は群とし，H は G の部分群とする．このとき，次の 4 つの条件は同値である．

(a) 任意の $x \in G$，任意の $h \in H$ に対して，$xhx^{-1} \in H$ が成り立つ．

(b) 任意の $x \in G$ に対して，$xHx^{-1} \subset H$ が成り立つ．

(c) 任意の $x \in G$ に対して，$xHx^{-1} = H$ が成り立つ．

(d) 任意の $x \in G$ に対して，$xH = Hx$ が成り立つ．

証明. (a) $\Leftrightarrow$ (b) $xHx^{-1} = \{xhx^{-1} \mid h \in H\}$ よりしたがう．

(c) $\Rightarrow$ (b) 明らかである．

(a) ⇒ (c) 「(a) ⇒ (b)」はすでに示されているので，任意の $x \in G$ に対して $H \subset xHx^{-1}$ を示せば十分である．任意の $h_1 \in H$ をとり，$y = x^{-1}h_1x$ とおくと，$y \in H$ である．実際，$x^{-1} \in G$ と $h_1 \in H$ に対して条件 (a) を適用すれば，$y = x^{-1}h_1(x^{-1})^{-1} \in H$ が成り立つ．このとき
$$h_1 = xyx^{-1} \in xHx^{-1}$$
となるので，$H \subset xHx^{-1}$ である．よって，$xHx^{-1} = H$ が成り立つ．

以上のことより，3つの条件 (a), (b), (c) は同値である．

(c) ⇒ (d) xH の任意の元 $z = xh_2\,(h_2 \in H)$ をとり，$u = zx^{-1}$ とおくと
$$u = zx^{-1} = xh_2x^{-1} \in xHx^{-1} = H$$
であるので，$z = ux \in Hx$ が得られる．よって $xH \subset Hx$ である．

また，Hx の任意の元 $w = h_3x\,(h_3 \in H)$ をとると，$h_3 \in H = xHx^{-1}$ であるので，ある $h_4 \in H$ が存在して，$h_3 = xh_4x^{-1}$ と表される．このとき
$$w = h_3x = xh_4x^{-1}x = xh_4 \in xH$$
であるので，$Hx \subset xH$ である．よって，$xH = Hx$ が示される．

(d) ⇒ (b) xHx^{-1} の任意の元 $v = xh_5x^{-1}\,(h_5 \in H)$ をとる．このとき
$$xh_5 \in xH = Hx$$
であるので，ある $h_6 \in H$ が存在して，$xh_5 = h_6x$ が成り立つ．よって
$$v = (xh_5)x^{-1} = h_6xx^{-1} = h_6 \in H$$
が得られる．よって，$xHx^{-1} \subset H$ である．

以上のことより，4つの条件 (a), (b), (c), (d) は同値である． □

注意 2.1 「$xH = Hx$」という式は，「任意の $h \in H$ に対して $xh = hx$ が成り立つ」ということを意味しないことに注意せよ．

定義 2.22 群 G の部分群 H が命題 2.21 の4つの条件のうち1つ，よってすべてを満たすとき，H は G の**正規部分群** (normal subgroup) であるという．H が G の正規部分群であることを $G \triangleright H$ (あるいは $H \triangleleft G$) と表す．

G 自身は G の正規部分群である．また，$\{e\}$ は G の正規部分群である．実際，任意の $x \in G$ に対し，$xex^{-1} = e \in \{e\}$ が成り立つ．

G がアーベル群ならば，G の部分群 H に関する左剰余類と右剰余類がつねに一致するので，G の任意の部分群は正規部分群である．

例 2.10 H_1, H_2 は例 1.14 のものとする．例 2.6 の考察により，$S_3 \triangleright H_1$, $S_3 \not\triangleright H_2$ である．

例 2.11 $n \in \mathbb{N}, n \geq 2$ とする．n 次交代群 A_n(例 1.13 参照) は n 次対称群 S_n の正規部分群である．実際，任意の $\sigma \in A_n$，任意の $\tau \in S_n$ に対して，$\text{sgn}(\sigma) = 1$ に注意して命題 1.49 を用いれば

$$\text{sgn}(\tau\sigma\tau^{-1}) = \text{sgn}(\tau)\text{sgn}(\sigma)\text{sgn}(\tau^{-1}) = \text{sgn}(\tau) \cdot 1 \cdot \frac{1}{\text{sgn}(\tau)} = 1$$

が得られる．よって $\tau\sigma\tau^{-1} \in A_n$ となり，$S_n \triangleright A_n$ が示される．

問 2.7 $n \in \mathbb{N}$ とする．$GL(n, \mathbb{R}) \triangleright SL(n, \mathbb{R})$ を示せ (例 1.27 参照)．

例題 2.2 G は群とし，H は G の部分群とする．$(G : H) = 2$ ならば，H は G の正規部分群であることを示せ．

【解答】 $(G : H) = 2$ であるので，G の H に関する左剰余類は H と H^c の 2 個である (H^c は G における H の補集合)．右剰余類も H と H^c の 2 個である．任意の $x \in G$ をとる．$x \in H$ ならば $xH = Hx = H$ であり，$x \notin H$ ならば $xH = Hx = H^c$ である．したがって，$H \triangleleft G$ である． □

問 2.8 G は群とし，$G \triangleright N$ とする．$x \in G, y \in N$ に対して，$xy = y'x$, $yx = xy''$ を満たす $y', y'' \in N$ が存在することを示せ．

2.3.4 剰余群

G は群とし，H は G の正規部分群とする．$x, y \in G$ に対して「$x \equiv_l y\ (H)$」と「$x \equiv_r y\ (H)$」は同値である．実際，定義 2.12，命題 2.15，命題 2.21 (条件 (d)) を用いれば

$$x \equiv_l y\ (H) \iff xH = yH \iff Hx = Hy \iff x \equiv_r y\ (H)$$

が得られる．そこで，この同値な条件を単に「$x \equiv y\ (H)$」と表す．また，G の H に関する左剰余類と右剰余類は一致するので，単に**剰余類**とよぶ．G の H による左商集合と右商集合は一致するので，単に**商集合**とよぶ．

以下，$xH\ (= Hx)$ を G/H の元として取り扱うときは，しばしば単に $\bar{x}$ と表す．この表記を用いると，$G/H = \{\bar{x} \mid x \in G\}$ である．このとき

$$\bar{x} = \bar{y} \iff x \equiv y\ (H), \quad \bar{x} = \bar{e} \iff x \in H$$

が成り立つ．

命題 2.23 G は群とし，H は G の部分群とする．また，$x, x', y, y', z \in G$ とする．このとき，次が成り立つ．

(1) $x \equiv_l x' \ (H)$ ならば $zx \equiv_l zx' \ (H)$．

(2) $x \equiv_r x' \ (H)$ ならば $xz \equiv_r x'z \ (H)$．

(3) $G \triangleright H$ とするとき，「$x \equiv x' \ (H), y \equiv y' \ (H)$」ならば
$xy \equiv x'y' \ (H)$．

証明． (1) $x \equiv_l x' \ (H)$ ならば，$(zx)^{-1}(zx') = x^{-1}z^{-1}zx' = x^{-1}x' \in H$ であるので，$zx \equiv zx' \ (H)$ である．

(2) $x \equiv_r x' \ (H)$ ならば，$(xz)(x'z)^{-1} = xzz^{-1}x'^{-1} = xx'^{-1} \in H$ であるので，$xz \equiv_r xz' \ (H)$ である．

(3) $x \equiv x' \ (H)$ より $xy \equiv x'y \ (H)$ である ((2) を用いた)．$y \equiv y' \ (H)$ より $x'y \equiv x'y' \ (H)$ である ((1))．よって，$xy \equiv x'y \equiv x'y' \ (H)$ である． □

定理 2.24 G は群とし，$G \triangleright H$ とする．G/H の元 $\alpha = \bar{a}, \beta = \bar{b} \ (a, b \in G)$ に対して，積 $\alpha\beta \in G/H$ を $\alpha\beta = \overline{ab}$ と定める．

(1) $\alpha\beta$ は $\alpha = \bar{a}, \beta = \bar{b}$ を満たす $a, b \in G$ の選び方によらず定まる．

(2) この演算によって，G/H は群をなす．単位元は $\bar{e}$ (e は G の単位元) であり，$\bar{a} \ (a \in G)$ の逆元は $\overline{a^{-1}}$ である．

証明． (1) $\alpha = \bar{a} = \overline{a'}, \beta = \bar{b} = \overline{b'} \ (a, a', b, b' \in G)$ とすると
$$a \equiv a' \ (H), \quad b \equiv b' \ (H)$$
より，$ab \equiv a'b' \ (H)$ である (命題 2.23 (3))．よって，$\overline{ab} = \overline{a'b'}$ である．

(2) $\alpha = \bar{a}, \beta = \bar{b}, \gamma = \bar{c} \in G/H \ (a, b, c \in G)$ に対して
$$(\alpha\beta)\gamma = (\overline{ab})\bar{c} = \overline{abc} = \overline{(ab)c} = \overline{a(bc)} = \bar{a}\overline{bc} = \bar{a}(\bar{b}\bar{c}) = \alpha(\beta\gamma)$$
であるので，結合法則が成り立つ．また
$$\bar{e}\alpha = \bar{e}\bar{a} = \overline{ea} = \bar{a} = \alpha, \quad \alpha\bar{e} = \bar{a}\bar{e} = \overline{ae} = \bar{a} = \alpha$$
より，$\bar{e}$ は単位元である．さらに
$$\bar{a}\overline{a^{-1}} = \overline{aa^{-1}} = \bar{e}, \quad \overline{a^{-1}}\bar{a} = \overline{a^{-1}a} = \bar{e}$$
より，$\overline{a^{-1}}$ は α の逆元である．よって，G/H は群をなす． □

定義 2.25 G は群とし，H は G の正規部分群とする．定理 2.24 によって定まる群 G/H を，G の H による**剰余群**(**商群**) (quotient group) とよぶ．

G がアーベル群ならば，剰余群 G/H もアーベル群である．

例 2.12 $m \in \mathbb{N}$, $m \geq 2$ とする．加法群 $\mathbb{Z}$ の $m\mathbb{Z}$ による剰余群 $\mathbb{Z}/m\mathbb{Z}$ の演算は，第 1 章の小節 1.1.4 において定義した $\mathbb{Z}/m\mathbb{Z}$ の加法と一致する．

例 2.13 例 1.14 の状況において，$S_3 \triangleright H_1$ である (例 2.10). また，H_1 は 3 次交代群 A_3 と一致する (問 2.9)．例 2.6 の考察によれば
$$S_3/A_3 = S_3/H_1 = \{\overline{\mathrm{id}}, \overline{\tau}\}$$
である．$\overline{\mathrm{id}}$ は S_3/A_3 の単位元である．また，$\overline{\tau}^2 = \overline{\tau}\overline{\tau} = \overline{\tau^2} = \overline{\mathrm{id}}$ となる．よって，S_3/A_3 は $\overline{\tau}$ を生成元とする位数 2 の巡回群である．

問 2.9 例 1.14 の H_1 が 3 次交代群 A_3 と一致することを確かめよ．

例 2.14 $n \in \mathbb{N}$ とする．$SL(n,\mathbb{R})$ は $GL(n,\mathbb{R})$ の正規部分群である (問 2.7). 任意の $\alpha \in GL(n,\mathbb{R})/SL(n,\mathbb{R})$ は $\alpha = \overline{A}$ ($A \in GL(n,\mathbb{R})$) と表される．このとき，$A, A' \in GL(n,\mathbb{R})$ に対して，次が成り立つ．
$\overline{A} = \overline{A'} \iff A^{-1}A' \in SL(n,\mathbb{R}) \iff \det(A^{-1}A') = 1 \iff \det A = \det A'$.
実は，$GL(n,\mathbb{R})/SL(n,\mathbb{R}) \cong \mathbb{R}^*$ が成り立つ (例題 2.3 参照).

2.4 準同型定理とその応用

ここでは，準同型定理とよばれる基本的な定理とその応用を学ぶ．

2.4.1 準同型写像の基本的な性質

命題 2.26 G, G' は群とし，$f: G \to G'$ は準同型写像とする．
 (1) $f(e) = e'$ である．ここで，e, e' はそれぞれ G, G' の単位元を表す．
 (2) $a \in G$ に対し，$f(a^{-1}) = (f(a))^{-1}$ が成り立つ．

証明． (1) $e = ee$ より，$f(e) = f(ee) = f(e)f(e)$ である．この式に左から $(f(e))^{-1}$ をかければ，$e' = f(e)$ が得られる．

 (2) (1) を用いれば，$f(a)f(a^{-1}) = f(aa^{-1}) = f(e) = e'$ が得られる．この式に左から $(f(a))^{-1}$ をかければ，$f(a^{-1}) = (f(a))^{-1}$ が得られる． □

問 2.10 G, G', G'' は群とし，$f: G \to G'$, $g: G' \to G''$ は準同型写像とする．このとき，$g \circ f: G \to G''$ も準同型写像であることを示せ．

定理 2.27 G, G' は群とし，$f : G \to G'$ は準同型写像とする．H は G の部分群とし，H' は G' の部分群とする．

(1) $f(H)$ は G' の部分群である．
(2) $G \triangleright H$ ならば，$f(G) \triangleright f(H)$ である．
(3) $f^{-1}(H')$ は G の部分群である．
(4) $G' \triangleright H'$ ならば，$G \triangleright f^{-1}(H')$ である．

証明． (1) 命題 2.26 を用いる．$e \in H$ より，$e' = f(e) \in f(H)$ である (e, e' はそれぞれ G, G' の単位元)．また，$z = f(x), w = f(y) \in f(H)$ ($x, y \in H$) を任意にとるとき，$x^{-1}y \in H$ に注意すれば
$$z^{-1}w = (f(x))^{-1} f(y) = f(x^{-1})f(y) = f(x^{-1}y) \in f(H)$$
が得られる．よって，命題 1.57 より，$f(H)$ は G' の部分群である．

(2) $z = f(x) \in f(G), k = f(h) \in f(H)$ ($x \in G, h \in H$) を任意にとるとき，命題 2.21 の条件 (a) により，$xhx^{-1} \in H$ であることに注意すれば
$$zkz^{-1} = f(x)f(h)(f(x))^{-1} = f(xhx^{-1}) \in f(H)$$
が得られる．よって，$f(G) \triangleright f(H)$ である．

(3) $f^{-1}(H') = \{x \in G \mid f(x) \in H'\}$ であるので，$x, y \in f^{-1}(H')$ とすると，$f(x), f(y) \in H'$ である．H' は G' の部分群であるので
$$f(x^{-1}y) = (f(x))^{-1} f(y) \in H'$$
となり，$x^{-1}y \in f^{-1}(H')$ が得られる．また，$f(e) = e' \in H'$ より $e \in f^{-1}(H')$ である．よって，$f^{-1}(H')$ は G の部分群である．

(4) $x \in G, h \in f^{-1}(H')$ とする．$f(h) \in H'$ であり，$G' \triangleright H'$ であるので
$$f(xhx^{-1}) = f(x)f(h)(f(x))^{-1} \in H'$$
となり，$xhx^{-1} \in f^{-1}(H')$ が得られる．よって，$G \triangleright H$ である． □

定義 2.28 G, G' は群とし，$f : G \to G'$ は準同型写像とする．

(1) $f(G) = \{f(x) \mid x \in G\}$ を f の**像** (image) といい，$\mathrm{Im}(f)$ と表す．
(2) $f^{-1}(e') = \{x \in G \mid f(x) = e'\}$ を f の**核** (kernel) といい，$\mathrm{Ker}(f)$ と表す．ここで，e' は G' の単位元である．

系 2.29 G, G' は群とし，$f : G \to G'$ は準同型写像とするとき，$\mathrm{Ker}(f)$ は G の正規部分群である．

証明. $G' \triangleright \{e'\}$ であるので,定理 2.27 (4) よりしたがう. □

問 2.11 G, G' は群とし,$f: G \to G'$ は準同型写像とする.このとき,次の 2 つの条件 (a), (b) は同値であることを示せ.

(a) f は単射である.

(b) $\mathrm{Ker}(f) = \{e\}$ である.

2.4.2 標準的準同型写像と準同型定理

G は群とし,H は G の正規部分群とする.写像 $\pi: G \to G/H$ を
$$\pi: G \ni x \longmapsto \bar{x} \in G/H$$
と定めると,π は準同型写像である.実際,$x, y \in G$ に対して
$$\pi(xy) = \overline{xy} = \bar{x}\bar{y} = \pi(x)\pi(y)$$
が成り立つ.この π は**標準的準同型写像**,あるいは,**自然な準同型写像**などとよばれる.π は全射であり,$\mathrm{Ker}(\pi) = H$ が成り立つ (問 2.12).

問 2.12 上述の写像 π は全射であり,$\mathrm{Ker}(\pi) = H$ が成り立つことを示せ.

ここで,**準同型定理**とよばれる基本的な定理を述べる.

定理 2.30 (群の準同型定理) G, G' は群とし,$f: G \to G'$ は準同型写像とする.$\pi: G \to G/\mathrm{Ker}(f)$ は標準的準同型写像とする.このとき,単射な準同型写像 $g: G/\mathrm{Ker}(f) \to G'$ であって,$f = g \circ \pi$ を満たすものがただ 1 つ存在する.さらに,f が全射ならば,g は同型写像であり,$G/\mathrm{Ker}(f) \cong G'$ となる.

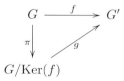

証明. 【ステップ 1】 $z \in G/\mathrm{Ker}(f)$ に対して,$z = \bar{x}$ となる $x \in G$ を選び
$$g(z) = f(x)$$
と定める.このとき,$g(z)$ は x の選び方によらずに定まる.実際,$z = \bar{x} =$

$\bar{y}$ ならば，$x^{-1}y \in \mathrm{Ker}(f)$ であるので，$f(x^{-1}y) = e'$ (G' の単位元) となり
$$f(y) = f(xx^{-1}y) = f(x)f(x^{-1}y) = f(x)e' = f(x)$$
が成り立つ．

【ステップ 2】 任意の $x \in G$ に対して $g(\pi(x)) = g(\bar{x}) = f(x)$ が成り立つので，$g \circ \pi = f$ である．

【ステップ 3】 任意の $z = \bar{x}, w = \bar{y} \in G/\mathrm{Ker}(f)$ $(x, y \in G)$ に対して
$$g(zw) = g(\bar{x}\bar{y}) = g(\overline{xy}) = f(xy) = f(x)f(y) = g(\bar{x})g(\bar{y}) = g(z)g(w)$$
が成り立つので，g は準同型写像である．

【ステップ 4】 $z = \bar{x}, w = \bar{y} \in G/\mathrm{Ker}(f)$ $(x, y \in G)$ が $g(z) = g(w)$ を満たすならば，$f(x) = f(y)$ であるので
$$f(x^{-1}y) = (f(x))^{-1}f(y) = e'$$
より，$x^{-1}y \in \mathrm{Ker}(f)$ が得られる．よって，$\bar{x} = \bar{y}$，すなわち，$z = w$ となる．したがって，g は単射である．

【ステップ 5】 このような g はただ 1 つである．実際，$h: G/\mathrm{Ker}(f) \to G'$ が $h \circ \pi = f$ を満たすならば，任意の $z = \bar{x} \in G/\mathrm{Ker}(f)$ $(x \in G)$ に対して
$$h(z) = h(\bar{x}) = h(\pi(x)) = h \circ \pi(x) = f(x) = g(z)$$
が成り立つので，写像 h は写像 g と同一である．

【ステップ 6】 f が全射ならば，g も全射である．実際，任意の $v \in G'$ に対して，$f(x) = v$ となる $x \in G$ がとれ，$g(\bar{x}) = v$ が成り立つ．このとき，g は全単射な準同型写像，すなわち，同型写像である． □

2.4.3 準同型定理の応用

G, G' は群とし，$G \triangleright H$ とする．$G/H \cong G'$ を示すのに，次の手順を踏むと便利なことが多い．

(1) 全射準同型写像 $f: G \to G'$ を構成する．
(2) $\mathrm{Ker}(f) = H$ であることを確認する．
(3) 準同型定理を用いて $G/H = G/\mathrm{Ker}(f) \cong G'$ を示す．

例題 2.3 群 $GL(n, \mathbb{R})/SL(n, \mathbb{R}) \cong \mathbb{R}^*$ を示せ $(n \in \mathbb{N})$．

【解答】 写像 $f : GL(n, \mathbb{R}) \to \mathbb{R}^*$ を
$$f : GL(n, \mathbb{R}) \ni A \longmapsto \det A \in \mathbb{R}^*$$
によって定めると，$A, B \in GL(n, \mathbb{R})$ に対して
$$f(AB) = \det(AB) = \det A \det B = f(A)f(B)$$
が成り立つので，f は準同型写像である．また，任意の $c \in \mathbb{R}^*$ に対して，対角行列 $A = \begin{pmatrix} c & & & \\ & 1 & & \\ & & \ddots & \\ & & & 1 \end{pmatrix} \in GL(n, \mathbb{R})$ をとれば，$f(A) = \det A = c$
となるので，f は全射である．さらに
$$\mathrm{Ker}(f) = \{A \in GL(n, \mathbb{R}) \mid \det A = 1\} = SL(n, \mathbb{R})$$
が成り立つ．よって，準同型定理 (定理 2.30) により
$$GL(n, \mathbb{R})/SL(n, \mathbb{R}) = GL(n, \mathbb{R})/\mathrm{Ker}(f) \cong \mathbb{R}^*$$
が得られる． □

問 2.13 $n \in \mathbb{N}, n \geq 2$ とする．n 次対称群 S_n の A_n による剰余群 S_n/A_n は乗法群 $U_2 = \{1, -1\}$ と同型であることを示せ．【ヒント】 例 1.41.

問 2.14 $m \in \mathbb{N}, m \geq 2$ とする．例 1.24 の群 U_m と $\mathbb{Z}/m\mathbb{Z}$ は同型であることを示せ．

問 2.15 加法群 $\mathbb{R}$ は加法群 $\mathbb{Z}$ を正規部分群として含む．剰余群 $\mathbb{R}/\mathbb{Z}$ は例 1.23 の乗法群 T と同型であることを示せ．【ヒント】 例 1.35.

準同型定理を用いて，いくつかの命題を証明してみよう．

命題 2.31 G は巡回群とする．
 (1) $|G| = \infty$ ならば，G は加法群 $\mathbb{Z}$ と同型である．
 (2) $|G| = m < \infty$ ならば，G は加法群 $\mathbb{Z}/m\mathbb{Z}$ と同型である．

証明． $G = \langle x \rangle$ $(x \in G)$ とする．写像 $f : \mathbb{Z} \to G$ を
$$f : \mathbb{Z} \ni k \longmapsto x^k \in G$$
と定める．このとき，G の任意の元は x^i $(i \in \mathbb{Z})$ と表されるので，f は全射

である．また，$k, l \in \mathbb{Z}$ に対して
$$f(k+l) = x^{k+l} = x^k x^l = f(k)f(l)$$
が成り立つので，f は準同型写像である．

(1) $|G| = \infty$ ならば，x の位数も ∞ であり (命題 2.11)，$k \in \mathbb{Z}$ に対して
$$k \in \mathrm{Ker}(f) \iff x^k = e\,(= x^0) \iff k = 0$$
が成り立つので (補題 2.10 (3))，$\mathrm{Ker}(f) = \{0\}$ である．よって，f は単射である (問 2.11)．したがって，f は同型写像であり，$\mathbb{Z} \cong G$ である．

(2) $|G| = m$ ならば，x の位数も m であり (命題 2.11)，$k \in \mathbb{Z}$ に対して
$$k \in \mathrm{Ker}(f) \iff x^k = e \iff m \mid k \iff k \in m\mathbb{Z}$$
が成り立つので (補題 2.10 (1))，$\mathrm{Ker}(f) = m\mathbb{Z}$ である．よって，準同型定理より，$\mathbb{Z}/m\mathbb{Z} \cong G$ である． □

命題 2.32 G, G' は群とし，$f : G \to G'$ は全射準同型写像とする．$G' \rhd N'$ とし，$N = f^{-1}(N')$ とおく．$\pi : G \to G/N$, $\pi' : G' \to G'/N'$ をそれぞれ標準的準同型写像とすると，同型写像 $g : G/N \to G'/N'$ であって，$g \circ \pi = \pi' \circ f$ を満たすものがただ 1 つ存在する．特に，$G/N \cong G'/N'$ である．

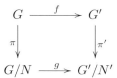

証明． π', f は全射であるので，$\pi' \circ f$ も全射である．π', f は準同型写像であるので，$\pi' \circ f$ も準同型写像である (問 2.10)．さらに
$$\mathrm{Ker}(\pi' \circ f) = \{x \in G \mid \pi'(f(x)) = \overline{e'}\} = \{x \in G \mid f(x) \in N'\} = f^{-1}(N')$$
$$= N$$
が成り立つ ($\overline{e'}$ は G'/N' の単位元)．$\pi' \circ f$ に対して準同型定理を適用すれば，求める結論が得られる． □

系 2.33 G は群とし，N, M は G の正規部分群であって，$N \supset M$ を満たすものとする．このとき，$G' = G/M$, $N' = N/M$ とおくと，N' は G' の正規部分群であり，$G/N \cong G'/N'$ が成り立つ．

証明． M に関する剰余類 xM $(x \in G)$ を $\bar{x}$ と表すと，$N' = \{\bar{y} \,|\, y \in N\}$ である．このとき $G' \triangleright N'$ である (問 2.16)．さらに，$f : G \to G' (= G/M)$ を標準的準同型写像とすると
$$N = f^{-1}(N')$$
が成り立つ．実際，$x \in N$ ならば $f(x) = \bar{x} \in N'$ より，$x \in f^{-1}(N')$ である．逆に $x \in f^{-1}(N')$ ならば，$f(x) = \bar{x} \in N'$ であるので
$$\bar{x} = \bar{y}$$
を満たす $y \in N$ が存在する．このとき，$y^{-1}x \in M \subset N$ に注意すれば
$$x = y(y^{-1}x) \in N$$
が得られる．よって，$N = f^{-1}(N')$ である．この $f : G \to G'$ と N, N' に対して命題 2.32 を適用すれば，$G/N \cong G'/N'$ が得られる． □

問 2.16 系 2.33 において，$G' \triangleright N'$ を示せ．

命題 2.34 G は群とする．H は G の部分群とし，$G \triangleright N$ とする．

(1) $HN = \{hn \,|\, h \in H, n \in N\}$ は G の部分群であり，$HN \triangleright N$ である．

(2) 写像 $f : H \to HN/N$ を $f(h) = \bar{h}$ $(h \in H)$ と定めると，f は全射準同型写像である．ここで，$\bar{h}$ は N に関する剰余類 hN を表す．

(3) $\mathrm{Ker}(f) = H \cap N$ である．

(4) $H/(H \cap N) \cong HN/N$ が成り立つ．

証明． (1) $e = ee \in HN$ である．また，HN の元 $z_1 = h_1 n_1, z_2 = h_2 n_2$ $(h_i \in H, n_i \in N, i = 1, 2)$ に対して
$$z_1^{-1} z_2 = (h_1 n_1)^{-1} h_2 n_2 = n_1^{-1} h_1^{-1} h_2 n_2$$
であるが，問 2.8 により，$n_1^{-1} h_1^{-1} h_2 = h_1^{-1} h_2 n'$ を満たす $n' \in N$ が存在する．したがって，$z_1^{-1} z_2 = h_1^{-1} h_2 n' n_2 \in HN$ となる．よって，HN は G の部分群である．また，$n \in N$ ならば $n = en \in HN$ であるので，$N \subset HN$ である．さらに $G \triangleright N$ より $HN \triangleright N$ がしたがう．

(2) $h_1, h_2 \in H$ に対して，$f(h_1 h_2) = \overline{h_1 h_2} = f(h_1) f(h_2)$ が成り立つので，f は準同型写像である．任意の $w = \overline{hn} \in HN/N$ $(h \in H, n \in N)$ をとると，$(hn)^{-1} h = n^{-1} h^{-1} h = n^{-1} \in N$ より，$\overline{hn} = \bar{h}$ が成り立つ．し

がって
$$w = \overline{hn} = \bar{h} = f(h)$$
となる．よって，f は全射である．

(3) $\mathrm{Ker}(f) = \{h \in H \mid \bar{h} = \bar{e}\} = \{h \in H \mid h \in N\} = H \cap N$ である．

(4) f に対して準同型定理を適用すれば，結論が得られる． □

命題 2.34 は**第 2 同型定理**とよばれる．系 2.33 は**第 3 同型定理**とよばれる．これに対し，定理 2.30 (準同型定理) は**第 1 同型定理**ともよばれる．

次の命題もしばしば使われる．

命題 2.35 G, G' は群とし，$f : G \to G'$ は準同型写像とする．$G \triangleright N$ とし，$N \subset \mathrm{Ker}(f)$ が成り立つとする．また，$\pi : G \to G/N$ は標準的準同型写像とする．このとき，準同型写像 $h : G/N \to G'$ であって，$h \circ \pi = f$ を満たすものがただ 1 つ存在する．

証明． 準同型定理と同様に証明される (問 2.17)． □

問 2.17 命題 2.35 を証明せよ．

2.5 群の直積とアーベル群の基本定理

いくつかの群の直積集合に自然な演算を定義することにより，群の直積を定義する．さらに，アーベル群の基本定理とよばれる定理を紹介する．これは，有限生成アーベル群の構造に関する非常に重要な定理である．

2.5.1 群の直積

$G_1, G_2, \ldots, G_n$ は群とし，これらの直積集合を G とする．
$$G = G_1 \times G_2 \times \cdots \times G_n = \{(x_1, x_2, \ldots, x_n) \mid x_i \in G_i, \ 1 \leq i \leq n\}.$$
G の元 $x = (x_1, x_2, \ldots, x_n), y = (y_1, y_2, \ldots, y_n)$ に対して，$xy \in G$ を
$$xy = (x_1 y_1, x_2 y_2, \ldots, x_n y_n)$$
と定めると，この演算に関して G は群をなす．G の単位元は $(e_1, e_2, \ldots, e_n)$ であり，$(x_1, x_2, \ldots, x_n)$ の逆元は $(x_1^{-1}, x_2^{-1}, \ldots, x_n^{-1})$ である．ここで，e_i は G_i の単位元を表す $(1 \leq i \leq n)$．

問 2.18 上に述べたことを確かめよ．

定義 2.36 上のようにして得られた群 G を $G_1, G_2, \ldots, G_n$ の**直積** (direct product) とよび，$G_1 \times G_2 \times \cdots \times G_n$ と表す．

$G_1, G_2, \ldots, G_n$ がすべてアーベル群ならば，それらの直積もアーベル群である．$G_1, G_2, \ldots, G_n$ がすべて有限群のとき，$|G_i| = m_i \, (1 \leq i \leq n)$ とすると，それらの直積も有限群で，$|G_1 \times G_2 \times \cdots \times G_n| = \prod_{i=1}^{n} m_i$ である．

例題 2.4 G_1, G_2 は群とし，$G = G_1 \times G_2$ とする．G_1 の単位元を e_1，G_2 の単位元を e_2 と表し，$G'_1 = G_1 \times \{e_2\}$, $G'_2 = \{e_1\} \times G_2$ とおく．

(1) $G'_1 \cong G_1$, $G'_2 \cong G_2$ を示せ．
(2) $G \triangleright G'_1$, $G \triangleright G'_2$ を示せ．
(3) $z \in G'_1$, $w \in G'_2$ に対して，$zw = wz$ が成り立つことを示せ．
(4) 任意の $x \in G$ は $x = zw \, (z \in G'_1, w \in G'_2)$ という形に一意的に表されることを示せ．

【解答】 (1) 写像 $G_1 \ni x \mapsto (x, e_2) \in G'_1$, $G_2 \ni y \mapsto (e_1, y) \in G'_2$ は同型写像である (詳細は省略する)．

(2) $x = (x_1, x_2) \in G$, $z = (z_1, e_2) \in G'_1$ に対して
$$xzx^{-1} = (x_1 z_1 x_1^{-1}, x_2 e_2 x_2^{-1}) = (x_1 z_1 x_1^{-1}, e_2) \in G'_1$$
が成り立つので，$G \triangleright G'_1$ である．同様に，$G \triangleright G'_2$ も示される．

(3) $z = (z_1, e_2) \in G'_1$, $w = (e_1, w_2) \in G_2$ に対して
$$zw = (z_1, e_2)(e_1, w_2) = (z_1, w_2) = (e_1, w_2)(z_1, e_2) = wz$$
が成り立つ．

(4) 任意の $x = (x_1, x_2) \in G$ に対し，$z = (x_1, e_2) \in G'_1$, $w = (e_1, x_2) \in G'_2$ とおけば，$x = zw$ が成り立つ．また，$u = (y_1, e_2) \in G'_1$, $v = (e_1, y_2) \in G'_2 \, (y_1 \in G_1, y_2 \in G_2)$ が $uv = x$ を満たすならば，$uv = (y_1, y_2) = (x_1, x_2)$ であるので，$u = (x_1, e_2) = z, v = (e_1, x_2) = w$ である． □

例題 2.5 G は群とし，H_1, H_2 は G の部分群とする．次の 2 つの条件が成り立つと仮定する．

(a) 任意の $z \in H_1$ と任意の $w \in H_2$ に対して，$zw = wz$ が成り立つ．

(b) G の任意の元 x は $x = zw\,(z \in H_1, w \in H_2)$ という形に一意的に表される．

このとき，次の問いに答えよ．

(1) $G \cong H_1 \times H_2$ を示せ．
(2) $H_1 \cap H_2 = \{e\}$ を示せ．
(3) $G \triangleright H_1, G \triangleright H_2$ を示せ．

【解答】 (1) 写像 $f : H_1 \times H_2 \to G$ を次のように定める．
$$f : H_1 \times H_2 \ni (z, w) \longmapsto zw \in G.$$
条件 (a) を用いれば，$\alpha = (z, w), \alpha' = (z', w') \in H_1 \times H_2$ に対して
$$f(\alpha\alpha') = f((zz', ww')) = zz'ww' = zwz'w' = f(\alpha)f(\alpha')$$
が成り立つことがわかる．よって，f は準同型写像である．また，条件 (b) より，f は全単射である．よって，f は同型写像である．

(2) 仮に $H_1 \cap H_2$ が e 以外の元 x を含むとすると，x は $x \in H_1$ と $e \in H_2$ の積でもあり $(x = xe)$，$e \in H_1$ と $x \in H_2$ の積でもあるので $(x = ex)$，条件 (b) に反する．よって，$H_1 \cap H_2 = \{e\}$ である．

(3) 任意の $x = zw \in G\,(z \in H_1, w \in H_2)$ と任意の $z' \in H_1$ をとる．条件 (a) を用いて，H_1 の元と H_2 の元の演算の順序を順次入れ換えれば
$$xz'x^{-1} = (zw)z'(zw)^{-1} = zwz'w^{-1}z^{-1} = zz'z^{-1}ww^{-1} = zz'z^{-1} \in H_1$$
が得られる．よって，$G \triangleright H_1$ である．同様に $G \triangleright H_2$ も示される． □

例題 2.6 $G = (\mathbb{Z}/3\mathbb{Z}) \times (\mathbb{Z}/4\mathbb{Z})$ とする．写像 $f : \mathbb{Z} \to G$ を
$$f(x) = ([x]_{3\mathbb{Z}}, [x]_{4\mathbb{Z}}) \quad (x \in \mathbb{Z})$$
により定める．ここだけの記号であるが，$[x]_{3\mathbb{Z}}$ は x の $3\mathbb{Z}$ に関する剰余類を表し，$[x]_{4\mathbb{Z}}$ は $4\mathbb{Z}$ に関する剰余類を表す．

(1) f は準同型写像であり，$\mathrm{Ker}(f) = 12\mathbb{Z}$ であることを示せ．
(2) $G \cong \mathbb{Z}/12\mathbb{Z}$ を示せ．

【解答】 (1) $x, y \in \mathbb{Z}$ に対して，次が成り立つので，f は準同型写像である．
$$f(x+y) = ([x+y]_{3\mathbb{Z}}, [x+y]_{4\mathbb{Z}}) = ([x]_{3\mathbb{Z}} + [y]_{3\mathbb{Z}}, [x]_{4\mathbb{Z}} + [y]_{4\mathbb{Z}})$$
$$= ([x]_{3\mathbb{Z}}, [x]_{4\mathbb{Z}}) + ([y]_{3\mathbb{Z}}, [y]_{4\mathbb{Z}}) = f(x) + f(y).$$
また，$x \in \mathbb{Z}$ に対して，「$x \in \mathrm{Ker}(f) \Leftrightarrow$ 『$3|x$ かつ $4|x$』$\Leftrightarrow 12|x$」が成り立つ

ので，$\mathrm{Ker}(f) = 12\mathbb{Z}$ である．

(2) $\pi : \mathbb{Z} \to \mathbb{Z}/12\mathbb{Z}$ は標準的準同型写像とする．このとき，f に準同型定理を適用すれば，単射準同型写像 $g : \mathbb{Z}/12\mathbb{Z} \to G$ であって，$g \circ \pi = f$ となるものが存在することがわかる．さらに，$|\mathbb{Z}/12\mathbb{Z}| = |G| = 12$ であるので，g は全単射である．よって，g は同型写像であり，$G \cong \mathbb{Z}/12\mathbb{Z}$ である． □

問 2.19 $G = (\mathbb{Z}/2\mathbb{Z}) \times (\mathbb{Z}/6\mathbb{Z})$ とするとき，G は $\mathbb{Z}/12\mathbb{Z}$ と同型でないことを示せ．【ヒント】 G の元の位数に着目せよ．

2.5.2 アーベル群の基本定理

次の定理は**アーベル群の基本定理** (**可換群の基本定理**) とよばれる．

定理 2.37 (アーベル群の基本定理) G は有限生成アーベル群とする．このとき，ある非負整数 r, s と 2 以上の自然数 $e_1, e_2, \ldots, e_r$ が存在して
$$G \cong (\mathbb{Z}/e_1\mathbb{Z}) \times (\mathbb{Z}/e_2\mathbb{Z}) \times \cdots \times (\mathbb{Z}/e_r\mathbb{Z}) \times \underbrace{\mathbb{Z} \times \mathbb{Z} \times \cdots \times \mathbb{Z}}_{s\text{ 個}}$$
となる．ここで，$e_i | e_{i+1} \, (1 \leq i \leq r-1)$ である．また，このような r, s, $e_i \, (1 \leq i \leq r)$ は一意的に定まる．

注意 2.2 定理 2.37 において，$r = 0$ あるいは $s = 0$ のこともある．$r = 0$ のとき，G は $\mathbb{Z}$ の s 個の直積 (しばしば $\mathbb{Z}^s$ と表される) と同型である．

証明は第 4 章において，より一般的な状況のもとに与える (定理 4.47，系 4.52)．ここではこの定理の応用例を述べる．

例題 2.7 位数 12 のアーベル群 G の構造を決定せよ．
【解答】 定理 2.37 の記号を用いる．G は有限群であるので，$s = 0$ である．$r = 1$ ならば，$G \cong \mathbb{Z}/12\mathbb{Z}$ である．$r = 2$ のとき，$e_1 e_2 = 12 = 2^2 \times 3, e_1 | e_2$ を満たす e_1, e_2 は，$e_1 = 2, e_2 = 6$ に限られるので，$G \cong (\mathbb{Z}/2\mathbb{Z}) \times (\mathbb{Z}/6\mathbb{Z})$ である．$r \geq 3$ となることはあり得ない (詳細な検討は読者にゆだねる)．よって，位数 12 のアーベル群は，上述の 2 つの群のいずれかと同型である． □

例 2.15 p, q を相異なる素数とするとき，位数 pq のアーベル群は巡回群であることが定理 2.37 を用いて証明できる (証明は読者にゆだねる)．たとえば，位数 6 のアーベル群は巡回群である．アーベル群に限らなければ，ほかにも群はある．たとえば，対称群 S_3 は位数 6 の非可換群である．非可換群の構造はアーベル群の構造よりずっと複雑である．

2.6 特別な部分群・類等式・シローの定理など

群の構造を調べる方法はさまざまである．ここではその一端を紹介する．

2.6.1 交換子と交換子群

定義 2.38 G は群とし，$a, b \in G$ とするとき，$aba^{-1}b^{-1}$ を a と b の**交換子** (commutator) とよぶ．G の交換子全体の集合で生成された G の部分群を G の**交換子群** (commutator group) とよび，$D(G)$ と表す．

問 2.20 G は群とし，$a, b \in G$ とする．
(1) 「$ab = ba \Leftrightarrow aba^{-1}b^{-1} = e$」を示せ．
(2) $\left(aba^{-1}b^{-1}\right)^{-1} = bab^{-1}a^{-1}$ を示せ．

群 G が交換子を多く含めば含むほど，いわば G の「非可換性」が強い (問 2.20 (1) 参照)．一般に，交換子同士の積は交換子とは限らない．G の交換子全体の集合を C とする．交換子の逆元もまた交換子であることに注意すれば (問 2.20 (2))，定理 2.4 により，$D(G)$ は次のように表される．

$$D(G) = \{\, c_1 c_2 \cdots c_k \mid k \in \mathbb{N},\ c_1, c_2, \ldots, c_k \in C \,\}.$$

例 2.16 G がアーベル群ならば，$D(G) = \{e\}$ である．

例 2.17 $G = D_m$ (例 1.31 で定めた二面体群) とする ($m \in \mathbb{N}$, $m \geq 3$)．例 1.31 の記号をそのまま用いる．命題 1.58 によれば，次の式が成り立つ．

$$BA^k B^{-1} = A^{-k} \quad (k \in \mathbb{Z}).$$

これを用いて，$a, b \in G$ の交換子 $aba^{-1}b^{-1}$ を求めると，次の表のようになる．

$a \backslash b$	A^l	$A^l B$
A^k	E_2	A^{2k}
$A^k B$	A^{-2l}	$A^{2(k-l)}$

($0 \leq k \leq m-1$, $0 \leq l \leq m-1$)

この表は，たとえば，$a = A^k B$, $b = A^l$ のとき，$aba^{-1}b^{-1} = A^{-2l}$ であることを表す．詳細は省略するが，このことより $D(G)$ が次のように求められる．

$$D(G) = \begin{cases} \{E_2, A^2, A^4, \ldots, A^{m-2}\} & (m \text{ が偶数のとき}), \\ \{E_2, A, A^2, \ldots, A^{m-1}\} & (m \text{ が奇数のとき}). \end{cases}$$

$D(G)$ の位数は，m が偶数ならば $\dfrac{m}{2}$ であり，m が奇数ならば m である．

定理 2.39 G は群とし，$D(G)$ は G の交換子群とする．

(1) $G \triangleright D(G)$ である．
(2) $G/D(G)$ はアーベル群である．
(3) $G \triangleright N$ のとき，「$N \supset D(G) \Leftrightarrow G/N$ はアーベル群」が成り立つ．

証明． (1) $x \in G, y \in D(G)$ を任意にとると，$xyx^{-1}y^{-1} \in D(G)$ より
$$xyx^{-1} = (xyx^{-1}y^{-1})y \in D(G)$$
が得られる．よって $G \triangleright D(G)$ である．

(2) (3) よりしたがう．

(3) $N \supset D(G)$ とする．$z = \bar{x}, w = \bar{y} \in G/N \, (x, y \in G)$ を任意にとる．このとき，$xyx^{-1}y^{-1} \in D(G) \subset N$ であるので
$$zwz^{-1}w^{-1} = \overline{xyx^{-1}y^{-1}} = \bar{e}$$
が得られる．よって $zw = wz$ であり (問 2.20 (1))，G/N はアーベル群である．

逆に，G/N がアーベル群であるとすると，G の任意の 2 元 a, b に対して
$$\overline{aba^{-1}b^{-1}} = \bar{a}\bar{b}\bar{a}^{-1}\bar{b}^{-1} = \bar{e}$$
が成り立つので，$aba^{-1}b^{-1} \in N$ が得られる．したがって，N は G の交換子をすべて含む．よって，命題 2.3 (2) より，$N \supset D(G)$ が得られる． □

$G/D(G)$ は G の**アーベル化**とよばれる．$D(G)$ は，剰余群がアーベル群となるような G の正規部分群の中で，包含関係に関して最小である．

例 2.18 $G = D_m$ (例 1.31 で定めた二面体群) とする．例 2.17 において $D(G)$ を求めた．詳細な論証は省略するが，m が奇数のとき
$$G/D(G) = \{\overline{E_2}, \bar{B}\} \cong \mathbb{Z}/2\mathbb{Z}$$
である．m が偶数のときは
$$G/D(G) = \{\overline{E_2}, \bar{A}, \bar{B}, \overline{AB}\} \cong (\mathbb{Z}/2\mathbb{Z}) \times (\mathbb{Z}/2\mathbb{Z})$$
である．実際，この場合の $G/D(G)$ の乗積表は次のようになる．

	$\overline{E_2}$	$\overline{A}$	$\overline{B}$	$\overline{AB}$
$\overline{E_2}$	$\overline{E_2}$	$\overline{A}$	$\overline{B}$	$\overline{AB}$
$\overline{A}$	$\overline{A}$	$\overline{E_2}$	$\overline{AB}$	$\overline{B}$
$\overline{B}$	$\overline{B}$	$\overline{AB}$	$\overline{E_2}$	$\overline{A}$
$\overline{AB}$	$\overline{AB}$	$\overline{B}$	$\overline{A}$	$\overline{E_2}$

問 2.21 例 2.18 において，m が偶数のとき，$\bar{B}\bar{A} = \overline{AB}$ を示せ.

問 2.22 加法群 $(\mathbb{Z}/2\mathbb{Z}) \times (\mathbb{Z}/2\mathbb{Z}) = \{0, \alpha, \beta, \gamma\}$ を考える．ここで
$$0 = (\bar{0}, \bar{0}), \ \alpha = (\bar{1}, \bar{0}), \ \beta = (\bar{0}, \bar{1}), \ \gamma = (\bar{1}, \bar{1})$$
とする．この群の乗積表を書き，例 2.18 において，m が偶数ならば $G/D(G)$ が $(\mathbb{Z}/2\mathbb{Z}) \times (\mathbb{Z}/2\mathbb{Z})$ と同型であることを確かめよ．

2.6.2　中心・中心化群・正規化群

定義 2.40 G は群とし，M は G の空でない部分集合とする．
$$Z(M) = \{z \in G \mid 任意の\ x \in M\ に対して\ xz = zx\ が成り立つ\}$$
を M の**中心化群**とよぶ．特に，$M = G$ のとき
$$Z(G) = \{z \in G \mid 任意の\ x \in G\ に対して\ xz = zx\ が成り立つ\}$$
を G の**中心** (center) とよぶ．

命題 2.41 G を群とし，M を G の空でない部分集合とする．
(1) $Z(M)$ は G の部分群である．
(2) 特に $M = G$ のとき，$G \triangleright Z(G)$ である．

証明．(1) x は M の任意の元とする．$xe = ex$ より，$e \in Z(M)$ である．また，$z, w \in Z(M)$ とすると，$xz = zx$ の両辺に左から z^{-1}，右から z^{-1} をかければ $z^{-1}x = xz^{-1}$ が得られ，さらに $wx = xw$ とあわせれば
$$z^{-1}wx = z^{-1}xw = xz^{-1}w$$
となるので，$z^{-1}w \in Z(M)$ である．よって，$Z(M)$ は G の部分群である．

(2) 任意の $x \in G, z \in Z(G)$ に対して $xzx^{-1} = zxx^{-1} = z \in Z(G)$ が成り立つので，$G \triangleright Z(G)$ である．　　□

問 2.23 $G = GL(2, \mathbb{R})$ のとき，$Z(G) = \{cE_2 \mid c \in \mathbb{R}^*\}$ を示せ．

定義 2.42 G は群とし，M は G の空でない部分集合とする．
$$N(M) = \{\, z \in G \mid zM = Mz \,\}$$
を M の**正規化群**とよぶ．

命題 2.43 G を群とし，M を G の空でない部分集合とするとき，$N(M)$ は G の部分群である．

証明． 一般に，$x, y \in G$ とし，$S \subset G$ とするとき，集合の間の等式
$$x(yS) = (xy)S, \ (Sx)y = S(xy), \ eS = S, \ Se = S$$
が成り立つことに注意する (詳細な検討は読者にゆだねる)．

$eM = M = Me$ であるので，$e \in N(M)$ である．また，$z, w \in N(M)$ とすると，$Mz = zM$ の両辺に左から z^{-1}，右から z^{-1} をかければ $z^{-1}M = Mz^{-1}$ が得られ，さらに $wM = Mw$ とあわせれば
$$z^{-1}wM = z^{-1}Mw = Mz^{-1}w$$
となるので，$z^{-1}w \in N(M)$ である．よって，$N(M)$ は G の部分群である． □

注意 2.3 (1) $z \in Z(M)$ ならば，任意の $x \in M$ に対して $zx = xz$ が成り立つので，特に $zM = Mz$ が成り立つ．したがって，$Z(M) \subset N(M)$ である．

(2) $M = \{a\}$ ($a \in G$) のとき，$N(M) = Z(M)$ である．

問 2.24 G を群とし，H を G の部分群とするとき，$N(H) \triangleright H$ を示せ．

2.6.3 類等式

定義 2.44 群 G の元 x, y に対して $y = uxu^{-1}$ となる $u \in G$ が存在するとき，y は x と**共役** (conjugate) であるといい，ここでは $y \sim x$ と表す．

問 2.25 上で定めた共役関係は，同値関係であることを示せ．

いま，$a \in G$ に対して，共役関係に関する同値類
$$C(a) = \{b \in G \mid b \sim a\} = \{uau^{-1} \mid u \in G\}$$
を考える．この $C(a)$ を「a を含む**共役類**」とよぶ．

以下，簡単のため，$\{a\}$ の中心化群 $Z(\{a\})$ を Z_a と表す．
$$Z_a = Z(\{a\}) = \{z \in G \mid az = za\}.$$

命題 2.45 G を群とし，$a \in G$ とする．写像 $f : G \to C(a)$ を
$$f : G \ni x \longmapsto xax^{-1} \in C(a)$$
によって定める．ここで，$C(a)$ は a を含む共役類を表すものとする．

(1) $x, y \in G$ に対して，「$f(x) = f(y) \Leftrightarrow x^{-1}y \in Z_a$」が成り立つ．

(2) 全単射写像 $g : G/Z_a \to C(a)$ が次のように定まる．
$$g : G/Z_a \ni xZ_a \longmapsto g(xZ_a) = f(x) \in C(a) \quad (x \in G).$$
ここで，G/Z_a は G の Z_a による左商集合，xZ_a は左剰余類を表す．

(3) G が有限群ならば，$C(a)$ に含まれる元の個数は，G における Z_a の指数 $(G : Z_a)$ と等しい．

証明． (1) 「$f(x) = f(y)$」は「$xax^{-1} = yay^{-1}$」と書き直される．この式は，両辺に左から x^{-1}，右から y をかけた式「$ax^{-1}y = x^{-1}ya$」と同値である．これは「$x^{-1}y \in Z_a$」を意味する．

(2) (1) より，$x, x' \in G$ について
$$xZ_a = x'Z_a \iff x^{-1}x' \in Z_a \iff f(x) = f(x')$$
が成り立つ．$xZ_a = x'Z_a\,(x, x' \in G)$ ならば $f(x) = f(x')$ であるので，g は well-defined である．また，$xZ_a, yZa \in G/Z_a\,(x, y \in G)$ について
$$g(xZ_a) = g(yZ_a) \Longrightarrow f(x) = f(y) \Longrightarrow xZ_a = yZ_a$$
が成り立つので，g は単射である．さらに，$C(a)$ の任意の元は
$$uau^{-1}\,(= f(u) = g(uZ_a))\quad (u \in G)$$
と表されるので，g は全射である．

(3) (2) よりしたがう． □

注意 2.4 命題 2.45 において，一般に，G/Z_a も $C(a)$ も群の構造を持たない．g は 2 つの集合の間の単なる全単射写像に過ぎない．

補題 2.46 G は群とし，$a \in G$ とする．a を含む共役類を $C(a)$ と表すとき，「$C(a) = \{a\} \Leftrightarrow a \in Z(G)$」が成り立つ．

証明． $C(a) = \{uau^{-1} \mid u \in G\}$ であるので，$C(a) = \{a\}$ であることは，任意の $u \in G$ に対して $uau^{-1} = a\,(\Leftrightarrow ua = au)$ が成り立つことと同値であり，それは $a \in Z(G)$ と同値である． □

定理 2.47 G は有限群とする．2 個以上の元を含む G の共役類の全体が
$$C(a_1), C(a_2), \ldots, C(a_k) \quad (a_1, a_2, \ldots, a_k \in G)$$
で与えられるとする．このとき，次の等式が成り立つ．
$$|G| = |Z(G)| + \sum_{i=1}^{k}(G : Z_{a_i}). \tag{2.3}$$

証明． $|Z(G)| = l$ とし，$Z(G) = \{b_1, b_2, \ldots, b_l\}$ とすると，補題 2.46 より，$C(b_i) = \{b_i\}\,(1 \leq i \leq l)$ であり，その他の共役類は 2 個以上の元を含むので，G は次のように分割される．
$$G = \{b_1\} \cup \cdots \cup \{b_l\} \cup C(a_1) \cup \cdots \cup C(a_k).$$
同値関係の一般論により，異なる共役類は互いに共通部分を持たないので，命題 2.45 (3) を用いて
$$|G| = l + \sum_{i=1}^{k} \#(C(a_i)) = |Z(G)| + \sum_{i=1}^{k}(G : Z_{a_i})$$
が得られる．ここで，$\#(C(a_i))$ は $C(a_i)$ に含まれる元の総数を表す． □

定理 2.47 の等式 (2.3) を G の**類等式**とよぶ．

例 2.19 $G = S_3$ とし，$\sigma, \tau \in G$ は例 1.14 のものとすると，G の共役類は
$$\{\mathrm{id}\},\ \{\sigma, \sigma^2\},\ \{\tau, \sigma\tau, \sigma^2\tau\}$$
の 3 つである．$Z(G) = \{\mathrm{id}\}$ であり，類等式は $6 = 1 + 2 + 3$ となる．

問 2.26 例 2.19 で述べたことを確かめよ．

例題 2.8 p は素数とし，n は自然数とする．群 G の位数が p^n であるとき，$Z(G) \supsetneq \{e\}$ であることを示せ．

【解答】 類等式 (2.3) において，$i = 1, 2, \ldots, k$ に対して，$(G : Z_{a_i})$ は 2 以上であり，$|G|\,(= p^n)$ の約数であるので，これらは p の倍数である．よって，$|Z(G)|$ も p の倍数である．したがって，$Z(G) \supsetneq \{e\}$ である． □

例題 2.8 の G のように，位数が素数 p のべきである群は p **群**とよばれる．

2.6.4 シローの定理

定義 2.48 群 G の部分群 H, H' に対して,ある $x \in G$ が存在して
$$H' = xHx^{-1} = \{xhx^{-1} \mid h \in H\}$$
が成り立つとき,H' は H と共役であるという.

定義 2.49 G は有限群とし,$|G| = p^n m$ (p は素数,n は自然数,m は p と互いに素な自然数) とする.G の部分群のうち,位数が p^n であるものを G の p シロー部分群 (p-Sylow subgroup) とよぶ.

定理 2.50 (シローの定理) G は有限群とし,$|G| = p^n m$ (p は素数,n は自然数,m は p と互いに素な自然数) とする.

(1) G には p シロー部分群が存在する.
(2) G の p シロー部分群はすべて互いに共役である.
(3) G の p シロー部分群の総数は $|G|$ の約数であって,$1 + kp$ (k は整数) の形である.

シローの定理は,有限群の構造を調べるのに有用な定理であるが,証明は省略する.シローの定理は,たとえば次のように用いられる.

例題 2.9 p, q は素数とし,$p > q$ を満たすとする.G は位数 pq の群とする.このとき,G の部分群 H であって,$|H| = p$ となるものがただ 1 つ存在し,$G \triangleright H$ であることを示せ.ただし,定理 2.50 は既知とする.

【解答】H を p シロー部分群の 1 つとする (定理 2.50 (1) より,このような H は存在する).p シロー部分群の総数を N とすると,定理 2.50 (3) より,N は $1, p, q, pq$ のいずれかであるが,$N \equiv 1 \pmod{p}$,$q < p$ より,$N = 1$ である (詳細は省略).任意の $x \in G$ に対して,xHx^{-1} もまた p シロー部分群であるが,p シロー群はただ 1 つであるので ($N = 1$),$xHx^{-1} = H$ が成り立つ.したがって,$G \triangleright H$ である. □

第 3 章

環と体

すでに 1.1 節において，環，整域，体などの概念に触れた．環には可換環とそうでない環 (非可換環) があり，両者は性格が大きく異なる．これ以降，環については，単位元 1 を持つ可換環のみ考察する．この章では，まず，環や体の一般論を述べ，次に，単項イデアル整域や一意分解整域について述べる．

3.1 環の例 —— 特に多項式環

これ以降，単に「環」といったら，単位元 1 を持つ可換環を意味するものとする．ここでは環の例，特に多項式環について述べる．

3.1.1 環の例

例 3.1 環 $\mathbb{Z}$ を**整数環** (有理整数環) とよぶ．$\mathbb{Z}$ は整域であるが，体ではない．

例 3.2 $m \in \mathbb{N}$, $m \geq 2$ とするとき，$\mathbb{Z}/m\mathbb{Z}$ は環をなす．m が素数ならば，$\mathbb{Z}/m\mathbb{Z}$ は体であり，m が合成数ならば，$\mathbb{Z}/m\mathbb{Z}$ は整域でない (命題 1.33)．

例 3.3 $\mathbb{R}$ 上で定義された連続関数全体の集合をここでは $C(\mathbb{R})$ と表す．$f, g \in C(\mathbb{R})$ に対して，$f + g, fg \in C(\mathbb{R})$ を
$$(f+g)(x) = f(x) + g(x), \quad (fg)(x) = f(x)g(x) \quad (x \in \mathbb{R})$$
と定めることにより，$C(\mathbb{R})$ は環をなす．零元は定数関数 0 であり，単位元は定数関数 1 である．

例 3.4 R_1, R_2 は環とし，$X = R_1 \times R_2$ とする．
$x = (x_1, x_2), y = (y_1, y_2) \in X$ $(x_1, y_1 \in R_1, x_2, y_2 \in R_2)$ に対して
$$x + y = (x_1 + y_1, x_2 + y_2), \quad xy = (x_1 y_1, x_2 y_2) \in X$$
と演算を定めることにより，X は環をなす．零元は $(0, 0)$，単位元は $(1, 1)$ で

ある．この環を R_1 と R_2 の**直積**といい，$R_1 \times R_2$ と表す．

問 3.1 環 R_1 と環 R_2 の直積は整域でないことを示せ．

例 3.5 $K = \{a + b\sqrt{2} \,|\, a, b \in \mathbb{Q}\}$ は通常の加法，乗法に関して体をなす．

問 3.2 例 3.5 で述べたことを確かめよ．

3.1.2 多項式環

R は環とする．文字 X を用いた式
$$f(X) = \sum_{i=0}^{m} a_i X^i \quad (a_i \in R, 0 \leq i \leq m)$$
を R 上の**多項式** (R 係数の多項式) という．文字 X を**不定元**，または**変数**という．$f(X)$ を単に f と表すことも多い．また，特に誤解の恐れがなければ
$$f(X) = \sum_i a_i X^i \quad (\text{有限和}),$$
あるいは単に $f(X) = \sum a_i X^i$ などとも表す．a_i を X^i の**係数**とよぶ．

定義 3.1 $f(X) = \sum a_i X^i$ を多項式とする．$f(X)$ が零多項式 (すべての係数が 0 の多項式) でないとき，$\max\{i \,|\, a_i \neq 0\}$ を $f(X)$ の**次数** (degree) とよび，$\deg(f)$ と表す．$f(X) = 0$ (零多項式) のときは，$\deg(f) = -\infty$ と定める．$\deg(f) = d \geq 0$ のとき，a_d を f の**最高次係数**とよぶ．

R 上の多項式全体の集合を $R[X]$ と表す．
$f(X) = \sum a_i X^i$, $g(X) = \sum b_i X^i \in R[X]$ の和と積を次のように定める．
$$f(X) + g(X) = \sum_i (a_i + b_i) X^i,$$
$$f(X) g(X) = \left(\sum_i a_i X^i \right) \left(\sum_j b_j X^j \right) = \sum_k \left(\sum_{i+j=k} a_i b_j \right) X^k.$$

証明は省略するが，$R[X]$ は上で定めた加法，乗法に関して環をなす．ここで，零元は 0 (零多項式)，単位元は 1 である．

定義 3.2 環 $R[X]$ を環 R 上の 1 変数**多項式環** (polynomial ring) という．

n 個の変数 $X_1, X_2, \ldots, X_n$ に関する R 上の多項式
$$f(X_1, X_2, \ldots, X_n) = \sum_{i_1, i_2, \ldots, i_n} a_{i_1 i_2 \ldots i_n} X_1^{i_1} X_2^{i_2} \cdots X_n^{i_n} \qquad (3.1)$$

($a_{i_1 i_2 \ldots i_n} \in R$) も考えることができる.ただし,$i_1, i_2, \ldots, i_n$ は非負整数であり,これらの有限個の組合せを除いて $a_{i_1 i_2 \ldots i_n} = 0$ であると約束する.

多項式 $f(X_1, X_2, \ldots, X_n)$ を単に f と表すことも多い.

定義 3.3 式 (3.1) の多項式 f に対し,f が零多項式でなければ
$$\max\{i_1 + i_2 + \cdots + i_n \mid a_{i_1 i_2 \ldots i_n} \neq 0\}$$
を f の**次数**とよび,記号 $\deg(f)$ で表す.$f(X_1, X_2, \ldots, X_n)$ が零多項式のときは,$\deg(f) = -\infty$ と定める.

いま,n 個の文字をまとめて
$$I = (i_1, i_2, \ldots, i_n), \quad X = (X_1, X_2, \ldots, X_n), \quad X^I = X_1^{i_1} X_2^{i_2} \cdots X_n^{i_n}$$
と表し,さらに $f(X) = f(X_1, X_2, \ldots, X_n)$ と略記すると,式 (3.1) は
$$f(X) = \sum_I a_I X^I \quad (\text{有限和})$$
と書き直すことができる.

R の元を係数とし,$X_1, X_2, \ldots, X_n$ を変数とする多項式 (R 係数の n 変数多項式) 全体の集合を $R[X_1, X_2, \ldots, X_n]$ と表す.
$$f = f(X) = \sum a_I X^I, \quad g = g(X) = \sum b_I X^I \in R[X_1, X_2, \ldots, X_n]$$
に対して,$f + g, fg$ を
$$(f + g)(X) = f(X) + g(X) = \sum_I (a_I + b_I) X^I,$$
$$fg(X) = f(X)g(X) = \left(\sum_I a_I X^I\right)\left(\sum_J b_J X^J\right) = \sum_K \left(\sum_{I+J=K} a_I b_J\right) X^K$$
と定める.ただし,$I = (i_1, i_2, \ldots, i_n), J = (j_1, j_2, \ldots, j_n)$ に対して
$$I + J = (i_1 + j_1, i_2 + j_2, \ldots, i_n + j_n)$$
と定める.$R[X_1, X_2, \ldots, X_n]$ は上で定めた加法,乗法に関して環をなす.ここで,零元は 0,単位元は 1 である.

定義 3.4 環 $R[X_1, X_2, \ldots, X_n]$ を環 R 上の n 変数**多項式環**という.

$f \in R[X_1, X_2, \ldots, X_n]$ を式 (3.1) の多項式とするとき,$c_1, c_2, \ldots, c_n \in R$ を f に代入した値 $f(c_1, c_2, \ldots, c_n) \in R$ を次のように定める.

$$f(c_1, c_2, \ldots, c_n) = \sum_{i_1, i_2, \ldots, i_n} a_{i_1 i_2 \ldots i_n} c_1^{i_1} c_2^{i_2} \cdots c_n^{i_n}.$$

$f(X_1, X_2, \ldots, X_n) \in R[X_1, X_2, \ldots, X_n]$ が与えられたとき，これを

$$f(X_1, X_2, \ldots, X_n) = \sum_i g_i(X_1, X_2, \ldots, X_{n-1}) X_n^i$$

($g_i \in R[X_1, X_2, \ldots, X_{n-1}]$) と表すことができる．よって，次が成り立つ．

$$R[X_1, X_2, \ldots, X_n] = R[X_1, X_2, \ldots, X_{n-1}][X_n].$$

3.1.3　1 変数多項式環

命題 3.5　R は環とし，$f, g \in R[X]$ とする．

(1) $\deg(fg) \leq \deg(f) + \deg(g)$ である．R が整域ならば等号が成立する．ただし，$(-\infty) + (-\infty) = -\infty, c + (-\infty) = -\infty$ $(c \in \mathbb{Z})$ と定める．

(2) R が整域ならば，$R[X]$ も整域である．

証明．(1) f, g の一方が零多項式ならば，$\deg(fg) = \deg(f) + \deg(g) = -\infty$ である．$\deg(f) = m \geq 0, \deg(g) = n \geq 0$ とし

$$f(X) = a_m X^m + (低次の項), \quad g(X) = b_n X^n + (低次の項)$$

($a_m, b_n \in R, a_m \neq 0, b_n \neq 0$) と表すと

$$f(X)g(X) = a_m b_n X^{m+n} + (低次の項)$$

と表される．よって，$\deg(fg) \leq m + n = \deg(f) + \deg(g)$ である．R が整域ならば，$a_m b_n \neq 0$ となり，$\deg(fg) = m + n = \deg(f) + \deg(g)$ が成り立つ．

(2) $f, g \in R[X]$ は零多項式でないとし，$\deg(f) = m, \deg(g) = n$ とする．R が整域ならば，(1) と同様にして，fg の X^{m+n} の係数が 0 でないことがわかる．よって，fg は零多項式でない．したがって，$R[X]$ は整域である．□

系 3.6　R が整域ならば，$R[X_1, X_2, \ldots, X_n]$ も整域である．特に，体 K 上の n 変数多項式環 $K[X_1, X_2, \ldots, X_n]$ は整域である．

証明．n に関する帰納法によって示す．$n = 1$ のときは正しい (命題 3.5)．$n \geq 2$ とし，$R[X_1, X_2, \ldots, X_{n-1}]$ が整域であるとすると，命題 3.5 により

$$R[X_1, X_2, \ldots, X_n] = R[X_1, X_2, \ldots, X_{n-1}][X_n]$$

も整域である．特に体 K は整域であるので (命題 1.32)，$K[X_1, X_2, \ldots, X_n]$ は整域である．□

定理 3.7 R は環とし，$f(X), g(X) \in R[X]$ とする．$\deg(g) = d \geq 0$ とし，$g(X)$ の最高次係数 b は R の可逆元であると仮定する．このとき
$$f(X) = q(X)g(X) + r(X), \quad \deg(r) < d$$
を満たす $q(X), r(X) \in R[X]$ が一意的に存在する．

証明． $n = \deg(f)$ に関する帰納法により，まず，$q(X), r(X)$ が存在することを示す．$n < d$ のときは，$q(X) = 0, r(X) = f(X)$ とすればよい．そこで，$n \geq d$ とし，$(n-1)$ 次以下の多項式については定理の条件を満たす多項式が存在すると仮定する．$f(X)$ の最高次係数を a とし
$$f_1(X) = f(X) - ab^{-1}X^{n-d}g(X)$$
とおくと，$\deg(f_1) < n$ となる (計算は省略)．よって，帰納法の仮定により
$$f_1(X) = q_1(X)g(X) + r_1(X), \quad \deg(r_1) < d$$
を満たす $q_1(X), r_1(X) \in R[X]$ が存在する．このとき
$$f(X) = ab^{-1}X^{n-d}g(X) + f_1(X)$$
$$= \left(ab^{-1}X^{n-d} + q_1(X)\right)g(X) + r_1(X)$$
が成り立つので，$q(X) = ab^{-1}X^{n-d} + q_1(X), r(X) = r_1(X)$ とおけばよい．

次に定理の条件を満たす $q(X), r(X)$ の一意性を示す．
$$f(X) = q(X)g(X) + r(X) = \tilde{q}(X)g(X) + \tilde{r}(X), \quad \deg(r) < d, \deg(\tilde{r}) < d$$
を満たす $q(X), \tilde{q}(X), r(X), \tilde{r}(X) \in R[X]$ が存在するとする．このとき
$$\left(q(X) - \tilde{q}(X)\right)g(X) = \tilde{r}(X) - r(X) \tag{3.2}$$
が成り立つ．仮に $q(X) \neq \tilde{q}(X)$ とする．$\deg(q - \tilde{q}) = m$ とおき，$q(X) - \tilde{q}(X)$ の最高次係数を c とすると，式 (3.2) の左辺の X^{d+m} の係数は cb である．$c \neq 0$ であり，b は R の可逆元であるので，$cb \neq 0$ である (問 3.3)．よって，式 (3.2) の左辺の次数は d 以上であるが，右辺の次数は d 未満であるので，矛盾する．したがって，$q(X) = \tilde{q}(X)$ である．このとき，$\tilde{r}(X) = r(X)$ も成り立つ．よって，定理の条件を満たす $q(X), r(X)$ はただ 1 組しかない． □

問 3.3 R は環とし，$b, c \in R$ とする．$c \neq 0$ であり，かつ，b が R の可逆元であるならば，$cb \neq 0$ であることを示せ．

注意 3.1 定理 3.7 において，R が体ならば，「$g(X)$ の最高次係数が可逆元」という仮定は不要である．実際，体の中の 0 でない元はすべて可逆元である．

$f(X), g(X) \in R[X]$ に対して，ある $q(X) \in R[X]$ が存在して
$$f(X) = q(X)g(X)$$
が成り立つとき，$f(X)$ は $g(X)$ で**割り切れる**，あるいは，$g(X)$ は $f(X)$ の**因子**であるという．このことを，$g(X)|f(X)$，あるいは，$g|f$ と表す．

$a \in R$ が $f(a) = 0$ を満たすとき，a は $f(X)$ の**根**であるという．

命題 3.8 R は環とする．$f(X) \in R[X]$ とし，$a \in R$ とする．

(1) $f(X) = (X-a)q(X) + r$ を満たす $q(X) \in R[X], r \in R$ が存在し，さらに，$r = f(a)$ が成り立つ (**剰余定理**)．

(2) 「$f(a) = 0 \Leftrightarrow (X-a)|f$」が成り立つ (**因数定理**)．

証明． (1) 定理 3.7 より，このような $q(X), r$ が存在する．$X = a$ を代入すれば，$f(a) = (a-a)q(a) + r = r$ が得られる．

(2) (1) よりしたがう． □

命題 3.9 R は整域とする．$f(X) \in R[X], \deg(f) = d \geq 1$ とするとき，$f(X)$ の R 内の根の個数は d 個以下である．

証明． d に関する帰納法を用いる．$f(X)$ が R 内に根を持たなければ，結論は正しい．そこで，$f(X)$ が根 $\alpha \in R$ を持つとすると，命題 3.8 (2) により
$$f(X) = (X - \alpha)q(X)$$
となる $q(X) \in R[X]$ が存在する．$d = 1$ ならば，$q(X)$ は 0 でない定数である．この定数を c とおく．このとき，α と異なる任意の $\beta \in R$ に対して
$$f(\beta) = (\beta - \alpha)c$$
となるが，R は整域であり，$\beta - \alpha \neq 0, c \neq 0$ であるので，$f(\beta) \neq 0$ となる．よって，$f(X)$ の根は α のみである．そこで，$d \geq 2$ とし，$(d-1)$ 次の多項式については結論が成り立つとする．$f(X)$ が α と異なる根 γ を持つならば
$$0 = f(\gamma) = (\gamma - \alpha)q(\gamma)$$
が成り立つ．ここで，$\gamma - \alpha \neq 0$ であり，R は整域であるので，$q(\gamma) = 0$ である．帰納法の仮定により，このような γ の個数は $(d-1)$ 以下である．よって，根 α を含めた $f(X)$ の根の個数は d 以下である． □

注意 3.2 命題 3.9 において，R が整域でない場合は，結論が成立しない．実際，$R = \mathbb{Z}/6\mathbb{Z}$ とするとき，2 次の多項式 $f(X) = X^2 - X \in R[X]$ は R 内に 4 個の根 $\overline{0}, \overline{1}, \overline{3}, \overline{4}$ を持つ．

3.2 部分環・部分体

ここでは，部分環や部分体といった概念を取り扱う．

3.2.1 部分環・部分体の定義と例

定義 3.10 R は環とし，S は R の部分集合とする．S が 1 を含み，R の加法と乗法について閉じており，さらにこの 2 つの演算に関して S 自身が環をなすとき，S は R の**部分環** (subring) であるという．

命題 3.11 R は環とし，$S \subset R$ とするとき，次の (a), (b) は同値である．
 (a) S は R の部分環である．
 (b) S は次の 3 つの条件 (ア), (イ), (ウ) を満たす．
  (ア) $1 \in S$; (イ) $a, b \in S \Longrightarrow -a + b \in S$; (ウ) $a, b \in S \Longrightarrow ab \in S$.

証明． (a) $\Rightarrow$ (b) 部分環の定義よりしたがう．
 (b) $\Rightarrow$ (a) (ア) より S は 1 を含み，(イ) より $0 = -1 + 1 \in S$ である．このことと (イ) より，加法に関して，S は R の部分群である (命題 1.57 参照)．(ウ) より，S は乗法について閉じており，乗法の結合法則や交換法則，分配法則も成り立つ．よって，S は R の部分環である． □

例 3.6 $\mathbb{Z}$ は $\mathbb{Q}$ の部分環である．

例 3.7 環 R を多項式環 $R[X]$ の部分環とみることができる．実際，$R[X]$ において，次数が 0 以下の多項式全体のなす部分集合が R である．

定義 3.12 K は体とする．K の部分環 F が体をなすとき，F は K の**部分体** (subfield) であるという．

命題 3.13 K は体とし，$F \subset K$ とするとき，次の (a), (b) は同値である．
 (a) F は K の部分体である．
 (b) F は次の 4 つの条件 (ア), (イ), (ウ), (エ) を満たす．

  (ア) $1 \in F$; (イ) $a, b \in F \Longrightarrow -a + b \in F$;
  (ウ) $a, b \in F \Longrightarrow ab \in F$; (エ) 「$a \in F$, $a \neq 0$」$\Longrightarrow a^{-1} \in F$.

証明． (a) $\Rightarrow$ (b) 部分体の定義よりしたがう．
 (b) $\Rightarrow$ (a) (ア), (イ), (ウ) より，F は K の部分環である (命題 3.11)．(エ) より，F は体をなす．よって，F は K の部分体である． □

例 3.8 $\mathbb{Q}$ は $\mathbb{R}$ の部分体である．$\mathbb{R}$ は $\mathbb{C}$ の部分体である．

例 3.9 例 3.5 の体 K は $\mathbb{R}$ の部分体である．

3.2.2 部分環・部分体の生成

命題 3.14 R は環とし，K は体とする．
(1) R の部分環の族 $(S_\lambda)_{\lambda \in \Lambda}$ に対して，$\bigcap_{\lambda \in \Lambda} S_\lambda$ は R の部分環である．
(2) K の部分体の族 $(F_\mu)_{\mu \in M}$ に対して，$\bigcap_{\mu \in M} F_\mu$ は K の部分体である．

証明．(1) 任意の $\lambda \in \Lambda$ に対して $1 \in S_\lambda$ であるので，$1 \in \bigcap_{\lambda \in \Lambda} S_\lambda$ である．また，$a, b \in \bigcap_{\lambda \in \Lambda} S_\lambda$ とすると，任意の $\lambda \in \Lambda$ に対して，$a, b \in S_\lambda$ であり，S_λ が R の部分環であるので，$-a + b, ab \in S_\lambda$ となる．よって

$$-a + b, \, ab \in \bigcap_{\lambda \in \Lambda} S_\lambda$$

が得られる．よって，命題 3.11 より，$\bigcap_{\lambda \in \Lambda} S_\lambda$ は R の部分環である．

(2) の証明は演習問題とする (問 3.4)． □

問 3.4 命題 3.14 (2) を証明せよ．

定義 3.15 R は環とし，S は R の部分環とし，M は R の部分集合とする．S と M を含む R のすべての部分環の族を $(S_\lambda)_{\lambda \in \Lambda}$ とする．このとき，$\bigcap_{\lambda \in \Lambda} S_\lambda$ を $S[M]$ と表し，**S 上 M で生成された R の部分環** (S に M を添加した R の部分環) とよぶ．特に $M = \{z_1, z_2, \ldots, z_k\}$ のとき，$S[M]$ を $S[z_1, z_2, \ldots, z_k]$ とも表す．S に有限個の元を添加した R の部分環が R 自身と一致するとき，R は **S 上有限生成な環**である (環として S 上有限生成である) という．

命題 3.16 R は環とし，S は R の部分環とし，M は R の部分集合とする．
(1) $S[M]$ は R の部分環であって，S と M を含む．
(2) R の部分環 S' が S と M を含むならば，S' は $S[M]$ を含む．
(3) $S[M]$ は S と M を含む R の部分環の中で，包含関係に関して最小である．

証明. (1) 命題 3.14 (1) よりしたがう.

(2) S と M を含む R のすべての部分環の族を $(S_\lambda)_{\lambda \in \Lambda}$ とするとき,ある $\nu \in \Lambda$ に対して $S' = S_\nu$ となるので,$S' = S_\nu \supset \bigcap_{\lambda \in \Lambda} S_\lambda = S[M]$ である.

(3) (1) と (2) よりしたがう. □

定義 3.17 K は体とし,F は K の部分体とし,N は K の部分集合とする.F と N を含む K のすべての部分体の族を $(F_\mu)_{\mu \in M}$ とする.このとき,$\bigcap_{\mu \in M} F_\mu$ を $F(N)$ と表し,**F 上 N で生成された K の部分体** (F に N を添加した K の部分体) とよぶ.特に $N = \{z_1, z_2, \ldots, z_k\}$ のとき,$F(N)$ を $F(z_1, z_2, \ldots, z_k)$ とも表す.F に有限個の元を添加した K の部分体が K 自身と一致するとき,K は **F 上有限生成な体である** (体として F 上有限生成である) という.

命題 3.18 K は体とし,F は K の部分体とし,N は K の部分集合とする.

(1) $F(N)$ は K の部分体であって,F と N を含む.
(2) K の部分体 F' が F と N を含むならば,F' は $F(N)$ を含む.
(3) $F(N)$ は F と N を含む K の部分体の中で,包含関係に関して最小である.

証明. 命題 3.16 と同様に証明される. □

R は環とし,S は R の部分環とする.R の部分環 S' が S を含み,さらに $z_1, z_2, \ldots, z_k$ を含むとすると,S の元と z_i ($1 \leq i \leq k$) の和,差,積を組み合わせて作られる元は S' に属する.よって,S 係数の多項式

$$f(X_1, X_2, \ldots, X_k) = \sum a_{i_1 i_2 \ldots i_k} X_1^{i_1} X_2^{i_2} \cdots X_k^{i_k} \quad (a_{i_1 i_2 \ldots i_k} \in S)$$

に $z_1, z_2, \ldots, z_k$ を代入した値

$$f(z_1, z_2, \ldots, z_k) = \sum a_{i_1 i_2 \ldots i_k} z_1^{i_1} z_2^{i_2} \cdots z_k^{i_k}$$

は S' に属する.

定理 3.19 R は環とし,S は R の部分環とし,M は R の部分集合とする.R の元 a について,次の条件 (P) を考える.

(P) 「$k \in \mathbb{N}$, $f(X_1, \ldots, X_k) \in S[X_1, \ldots, X_k]$, $z_1, \ldots, z_k \in M$ が存在して，$a = f(z_1, \ldots, z_k)$ となる．」

このとき，$S[M]$ は次のように表される．

$$S[M] = \{\, a \in R \mid a \text{ は条件 (P) を満たす}\,\}. \tag{3.3}$$

証明． 式 (3.3) の右辺の集合を $\tilde{S}$ とおいて，$S[M] = \tilde{S}$ を示す．

【ステップ1】 命題 3.16 により，$S[M]$ は R の部分環であって，S と M を含む．したがって，前述の考察により，S 係数の多項式に M の元を代入した値は $S[M]$ に属する．すなわち，$\tilde{S} \subset S[M]$ が成り立つ．

【ステップ2】 $\tilde{S}$ は R の部分環であって，S と M を含む．実際，$a, b \in \tilde{S}$ とすると，$a = f(z_1, \ldots, z_k)$, $b = g(w_1, \ldots, w_l)$ と表される．ここで，$z_1, \ldots, z_k, w_1, \ldots, w_l \in M$ であり，f, g はそれぞれ S 係数の k 変数多項式，および，l 変数多項式である．いま

$$\{z_1, \ldots, z_k\} \cup \{w_1, \ldots, w_l\} = \{u_1, \ldots, u_m\}$$

とおくと，a, b は S 係数の多項式 $\varphi, \psi \in S[X_1, \ldots, X_m]$ を用いて

$$a = \varphi(u_1, \ldots, u_m), \quad b = \psi(u_1, \ldots, u_m)$$

と書き直すことができる．このとき

$$-a + b = -\varphi(u_1, \ldots, u_m) + \psi(u_1, \ldots, u_m) \in \tilde{S},$$
$$ab = \varphi(u_1, \ldots, u_m)\psi(u_1, \ldots, u_m) \in \tilde{S}$$

が成り立つ．また，$S \subset \tilde{S}$ である．実際，S の元を定数多項式の値とみれば，$\tilde{S}$ に属することがわかる．特に $1 \in \tilde{S}$ である．さらに，$h(X) = X \in S[X]$ とおくと，任意の $z \in M$ は $z = h(z) \in \tilde{S}$ を満たすので，$M \subset \tilde{S}$ が成り立つ．よって，$\tilde{S}$ は R の部分環であって，S と M を含む．

【ステップ3】 命題 3.16 (2) を用いれば，ステップ 2 より $S[M] \subset \tilde{S}$ が得られる．さらにステップ 1 とあわせれば，$S[M] = \tilde{S}$ が示される． □

系 3.20 定理 3.19 において，$M = \{z_1, z_2, \ldots, z_k\}$ (有限集合) のとき

$$S[M] = \{\, f(z_1, z_2, \ldots, z_k) \mid f(X_1, X_2, \ldots, X_k) \in S[X_1, X_2, \ldots, X_k] \,\}$$

が成り立つ．

K は体とし，F は K の部分体とし，N は K の部分集合とする．K の部

分体 F' が F と N を含むならば，F と N の元の和，差，積，商を組み合わせて作られる元は F' に属する．すなわち

$$\frac{f(z_1,\ldots,z_k)}{g(z_1,\ldots,z_k)} \quad (f, g \in F[X_1,\ldots,X_k],\ z_1,\ldots,z_k \in N,\ g(z_1,\ldots,z_k) \neq 0)$$

という形の元はすべて F' に属する．

定理 3.21 K は体とし，F は K の部分体とし，N は K の部分集合とする．このとき，$F(N)$ は次のように表される．

$$F(N) = \left\{ \frac{\alpha}{\beta} \ \middle|\ \alpha, \beta \in F[N],\ \beta \neq 0 \right\}. \tag{3.4}$$

ここで，$F[N]$ は F 上 N で生成された K の部分環を表す．

証明． 式 (3.4) の右辺の集合を $\tilde{F}$ とおき，$F(N) = \tilde{F}$ を示す．

【ステップ 1】 $F(N)$ は K の部分体であって，F と N を含む．したがって，F の元と N の元をいくつか用いて，それらの和，差，積，商を組み合わせて作られる元は $F(N)$ に属する．これより，$\tilde{F} \subset F(N)$ がしたがう．

【ステップ 2】 $\tilde{F}$ は K の部分体であって，F と N を含む (問 3.5)．

【ステップ 3】 命題 3.18 (2) を用いれば，ステップ 2 より $F(N) \subset \tilde{F}$ が得られる．さらにステップ 1 とあわせれば，$F(N) = \tilde{F}$ が示される． □

問 3.5 定理 3.21 の証明のステップ 2 を示せ．

系 3.22 定理 3.21 において，$N = \{z_1, z_2, \ldots, z_k\}$ (有限集合) のとき

$$F(N) = \left\{ \frac{f(z_1,\ldots,z_k)}{g(z_1,\ldots,z_k)} \ \middle|\ f, g \in F[X_1,\ldots,X_k],\ g(z_1,\ldots,z_k) \neq 0 \right\}$$

が成り立つ．

例 3.10 例 3.5 の体 K は $\mathbb{Q}(\sqrt{2})$ と一致する．実際，K は $\mathbb{Q}$ と $\sqrt{2}$ を含む $\mathbb{C}$ の部分体であるので，命題 3.18 (2) より $K \supset \mathbb{Q}(\sqrt{2})$ となる．一方，任意の $\alpha = a + b\sqrt{2} \in K$ ($a, b \in \mathbb{Q}$) をとると，$a, b, \sqrt{2} \in \mathbb{Q}(\sqrt{2})$ であるので $\alpha \in \mathbb{Q}(\sqrt{2})$ となり，$K \subset \mathbb{Q}(\sqrt{2})$ が得られる．よって，$K = \mathbb{Q}(\sqrt{2})$ である．

問 3.6 K は体とし，F は K の部分体とし，N は K の部分集合とする．$F[N]$ が体ならば，$F(N) = F[N]$ であることを示せ．

3.3 環のイデアルと剰余環

第 1 章において，$\mathbb{Z}$ のイデアルや $\mathbb{Z}/m\mathbb{Z}$ を考察した．ここでは，環のイデアルや，イデアルによる剰余環について，一般的に考察する．

3.3.1 イデアルの定義と例

定義 3.23 環 R の部分集合 I が次の条件を満たすとき，I は R の**イデアル** (ideal) であるという．

(1) $0 \in I$ である．
(2) $x, y \in I$ ならば，$x+y, x-y \in I$ である．
(3) $c \in R, x \in I$ ならば，$cx \in I$ である．

$R = \mathbb{Z}$ のとき，上の定義 3.23 は第 1 章の定義 1.3 にほかならない．定義 3.23 の 3 つの条件は，必ずしもすべてが必要ではない (問 3.7 参照)．

問 3.7 環 R の空でない部分集合 I が次の 2 つの条件 (a), (b) を満たすならば，I は R のイデアルであることを示せ．

(a) $x, y \in I$ ならば，$-x+y \in I$ である．
(b) $c \in R, x \in I$ ならば，$cx \in I$ である．

例 3.11 R を環とするとき，$\{0\}$ や R 自身は R のイデアルである．

例 3.12 $d \in \mathbb{Z}$ とする．d の倍数全体の集合は $\mathbb{Z}$ のイデアルである．

例 3.13 $a \in \mathbb{R}$ とする．多項式環 $\mathbb{R}[X]$ の部分集合
$$I = \{\, f \in \mathbb{R}[X] \mid f(a) = 0 \,\}$$
は $\mathbb{R}[X]$ のイデアルである (問 3.8)．このとき，命題 3.8 (2) (因数定理) により，「$f(a) = 0 \Leftrightarrow (X-a)|f$」が成り立つので，$I$ は次のようにも表される．
$$I = \{\, (X-a)\varphi(X) \mid \varphi(X) \in \mathbb{R}[X] \,\}.$$

問 3.8 例 3.13 の I が $\mathbb{R}[X]$ のイデアルであることを示せ．

命題 3.24 R は環とし，I は R のイデアルとする．

(1) I が R の可逆元を含むならば，$I = R$ である．特に，$1 \in I$ ならば，$I = R$ である．
(2) R が体ならば，$I = \{0\}$ または $I = R$ である．

証明. (1) I が R の可逆元 α を含むならば，$\alpha^{-1} \in R, \alpha \in I$ であるので，$1 = \alpha^{-1}\alpha \in I$ となる．このとき，任意の $a \in R$ に対して，$a = a \cdot 1 \in I$ となる．よって，$I = R$ である．

(2) $I \neq \{0\}$ とすると，I は 0 でない元を含むが，体において，0 でない元はすべて可逆元であるので，(1) より $I = R$ となる． □

3.3.2 イデアルの生成

命題 3.25 R は環とし，$(I_\lambda)_{\lambda \in \Lambda}$ は R のイデアルの族とする．このとき，$\bigcap_{\lambda \in \Lambda} I_\lambda$ は R のイデアルである．

証明. 任意の $\lambda \in \Lambda$ に対して $0 \in I_\lambda$ であるので，$0 \in \bigcap_{\lambda \in \Lambda} I_\lambda$ である．また，$f, g \in \bigcap_{\lambda \in \Lambda} I_\lambda$ とすると，任意の $\lambda \in \Lambda$ に対して $f, g \in I_\lambda$ である．I_λ は R のイデアルであるので，$f \pm g \in I_\lambda$ が成り立つ．よって，$f \pm g \in \bigcap_{\lambda \in \Lambda} I_\lambda$ である．さらに $\varphi \in R$ とすると，任意の $\lambda \in \Lambda$ に対して $\varphi f \in I_\lambda$ が成り立つので，$\varphi f \in \bigcap_{\lambda \in \Lambda} I_\lambda$ が得られる．よって，$\bigcap_{\lambda \in \Lambda} I_\lambda$ は R のイデアルである． □

定義 3.26 M は環 R の空でない部分集合とする．M を含む R のすべてのイデアルの族を $(I_\lambda)_{\lambda \in \Lambda}$ とするとき，$\bigcap_{\lambda \in \Lambda} I_\lambda$ を M で**生成された** R の**イデアル**とよぶ．特に $M = \{z_1, z_2, \ldots, z_k\}$ で生成された R のイデアルを $(z_1, z_2, \ldots, z_k)$ と表す．また，$z_1, z_2, \ldots, z_k$ を $(z_1, z_2, \ldots, z_k)$ の**生成元**とよぶ．

命題 3.27 M は環 R の空でない部分集合とする．M で生成された R のイデアルを I とする．

(1) I は R のイデアルであって，M を含む．
(2) R のイデアル J に対して，「$J \supset M \Rightarrow J \supset I$」が成り立つ．
(3) I は M を含む R のイデアルの中で，包含関係に関して最小である．

証明. 命題 2.3, 命題 3.16, 命題 3.18 と同様の考え方によって証明される (詳細な検討は読者にゆだねる)． □

$z_1, z_2, \ldots, z_k$ を環 R の元とするとき
$$\sum_{i=1}^{k} a_i z_i \quad (a_i \in R,\ 1 \leq i \leq k)$$
という形の元を $z_1, z_2, \ldots, z_k$ の R 上の**線形結合 (1 次結合)** とよぶ.

M を環 R の空でない部分集合とし, R のイデアル J が M を含むとすると, イデアルの定義により, M の元の R 上の線形結合もまた J に属する.

定理 3.28 R は環とし, M は R の空でない部分集合とする. M で生成された R のイデアルを I とするとき, 次が成り立つ.
$$I = \{x \in R \mid x \text{ は } M \text{ のいくつかの元の } R \text{ 上の線形結合}\}. \tag{3.5}$$

証明の概略. 式 (3.5) の右辺を $\tilde{I}$ とおく. I は M を含む R のイデアルであるので, M の元の R 上の線形結合はすべて I に含まれる. よって, $\tilde{I} \subset I$ が成り立つ. 一方, $\tilde{I}$ は R のイデアルであり (証明は省略), $\tilde{I}$ は M を含むので, 命題 3.27 (2) より $I \subset \tilde{I}$ が成り立つ. よって, $I = \tilde{I}$ である. □

系 3.29 R は環とし, $z_1, z_2, \ldots, z_k \in R$ とするとき, 次が成り立つ.
$$(z_1, z_2, \ldots, z_k) = \left\{ \sum_{i=1}^{k} a_i z_i \ \middle|\ a_i \in R,\ 1 \leq i \leq k \right\}.$$

例 3.14 R を環とするとき, $\{0\} = (0),\ R = (1)$ である.

例 3.15 例 3.12 のイデアル I は $I = (d)$ と表される.

例 3.16 例 3.13 のイデアル I は $I = (X - a)$ と表される.

例題 3.1 $\mathbb{Z}$ のイデアル $I = (2),\ J = (4, 6)$ について, 次の問いに答えよ.
 (1) $4 \in I,\ 6 \in I$ を示すことにより, $J \subset I$ を示せ.
 (2) $2 \in J$ を示すことにより, $I \subset J$ を示せ.
 (3) $I = J$ を示せ.

【解答】 (1) $4 = 2 \cdot 2 \in I,\ 6 = 3 \cdot 2 \in I$ である. したがって, 命題 3.27 (2) により, $J = (4, 6) \subset I$ である.
 (2) $2 = (-1) \cdot 4 + 1 \cdot 6 \in J$ であるので, $I = (2) \subset J$ である.
 (3) 小問 (1), (2) よりしたがう. □

問 3.9 R は環とし, $a \in R$ とする. $(a) = R$ ならば, a は R の可逆元であることを示せ.

3.3.3　単項イデアル環・単項イデアル整域

環 R のイデアル I が有限個の元で生成されるとき，I は**有限生成** (finitely generated) であるという．ただ 1 つの元で生成されるイデアルを**単項イデアル** (principal ideal) とよぶ．R の単項イデアル (z) $(z \in R)$ については

$$(z) = \{\, za \mid a \in R \,\}$$

が成り立つので，(z) は zR とも書かれる．たとえば，$m \in \mathbb{Z}$ に対して，m の倍数全体のなす $\mathbb{Z}$ のイデアルを I とすれば，$I = (m) = m\mathbb{Z}$ である．

例 3.17　$\mathbb{Z}$ のイデアル $(4, 6)$ は単項イデアルである．実際，$(4, 6) = (2)$ である (例題 3.1)．

定義 3.30　環 R の任意のイデアルが単項イデアルであるとき，R は**単項イデアル環** (principal ideal ring) であるという．単項イデアル環 R がさらに整域であるとき，R は**単項イデアル整域** (principal ideal domain，略して PID) であるという．

定理 3.31　$\mathbb{Z}$ は単項イデアル整域である．

証明．$\mathbb{Z}$ の任意のイデアル I が単項イデアルであることを示す．$I = \{0\}$ ならば，$I = (0)$ である．そうでないとすると，I は 0 以外の整数を含む．$x \in I$ ならば $-x \in I$ であるので，I は正の整数を含む．そこで，I に含まれる正の整数のうち，最小のものを d とする．このとき，$I = (d)$ である．実際，$d \in I$ であるので，$(d) \subset I$ が成り立つ．また，任意の $x \in I$ に対して

$$x = qd + r \quad (q, r \in \mathbb{Z},\ 0 \leq r < d)$$

となる q, r を選ぶと，$r = x - qd \in I$ である．もし $r > 0$ ならば，r は I に属する正整数であって，d より小さい．これは d の選び方に反するので，$r = 0$ である．すなわち，x は d の倍数である．よって，$I \subset (d)$ が成り立つ．したがって，$I = (d)$ である．よって，$\mathbb{Z}$ は単項イデアル整域である．　□

定理 3.32　K を体とするとき，K 上の 1 変数多項式環 $K[X]$ は単項イデアル整域である．

問 3.10　定理 3.32 を証明せよ．【ヒント】定理 3.31 の証明を参考にせよ．

例 3.18 体 K 上の 2 変数多項式環 $K[X,Y]$ のイデアル $I = (X,Y)$ は単項イデアルでない．実際，仮に $I = (\varphi)\,(\varphi \in K[X,Y])$ であると仮定すると，$X \in (\varphi)$, $Y \in (\varphi)$ より，$\varphi | X$, $\varphi | Y$ となるので，φ は 0 でない定数である．一方，$\varphi \in (X,Y)$ より，$\varphi = X\psi_1 + Y\psi_2\,(\psi_i \in K[X,Y],\, i=1,2)$ と表されるので，$\deg(\varphi) \geq 1$ となり，矛盾する．よって，I は単項イデアルでない．

問 3.11 $\mathbb{Z}[X]$ のイデアル $I = (X, 2)$ は単項イデアルでないことを示せ．

3.3.4 剰余環

I は環 R のイデアルとし，$I \neq R$ とする．$x, y \in R$ に対して，$x - y \in I$ が成り立つとき

$$x \equiv y \pmod{I}$$

と表すことにすると，この関係は同値関係である．

問 3.12 上述の関係 $x \equiv y \pmod{I}$ が同値関係であることを示せ．

この同値関係に関して，$x \in R$ を含む同値類を $C(x)$ とすると，次が成り立つ．

$$\begin{aligned} C(x) &= \{\, z \in R \mid z - x \in I \,\} \\ &= \{\, z \in R \mid \text{ある } a \in I \text{ が存在して } z = x + a \,\} \\ &= \{\, x + a \mid a \in I \,\} \\ &= x + I. \end{aligned}$$

この同値類 $x + I$ をここでは $\bar{x}$ と表す (場合によっては，「$x \bmod I$」と表す)．この同値関係に関する商集合を R/I と表す．

$$R/I = \{\, \bar{x} \mid x \in R \,\}.$$

$x, y \in R$ に対して，「$\bar{x} = \bar{y} \Leftrightarrow x - y \in I$」が成り立つ．特に「$\bar{x} = \bar{0} \Leftrightarrow x \in I$」が成り立つ．

定理 3.33 I は環 R のイデアルとし，$I \neq R$ とする．
$z = \bar{x}, w = \bar{y} \in R/I\,(x, y \in R)$ に対して，$z + w, zw \in R/I$ を

$$z + w = \overline{x + y}, \quad zw = \overline{xy}$$

と定めると，この演算は well-defined であり，この演算によって R/I は環をなす．零元は $\bar{0}$ であり，単位元は $\bar{1}$ である．

証明. $z = \bar{x} = \overline{x'}, w = \bar{y} = \overline{y'} \in R/I$ $(x, x', y, y' \in R)$ とすると
$$x \equiv x' \pmod{I}, \quad y \equiv y' \pmod{I}$$
が成り立つ．このとき，$x + y \equiv x' + y' \pmod{I}$, $xy \equiv x'y' \pmod{I}$ が成り立つので (問 3.13)，$\overline{x+y} = \overline{x'+y'}$, $\overline{xy} = \overline{x'y'}$ が得られる．よって，この演算は well-defined である．さらに $u = \bar{v} \in R/I$ $(v \in R)$ をとると
$$(z+w) + u = \overline{x+y} + \bar{v} = \overline{(x+y)+v}$$
$$= \overline{x+(y+v)} = \bar{x} + \overline{y+v} = z + (w+u)$$
が成り立つ．同様にして
$$w + z = z + w, \quad (zw)u = z(wu), \quad wz = zw, \quad z(w+u) = zw + zu$$
が成り立つ (詳細は省略)．さらに，次も成り立つ．
$$\bar{x} + \bar{0} = \overline{x+0} = \bar{x}, \quad \bar{x} + \overline{(-x)} = \overline{x+(-x)} = \bar{0}, \quad \bar{1} \cdot \bar{x} = \overline{1 \cdot x} = \bar{x}.$$
また，$I \neq R$ より $1 \notin I$ であるので (命題 3.24 (1))，$\bar{1} \neq \bar{0}$ である．よって，R/I は環であり，$\bar{0}$ は R/I の零元であり，$\bar{1}$ は単位元である． □

問 3.13 定理 3.33 の証明において，$x \equiv x' \pmod{I}$, $y \equiv y' \pmod{I}$ ならば，$x + y \equiv x' + y' \pmod{I}$, $xy \equiv x'y' \pmod{I}$ が成り立つことを示せ．

$R = \mathbb{Z}, I = m\mathbb{Z}$ $(m \in \mathbb{Z}, m \geq 2)$ の場合，R/I は第 1 章で定めた $\mathbb{Z}/m\mathbb{Z}$ と一致する．特に $\mathbb{Z}/m\mathbb{Z}$ が環であることも定理 3.33 よりしたがう．

定義 3.34 I は環 R のイデアルとし，$I \neq R$ とする．定理 3.33 において定められた環 R/I を I による R の**剰余環** (quotient ring) とよぶ．

例題 3.2 $R = \mathbb{R}[X]/(X^2+1)$ とする．
(1) $\bar{X}^2 = -\bar{1}$ を示せ．
(2) R の任意の元 α は $\overline{a+bX}$ $(a, b \in \mathbb{R})$ という形に表されることを示せ．さらに，このような実数 a, b の組は一意的であることを示せ．

【解答】 (1) $\bar{0} = \overline{X^2+1} = \bar{X}^2 + \bar{1}$ よりしたがう．
(2) R の元 α は，$\alpha = \overline{f(X)}$ $(f(X) \in \mathbb{R}[X])$ と表される．定理 3.7 より
$$f(X) = (X^2+1)q(X) + a + bX$$
を満たす $q(X) \in \mathbb{R}[X]$ と $a, b \in \mathbb{R}$ が存在する．このとき

$$\alpha = \overline{(X^2+1)} \cdot \overline{q(X)} + \overline{a+bX} = \bar{0} \cdot \overline{q(X)} + \overline{a+bX} = \overline{a+bX}$$

が成り立つ．また，$\overline{a+bX} = \overline{a'+b'X}$ $(a, a', b, b' \in \mathbb{R})$ とすると

$$(a+bX) - (a'+b'X) \in (X^2+1)$$

となるので，$(X^2+1) \mid ((a-a') + (b-b')X)$ が成り立つ．このとき，次数を考えれば，$a = a', b = b'$ であることがわかる． $\square$

3.3.5 素イデアル・極大イデアル

定義 3.35 環 R のイデアル I が次の 2 つの条件 (a), (b) を満たすとき，I は R の**素イデアル** (prime ideal) であるという．

(a) $I \neq R$．
(b) $a, b \in R$ が $ab \in I$ を満たすならば，$a \in I$ または $b \in I$ が成り立つ．

定義 3.36 環 R のイデアル I が次の 2 つの条件 (a), (b) を満たすとき，I は R の**極大イデアル** (maximal ideal) であるという．

(a) $I \neq R$．
(b) R のイデアル J が I を含むならば，$J = I$ または $J = R$ である．

命題 3.37 p は素数とし，$I = (p) \subset \mathbb{Z}$ とする．

(1) I は $\mathbb{Z}$ の素イデアルである．
(2) I は $\mathbb{Z}$ の極大イデアルである．

証明． (1) $1 \notin I$ であるので，$I \neq \mathbb{Z}$ である．また，$ab \in I$ とすると，$p|ab$ である．このとき，系 1.8 より，$p|a$ または $p|b$ が成り立つ．すなわち，$a \in I$ または $b \in I$ となる．よって，I は $\mathbb{Z}$ の素イデアルである．

(2) $\mathbb{Z}$ のイデアル J が I を含むと仮定して，$J = I$ または $J = \mathbb{Z}$ であることを示す．定理 3.31 より，$J = (d)$ $(d \in \mathbb{Z})$ と表される．仮定より $p \in J$ であるので $d|p$ となるが，p は素数であるので，$d = \pm 1, \pm p$ のいずれかである．$d = \pm 1$ ならば $J = \mathbb{Z}$ であり，$d = \pm p$ ならば $J = I$ である． $\square$

例 3.19 $(0) \subset \mathbb{Z}$ は $\mathbb{Z}$ の素イデアルである．実際，$a, b \in \mathbb{Z}$ が $ab \in (0)$，すなわち，$ab = 0$ を満たすならば，$a = 0$ または $b = 0$，すなわち，$a \in (0)$ または $b \in (0)$ となる．また，$(0) \subsetneq (2) \subsetneq \mathbb{Z}$ であるので，(0) は極大イデアルでない．

定理 3.38 I は環 R のイデアルとし，$I \neq R$ とする．

(1) 「I は R の素イデアル $\Leftrightarrow$ R/I は整域」が成り立つ．

(2) 「I は R の極大イデアル $\Leftrightarrow$ R/I は体」が成り立つ．

証明． (1) I が R の素イデアルであるとする．R/I の元 $\bar{x}, \bar{y}\,(x, y \in R)$ が $\bar{x}\bar{y} = \bar{0}$，すなわち，$xy \in I$ を満たすならば，$x \in I$ または $y \in I$，すなわち，$\bar{x} = \bar{0}$ または $\bar{y} = \bar{0}$ となるので，R/I は整域である．R/I が整域ならば I が素イデアルであることも同様に示される (詳細な検討は読者にゆだねる)．

(2) I が R の極大イデアルであるとする．R/I の元 $\bar{x}\,(x \in R)$ が $\bar{x} \neq \bar{0}$ を満たすとする．このとき，$x \notin I$ である．ここで
$$J = \{z + ax \mid z \in I,\, a \in R\}$$
とおくと，J は R のイデアルであって，$J \supsetneq I$ となる (問 3.14)．仮定より I は極大イデアルであるので，$J = R$ であり，特に $1 \in J$ である．よって
$$1 = w + bx \quad (w \in I,\, b \in R)$$
を満たす w, b が存在する．このとき，$\bar{w} = \bar{0}$ に注意すれば
$$\bar{1} = \overline{w + bx} = \bar{w} + \bar{b}\bar{x} = \bar{b}\bar{x}$$
が成り立つので，$\bar{x}$ は R/I の可逆元である．R/I の零元でない元が可逆元であるので，R/I は体である．

次に R/I が体であると仮定する．R のイデアル $\tilde{I}$ が $\tilde{I} \supsetneq I$ を満たすとする．このとき，$y \in \tilde{I} \setminus I$ がとれ，$\bar{y} \neq \bar{0}$ となる．仮定より R/I は体であるので，$\bar{y}$ は可逆元である．よって，ある $\bar{z}\,(z \in R)$ が存在して，$\bar{y}\bar{z} = \bar{1}$ となる．そこで，$w = 1 - yz$ とおくと，$w \in I$ である．このとき，$w \in \tilde{I}, y \in \tilde{I}$ に注意すれば
$$1 = w + yz \in \tilde{I}$$
が成り立つ．よって $\tilde{I} = R$ である．I を真に含むイデアルが R と一致するので，I は R の極大イデアルである． □

問 3.14 定理 3.38 (2) の証明において，J は R のイデアルであり，$J \supsetneq I$ を満たすことを示せ．

系 3.39 I が環 R の極大イデアルならば，I は R の素イデアルである．

証明． 定理 3.38 および命題 1.32 よりしたがう． □

3.4 準同型写像と準同型定理

環についても準同型写像が定義され,準同型定理とよばれる定理がある.

3.4.1 準同型写像の定義と例

定義 3.40 R, R' は環とする.写像 $f : R \to R'$ が次の3つの条件 (a), (b), (c) を満たすとき,f は**準同型写像** (homomorphism) であるという.

(a) $f(1_R) = 1_{R'}$ である (1_R, $1_{R'}$ はそれぞれ R, R' の単位元).
(b) 任意の $a, b \in R$ に対して,$f(a+b) = f(a) + f(b)$ が成り立つ.
(c) 任意の $a, b \in R$ に対して,$f(ab) = f(a)f(b)$ が成り立つ.

準同型写像 $f : R \to R'$ が全単射であるとき,f は**同型写像** (isomorphism) であるという.環 R から R' への同型写像が存在するとき,R と R' は**同型**であるといい,$R \cong R'$ と表す.R から R 自身への同型写像を**自己同型写像** (automorphism) という.

注意 3.3 定義 3.40 の条件 (a) を仮定しない準同型写像の定義もあるが,その場合,条件 (a) を満たす準同型写像を**単位的準同型写像**とよぶことがある.

例 3.20 $\mathbb{Z}$ から $\mathbb{Q}$ への埋め込み写像 $\iota : \mathbb{Z} \to \mathbb{Q}$ ($\iota(x) = x$, $x \in \mathbb{Z}$) は単射な準同型写像である.

例 3.21 多項式環 $\mathbb{Q}[X]$ から実数体 $\mathbb{R}$ への写像 f を
$$f : \mathbb{Q}[X] \ni g(X) \longmapsto g(\sqrt{2}) \in \mathbb{R}$$
と定めると,f は準同型写像である.

例 3.22 多項式環 $\mathbb{R}[X]$ から複素数体 $\mathbb{C}$ への写像 f を
$$f : \mathbb{R}[X] \ni g(X) \longmapsto g(\sqrt{-1}) \in \mathbb{C}$$
と定めると,f は全射な準同型写像である.

例 3.23 I は環 R のイデアルとし,$I \neq R$ とする.$\pi : R \to R/I$ を
$$\pi : R \ni x \longmapsto \bar{x} \in R/I$$
と定めると,π は全射な準同型写像である.実際,次のことが成り立つ.
$$\pi(1) = \bar{1}, \quad \pi(x+y) = \overline{x+y} = \bar{x} + \bar{y} = \pi(x) + \pi(y),$$
$$\pi(xy) = \overline{xy} = \bar{x}\bar{y} = \pi(x)\pi(y).$$
この π は**標準的準同型写像**,あるいは**自然な準同型写像**などとよばれる.

問 3.15 R, R' は環とし，$f : R \to R'$ は準同型写像とする．$x, y \in R$ とする．

(1) $f(0_R) = 0_{R'}$ を示せ ($0_R, 0_{R'}$ はそれぞれ R, R' の零元)．
(2) $f(-x) = -f(x)$ を示せ．
(3) $f(x - y) = f(x) - f(y)$ を示せ．
(4) x が可逆元ならば $f(x)$ も可逆元であり，$f(x^{-1}) = (f(x))^{-1}$ が成り立つことを示せ．

問 3.16 R, R', R'' は環とし，$f : R \to R'$, $g : R' \to R''$ は準同型写像とする．このとき，$g \circ f : R \to R''$ も準同型写像であることを示せ．

3.4.2 準同型写像の核・像など

前の小節では環 R, R' の単位元をそれぞれ $1_R, 1_{R'}$ と表したが，混乱のおそれのない場合は，同じ記号 1 を用いる．零元についても同様である．

命題 3.41 R, R' は環とし，$f : R \to R'$ は準同型写像とする．

(1) S が R の部分環ならば，$f(S)$ は R' の部分環である．特に $f(R)$ は R' の部分環である．
(2) S' が R' の部分環ならば，$f^{-1}(S')$ は R の部分環である．
(3) I が R のイデアルならば，$f(I)$ は $f(R)$ のイデアルである．
(4) I' が R' のイデアルならば，$f^{-1}(I')$ は R のイデアルである．特に $f^{-1}(0) = \{\, x \in R \mid f(x) = 0 \,\}$ は R のイデアルである．

証明． (1), (2) は読者の演習問題とする (問題 3.17)．

(3) $0 = f(0) \in f(I)$ である．$z = f(x), w = f(y) \in f(I)$, $c = f(a) \in f(R)$ $(x, y \in I, a \in R)$ とする．このとき，$x - y \in I$, $ax \in I$ より

$$z - w = f(x) - f(y) = f(x - y) \in f(I), \quad cz = f(a)f(x) = f(ax) \in f(I)$$

が成り立つ．よって，$f(I)$ は $f(R)$ のイデアルである．

(4) $f(0) = 0 \in I'$ より，$0 \in f^{-1}(I')$ である．$x, y \in f^{-1}(I'), c \in R$ とすると，$f(x), f(y) \in I'$ であるので

$$f(x - y) = f(x) - f(y) \in I', \quad f(cx) = f(c)f(x) \in I'$$

となる．よって，$x - y \in f^{-1}(I'), cx \in f^{-1}(I')$ である．したがって，$f^{-1}(I')$ は R のイデアルである． □

問 3.17 命題 3.41 (1), (2) を証明せよ．

定義 3.42 R, R' は環とし，$f: R \to R'$ は準同型写像とする．R のイデアル $f^{-1}(0)$ を f の**核** (kernel) といい，$\mathrm{Ker}(f)$ と表す．また R' の部分環 $f(R)$ を f の**像** (image) といい，$\mathrm{Im}(f)$ と表す．

例 3.24 I は環 R のイデアルとし，$I \neq R$ とする．また，$\pi: R \to R/I$ は標準的準同型写像とする．このとき，$\mathrm{Ker}(\pi) = I$ である．実際，$x \in R$ に対して，「$x \in \mathrm{Ker}(\pi) \Leftrightarrow \pi(x) = \bar{0} \Leftrightarrow \bar{x} = \bar{0} \Leftrightarrow x \in I$」が成り立つ．

例 3.25 例 3.21 の準同型写像 $f: \mathbb{Q}[X] \to \mathbb{R}$ の核と像は
$$\mathrm{Ker}(f) = (X^2 - 2), \quad \mathrm{Im}(f) = \mathbb{Q}[\sqrt{2}] = \mathbb{Q}(\sqrt{2}) = \{\, a + b\sqrt{2} \mid a, b \in \mathbb{Q}\,\}$$
で与えられる．実際，$g(X) \in \mathbb{Q}[X]$ に対して
$$g(X) = (X^2 - 2)q(X) + a + bX$$
となる $q(X) \in \mathbb{Q}[X]$ と $a, b \in \mathbb{Q}$ が存在する．$g(\sqrt{2}) = a + b\sqrt{2}$ であるので
$$g(X) \in \mathrm{Ker}(f) \Longleftrightarrow a + b\sqrt{2} = 0 \Longleftrightarrow a = b = 0 \Longleftrightarrow g(X) \in (X^2 - 2)$$
が成り立つ．よって，$\mathrm{Ker}(f) = (X^2 - 2)$ である．また
$$\mathrm{Im}(f) = \{\, g(\sqrt{2}) \mid g(X) \in \mathbb{Q}[X] \,\} = \mathbb{Q}[\sqrt{2}]$$
である．ここで，$K = \{\, a + b\sqrt{2} \mid a, b \in \mathbb{Q}\,\}$ とおくと，$K \subset \mathbb{Q}[\sqrt{2}] \subset \mathbb{Q}(\sqrt{2})$ が成り立つが，例 3.5, 例 3.10 より $K = \mathbb{Q}(\sqrt{2})$ であるので，$\mathrm{Im}(f)$ に関して，求める式が得られる．

問 3.18 例 3.22 の準同型写像 f について，$\mathrm{Ker}(f) = (X^2 + 1)$ を示せ．

問 3.19 R, R' は環とし，$f: R \to R'$ は準同型写像とする．
(1) 「f が単射 $\Leftrightarrow \mathrm{Ker}(f) = (0)$」を示せ．
(2) R が体ならば，f は単射であることを示せ．

3.4.3 準同型定理

定理 3.43 (環の準同型定理) R, R' は環とし，$f: R \to R'$ は準同型写像とする．$\pi: R \to R/\mathrm{Ker}(f)$ は標準的準同型写像とする．このとき，単射な準同型写像 $g: R/\mathrm{Ker}(f) \to R'$ であって，$f = g \circ \pi$ を満たすものがただ 1 つ存在する．さらに，f が全射ならば，g は同型写像であり，$R/\mathrm{Ker}(f) \cong R'$

となる.

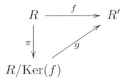

証明. $\alpha \in R/\mathrm{Ker}(f)$ に対して, $\alpha = \bar{x}$ となる $x \in R$ を選び, $g(\alpha) = f(x)$ と定める. $\alpha = \bar{x} = \bar{x'}\,(x' \in R)$ ならば, $x - x' \in \mathrm{Ker}(f)$ であるので
$$f(x) = f((x-x') + x') = f(x-x') + f(x') = f(x')$$
が成り立つ. このことより, 写像 g が well-defined であることがわかる. また, $\alpha = \bar{x},\,\beta = \bar{y} \in R/\mathrm{Ker}(f)\,(x, y \in R)$ とするとき
$$g(\bar{1}) = f(1) = 1,$$
$$g(\alpha + \beta) = g(\overline{x+y}) = f(x+y) = f(x) + f(y) = g(\alpha) + g(\beta),$$
$$g(\alpha\beta) = g(\overline{xy}) = f(xy) = f(x)f(y) = g(\alpha)g(\beta)$$
が成り立つので, g は準同型写像である. さらに, $\alpha = \bar{x}\,(x \in R)$ に対して
$$\alpha \in \mathrm{Ker}(g) \iff g(\alpha) = 0 \iff f(x) = 0 \iff x \in \mathrm{Ker}(f)$$
$$\iff \alpha = \bar{x} = \bar{0} \in R/\mathrm{Ker}(f)$$
が成り立つので, $\mathrm{Ker}(g) = (\bar{0})$ であり, よって, 問 3.19 (1) より, g は単射である. また, $x \in R$ に対して $g \circ \pi(x) = g(\bar{x}) = f(x)$ であるので, $g \circ \pi = f$ が成り立つ. 写像 $\tilde{g} : R/\mathrm{Ker}(f) \to R'$ が $\tilde{g} \circ \pi = f$ を満たすとすると, $R/\mathrm{Ker}(f)$ の任意の元 $\alpha = \bar{x}\,(x \in R)$ に対して
$$\tilde{g}(\alpha) = \tilde{g}(\bar{x}) = \tilde{g}(\pi(x)) = f(x) = g(\pi(x)) = g(\bar{x}) = g(\alpha)$$
が成り立つので, $\tilde{g} = g$ である. よって, 定理の条件を満たす g はただ 1 つである. f が全射ならば, g も全射であるので, g は同型写像である. □

例 3.26 例 3.22 の準同型写像 $f : \mathbb{R}[X] \to \mathbb{C}$ を考えると, f は全射であり, $\mathrm{Ker}(f) = (X^2 + 1)$ である (問 3.18). したがって, 準同型定理により
$$\mathbb{R}[X]/(X^2 + 1) \cong \mathbb{C}$$
が得られる. よって, 特に $\mathbb{R}[X]/(X^2 + 1)$ は体である. このとき, 定理 3.38 (2) により, $(X^2 + 1)$ が $\mathbb{R}[X]$ の極大イデアルであることもわかる.

I は環 R のイデアルとし，$I \neq R$ とする．$\bar{x} \in R/I$ $(x \in R)$ について
$$\bar{x} = \bar{0} \Longleftrightarrow x \in I$$
が成り立つので，直観的にいえば，「R において I の元をすべて 0 とみなしたもの」が R/I である．例 3.26 の環 $\mathbb{R}[X]/(X^2+1)$ では，X^2+1 を 0 とみなしているので，「$X^2 = -1$ とみなす」ことになり，$\mathbb{R}[X]/(X^2+1)$ における $\bar{X}$ が，$\mathbb{C}$ における $\sqrt{-1}$ と同じ役割を果たす．これが $\mathbb{R}[X]/(X^2+1) \cong \mathbb{C}$ であることの直観的な説明である (例題 3.2 も参照せよ)．

問 3.20 $\mathbb{Q}(\sqrt{2}) \cong \mathbb{Q}[X]/(X^2-2)$ を示せ．

例 3.27 $a \in \mathbb{R}$ とし，$\varphi : \mathbb{R}[X] \to \mathbb{R}$ を
$$\varphi : \mathbb{R}[X] \ni f(X) \longmapsto f(a) \in \mathbb{R}$$
と定めると，φ は全射な準同型写像であり，$\mathrm{Ker}(\varphi)$ は例 3.13 のイデアル I と一致するので，準同型定理により，$\mathbb{R}[X]/I \cong \mathbb{R}$ となる．よって，定理 3.38 (2) により，I は極大イデアルである．

例題 3.3 R, R' は環とし，$f : R \to R'$ は全射準同型写像とする．I' は R' のイデアルとし，$I' \neq R'$ とする．$I = f^{-1}(I')$ とおく．また，$\pi' : R' \to R'/I'$ は標準的準同型写像とする．

(1) $\mathrm{Ker}(\pi' \circ f) = I$ を示せ．
(2) $R/I \cong R'/I'$ を示せ．
(3) I' が R' の素イデアルならば，I は R の素イデアルであることを示せ．
(4) I' が R' の極大イデアルならば，I は R の極大イデアルであることを示せ．

【解答】 (1) $x \in R$ に対して

$x \in \mathrm{Ker}(\pi' \circ f) \Longleftrightarrow \pi'(f(x)) = \bar{0} \Longleftrightarrow f(x) \in I' \Longleftrightarrow x \in f^{-1}(I') = I$

が成り立つことよりしたがう．

(2) π', f は準同型写像であるので，$\pi' \circ f$ も準同型写像である (問 3.16)．π', f は全射であるので，$\pi' \circ f$ も全射である．$\pi' \circ f$ に準同型定理を適用すれば
$$R'/I' \cong R/\mathrm{Ker}(\pi' \circ f) = R/I$$
が得られる．

(3) $R/I \cong R'/I'$ が整域であることよりしたがう (定理 3.38 (1)).

(4) $R/I \cong R'/I'$ が体であることよりしたがう (定理 3.38 (2)). □

3.4.4 中国剰余定理

R は環とし，I, J は R のイデアルとする．このとき，$I \cap J$ もまた R のイデアルである (命題 3.25)．また，$I + J$ を

$$I + J = \{\, x + y \mid x \in I,\, y \in J \,\}$$

と定めると，$I + J$ もまた R のイデアルである (問 3.21)．

問 3.21 I, J が環 R のイデアルならば，$I + J$ も R のイデアルであることを示せ．

定理 3.44 (中国剰余定理) I, J は環 R のイデアルであって，$I \neq R$, $J \neq R$, $I + J = R$ を満たすとする．このとき，次のような環の同型が成り立つ．

$$R/(I \cap J) \cong (R/I) \times (R/J).$$

証明． $x \in R$ の R/I における剰余類 $x + I$ を「$x \bmod I$」と表し，R/J における剰余類 $x + J$ を「$x \bmod J$」と表すことにする．

【ステップ 1】 写像 $f : R \to (R/I) \times (R/J)$ を

$$f : R \ni x \longmapsto (x \bmod I,\ x \bmod J) \in (R/I) \times (R/J)$$

と定めると，f は準同型写像である (証明は省略する)．

【ステップ 2】 $\mathrm{Ker}(f) = I \cap J$ である．実際，$x \in R$ に対して次が成り立つ．

$$x \in \mathrm{Ker}(f) \iff (x \bmod I,\ x \bmod J) = (0 \bmod I,\ 0 \bmod J)$$
$$\iff \lceil x \in I,\, x \in J \rfloor.$$

【ステップ 3】 f は全射である．実際，$1 \in I + J$ より，ある $z \in I, w \in J$ が存在して，$1 = z + w$ が成り立つ．いま，$(R/I) \times (R/J)$ の任意の元 α をとると，$\alpha = (a \bmod I,\ b \bmod J)\,(a, b \in R)$ と表される．そこで $u \in R$ を

$$u = bz + aw$$

とおく．このとき

$$u - a = bz + aw - a(z + w) = (b - a)z \in I,$$

$$u - b = bz + aw - b(z+w) = (a-b)w \in J$$

より，$u \bmod I = a \bmod I$, $u \bmod J = b \bmod J$ となり，$f(u) = \alpha$ が成り立つ．

【ステップ 4】 準同型定理により，求める同型が得られる． □

系 3.45 $m, n \in \mathbb{N}$, $m \geq 2$, $n \geq 2$, $\mathrm{GCD}(m,n) = 1$ とする．$\mathbb{Z}$ のイデアル I, J を $I = (m)$, $J = (n)$ と定める．

(1) $I + J = \mathbb{Z}$ である．
(2) $I \cap J = (mn)$ である．
(3) 環の同型 $\mathbb{Z}/mn\mathbb{Z} \cong (\mathbb{Z}/m\mathbb{Z}) \times (\mathbb{Z}/n\mathbb{Z})$ が存在する．

証明． (1) 系 1.5 より，$xm + yn = 1$ となる整数 x, y が存在する．このとき，$xm \in I$, $yn \in J$ より，$1 \in I + J$ である．よって $I + J = \mathbb{Z}$ である．

(2) $mn \in I \cap J$ より，$(mn) \subset I \cap J$ である．また，任意の $z \in I \cap J$ をとる．$z \in I$ より，$z = qm$ となる $q \in \mathbb{Z}$ が存在する．$z \in J$ より，$n|qm$ であるが，m と n が互いに素であるので，$n|q$ である (系 1.7)．よって，$q = rn$ となる $r \in \mathbb{Z}$ が存在し，$z = rmn \in (mn)$ が成り立つ．したがって，$I \cap J \subset (mn)$ である．以上のことより，$I \cap J = (mn)$ が示される．

(3) (1), (2), および定理 3.44 よりしたがう． □

定理 3.44 と系 3.45 では 2 つのイデアル I, J を扱った．3 つ以上のイデアルに対して一般化することもできるが，本書では立ち入らない．

3.5 商体，標数，素体

環や体に関して，今まで述べなかった基本事項をここにまとめる．

3.5.1 商体

「分数」の概念を一般的に考察してみよう．

R は整域とし，$X = R \times (R \setminus \{0\})$ とする．$(a,b), (a',b') \in X$ に対して
$$(a,b) \sim (a',b') \iff ab' = a'b$$
と定める．

命題 3.46 上の関係 $\sim$ は同値関係である．

証明． 反射律，対称律の確認は省略し，ここでは推移律のみ示す．
$(a,b), (a',b'), (a'',b'') \in X$ が $(a,b) \sim (a',b'), (a',b') \sim (a'',b'')$ を満たすと仮定する．このとき，$ab' = a'b, a'b'' = a''b'$ であるので
$$b'(ab'') = (ab')b'' = (a'b)b'' = b(a'b'') = b(a''b') = b'(a''b)$$
が成り立つ．よって，$b'(ab'' - a''b) = 0$ である．ここで，$b' \neq 0$ であり，R は整域であるので，$ab'' - a''b = 0$ となる．よって，$(a,b) \sim (a'',b'')$ である．
□

この同値関係による X の商集合 $X/\sim$ をあらためて $Q(R)$ と書き，X の元 (a,b) の同値類 $C((a,b))$ をあらためて $\dfrac{a}{b}$ と表す．このとき
$$Q(R) = \left\{ \frac{a}{b} \,\middle|\, a,b \in R, b \neq 0 \right\}$$
である．ここで，$\dfrac{a}{b}, \dfrac{a'}{b'} \in Q(R)$ に対して，次が成り立つ．
$$\frac{a}{b} = \frac{a'}{b'} \iff ab' = a'b.$$

定理 3.47 R は整域とする．$\dfrac{a_1}{b_1}, \dfrac{a_2}{b_2} \in Q(R)$ $(a_i, b_i \in R, b_i \neq 0, i=1,2)$ に対して，次のような演算が定まり，$Q(R)$ は体をなす．
$$\frac{a_1}{b_1} + \frac{a_2}{b_2} = \frac{a_1 b_2 + a_2 b_1}{b_1 b_2}, \quad \frac{a_1}{b_1} \cdot \frac{a_2}{b_2} = \frac{a_1 a_2}{b_1 b_2}.$$
$Q(R)$ の単位元は $\dfrac{1}{1}$，零元は $\dfrac{0}{1}$ である．

証明の概略． まず，演算が well-defined であることを示す．
$X = R \times (R \setminus \{0\})$ において，$(a_1, b_1) \sim (a'_1, b'_1), (a_2, b_2) \sim (a'_2, b'_2)$ であるとする．このとき
$$(a_1 b_2 + a_2 b_1)(b'_1 b'_2) = a_1 b'_1 b_2 b'_2 + a_2 b'_2 b_1 b'_1$$
$$= a'_1 b_1 b_2 b'_2 + a'_2 b_2 b_1 b'_1 = (a'_1 b'_2 + a'_2 b'_1)(b_1 b_2)$$
より，$(a_1 b_2 + a_2 b_1, b_1 b_2) \sim (a'_1 b'_2 + a'_2 b'_1, b'_1 b'_2)$ が得られるので，加法は well-defined である．乗法が well-defined であることも同様に示される．
また，$\dfrac{a_1}{b_1}, \dfrac{a_2}{b_2}, \dfrac{a_3}{b_3} \in Q(R)$ に対して

$$\left(\frac{a_1}{b_1}+\frac{a_2}{b_2}\right)+\frac{a_3}{b_3}=\frac{a_1b_2+a_2b_1}{b_1b_2}+\frac{a_3}{b_3}=\frac{(a_1b_2+a_2b_1)b_3+a_3b_1b_2}{b_1b_2b_3}$$
$$=\frac{a_1b_2b_3+(a_2b_3+a_3b_2)b_1}{b_1b_2b_3}=\frac{a_1}{b_1}+\frac{a_2b_3+a_3b_2}{b_2b_3}=\frac{a_1}{b_1}+\left(\frac{a_2}{b_2}+\frac{a_3}{b_3}\right)$$

などの性質が確かめられるので，$Q(R)$ は環であり，$\frac{1}{1}$ は単位元であり，$\frac{0}{1}$ は零元である．また，$\alpha=\frac{a}{b}\in Q(R)$ が零元でなければ，$a\neq 0$ であるので，$\frac{b}{a}$ が α の逆元となる．よって，$Q(R)$ は体である． □

R を整域とするとき，$\iota:R\to Q(R)$ を
$$\iota:R\ni a\longmapsto \frac{a}{1}\in Q(R)$$
と定めると，ι は準同型写像である (証明は省略)．また，$a,b\in R$ に対して
$$\frac{a}{1}=\frac{b}{1}\iff a=b$$
が成り立つので，ι は単射である．そこで，$a\in R$ と $\frac{a}{1}\in Q(R)$ を同一視することにより，R を $Q(R)$ の部分環とみなすことができる．

命題 3.48 R は整域とし，$\iota:R\to Q(R)$ は上述の準同型写像とする．K は体とし，$f:R\to K$ は単射な準同型写像とする．このとき，単射な準同型写像 $\tilde{f}:Q(R)\to K$ であって，$\tilde{f}\circ\iota=f$ を満たすものが一意的に存在する．

証明． $\tilde{f}:Q(R)\to K$ を $\tilde{f}\left(\frac{a}{b}\right)=f(a)(f(b))^{-1}$ $(a,b\in R, b\neq 0)$ により定める (ここで，$b\neq 0$ であり，f が単射であるので，$f(b)\neq 0$ であることに注意する)．$\frac{a}{b}=\frac{a'}{b'}$ のとき，$ab'=a'b$ であるので，$f(a)f(b')=f(a')f(b)$ が成り立つ．この式に $(f(b))^{-1}(f(b'))^{-1}$ をかければ
$$f(a)(f(b))^{-1}=f(a')(f(b'))^{-1}$$
となる．よって，$\tilde{f}$ は well-defined である．また，任意の $a\in R$ に対して

$$\tilde{f} \circ \iota(a) = \tilde{f}\left(\frac{a}{1}\right) = f(a)(f(1))^{-1} = f(a)$$

であるので，$\tilde{f} \circ \iota = f$ が成り立つ．この $\tilde{f}$ が準同型写像であることの証明は省略する．また，問 3.19 (2) より，$\tilde{f}$ は単射である．この $\tilde{f}$ が命題の条件を満たす唯一の写像であることの証明は読者の演習問題とする (問 3.22)． □

問 3.22 命題 3.48 の条件を満たす $\tilde{f}$ はただ 1 つであることを示せ．

定義 3.49 R は整域とする．上述のように構成した $Q(R)$ と同型な体を R の**商体** (quotient field) とよび，同じ記号 $Q(R)$ を用いて表す．ここで $Q(R)$ はつねに R を部分環として含むものと考える．

例 3.28 有理数体 $\mathbb{Q}$ は $\mathbb{Z}$ の商体である．

例 3.29 体 K 上の多項式環 $K[X_1, X_2, \ldots, X_n]$ の商体を K 上の**有理関数体** (rational function field) とよび，$K(X_1, X_2, \ldots, X_n)$ と表す．

$$K(X_1, X_2, \ldots, X_n) = \left\{ \frac{f}{g} \;\middle|\; f, g \in K[X_1, X_2, \ldots, X_n],\; g \neq 0 \right\}.$$

3.5.2 標数

R は環とし，$a \in R$ とする．特に R は加法群であるので，$n \in \mathbb{Z}$ に対して $na \in R$ が定まる (第 2 章，2.1.1 参照)．

定義 3.50 R は環とする．R の**標数** (characteristic) $\mathrm{char}(R)$ を

$$\mathrm{char}(R) = \begin{cases} \min\{n \in \mathbb{N} \mid n \cdot 1 = 0\} & (\{n \in \mathbb{N} \mid n \cdot 1 = 0\} \neq \emptyset \text{ のとき}) \\ 0 & (\{n \in \mathbb{N} \mid n \cdot 1 = 0\} = \emptyset \text{ のとき}) \end{cases}$$

と定める．

例 3.30 $\mathbb{Z}, \mathbb{Q}, \mathbb{R}, \mathbb{C}$ の標数は 0 である．

命題 3.51 R は整域とする．このとき，$\mathrm{char}(R)$ は 0 または素数である．

証明． $\mathrm{char}(R) = m$ とおく．m が 0 でも素数でもないとする．$1 \neq 0$ より，$m \neq 1$ である．よって，m は合成数であり，$m = rs\,(1 < r < m, 1 < s < m)$ を満たす自然数 r, s が存在する．このとき

$$0 = \underbrace{1+1+\cdots+1}_{rs \text{ 個}} = \underbrace{(1+1+\cdots+1)}_{r \text{ 個}}\underbrace{(1+1+\cdots+1)}_{s \text{ 個}},$$

すなわち, $0 = (r \cdot 1)(s \cdot 1)$ が成り立つ. R は整域であるので, $r \cdot 1 = 0$ または $s \cdot 1 = 0$ となる. これは, $n \cdot 1 = 0$ となる自然数 n のうち, 最小のものが m であることに反する. よって, R の標数は 0 または素数である. □

例 3.31 p を素数とすると, $\mathbb{Z}/p\mathbb{Z}$ は体である (系 1.30). この体を $\mathbb{F}_p$ と表す. $\mathbb{F}_p$ の標数は p である. 実際, $p \cdot \bar{1} = \bar{0}$ であり, $n < p$ ならば $n \cdot \bar{1} \neq \bar{0}$ である ($n \in \mathbb{N}$).

命題 3.52 R は整域とし, $\mathrm{char}(R) = p > 0$ とする.
(1) 任意の $a \in R$ に対して, $pa = 0$ が成り立つ.
(2) 任意の $a, b \in R$ に対して, $(a+b)^p = a^p + b^p$ が成り立つ.
(3) 写像 $F : R \to R$ を $F(a) = a^p$ $(a \in R)$ により定めると, F は準同型写像である.

証明. (1) $pa = p(a \cdot 1) = a(p \cdot 1) = a \cdot 0 = 0$.

(2) 一般に, $(a+b)^p = \sum_{i=0}^{p} \binom{p}{i} a^i b^{p-i}$ が成り立つ (証明は省略する). ここで, $\binom{p}{i} = \frac{p!}{i!(p-i)!}$ である. $1 \leq p \leq n-1$ ならば, $\binom{p}{i}$ は p の倍数であるので, (1) より $\binom{p}{i} a^i b^{p-i} = 0$ となる. よって, 求める等式が得られる.

(3) $F(1) = 1^p = 1$ である. また, $a, b \in R$ に対して
$F(a+b) = (a+b)^p = a^p + b^p = F(a) + F(b)$, $F(ab) = (ab)^p = F(a)F(b)$
が成り立つ. よって, F は準同型写像である. □

命題 3.52 (3) の写像 F は**フロベニウス写像** (Frobenius map) とよばれる.

問 3.23 R は整域とし, $\mathrm{char}(R) = p > 0$ とするとき, 任意の $a, b \in R$ に対して, $(a-b)^p = a^p - b^p$ が成り立つことを示せ.

3.5.3 素体

定義 3.53 自分自身以外に部分体を含まない体を**素体**という.

命題 3.54 K は体とする．$(L_\lambda)_{\lambda \in \Lambda}$ を K のすべての部分体のなす族とし，$F = \bigcap_{\lambda \in \Lambda} L_\lambda$ とおく．

(1) F は K の部分体である．

(2) K の任意の部分体 L は F を含む．

(3) F は素体である．

(4) K の部分体のうち，素体は F のみである．

証明． (1) 命題 3.14 (2) よりしたがう．

(2) $L = L_\mu\,(\mu \in \Lambda)$ と表されるので，$L = L_\mu \supset \bigcap_\lambda L_\lambda = F$ である．

(3) F の任意の部分体 C は，K の部分体でもあるので，(2) より，C は F を含む．したがって，$C = F$ である．よって，F は素体である．

(4) K が素体 F' を部分体として含むとすると，(2) より $F' \supset F$ であるが，F' が素体であるので，$F' = F$ である． □

例 3.32 $\mathbb{Q}$ は素体である．実際，L を $\mathbb{Q}$ の部分体とすると，$1 \in L$ である．加減乗除をくり返せば，1 から任意の有理数が作れるので，$L = \mathbb{Q}$ である．

例 3.33 p を素数とするとき，体 $\mathbb{F}_p$ は素体である．実際，L を $\mathbb{F}_p$ の部分体とすると，L は加法群 $\mathbb{F}_p$ の部分群であるので，定理 2.19 より，群 L の位数は 1 または p である．L は 2 つの元 $0, 1$ を含むので，$L = \mathbb{F}_p$ である．

命題 3.55 K は体とする．準同型写像 $f : \mathbb{Z} \to K$ を

$$f : \mathbb{Z} \ni n \longmapsto n \cdot 1 \in K$$

により定める (f が準同型写像であることの証明は省略する)．

(1) $\mathrm{char}(K) = 0$ ならば，f は単射であり，K に含まれる素体は $\mathbb{Q}$ と同型である．特に K は無限体である．

(2) $\mathrm{char}(K) = p > 0$ ならば，$\mathrm{Ker}(f) = (p)$ であり，K に含まれる素体は $\mathbb{F}_p$ と同型である．

証明． (1) 標数の定義により，$\mathrm{Ker}(f) = (0)$ である．よって，f は単射である (問 3.19 (1))．このとき，単射な準同型写像 $\tilde{f} : \mathbb{Q} \to K$ が存在するので (命題 3.48)，$\tilde{f}(\mathbb{Q})$ は無限体 $\mathbb{Q}$ と同型であり，それは素体である．

(2) $\mathrm{Ker}(f) = (m)\,(m \in \mathbb{Z})$ と表される (定理 3.31)．このとき，$\mathrm{Ker}(f)$ は m の倍数全体の集合である．一方，$n \cdot 1 = 0\,(\Leftrightarrow n \in \mathrm{Ker}(f))$ を満たす $n \in \mathbb{N}$

のうち最小のものが p であるので (標数の定義), $\mathrm{Ker}(f) = (p)$ であることがわかる. このとき, 準同型定理 (定理 3.43) により

$$\mathbb{Z}/p\mathbb{Z} \cong \mathrm{Im}(f) \subset K$$

となるので, $\mathrm{Im}(f)$ は $\mathbb{F}_p$ と同型な素体である. □

3.6 一意分解整域

整数環 $\mathbb{Z}$ においては, 定理 1.10 (素因数分解とその一意性) が成り立つ. ここでは, その一般化について考察する.

3.6.1 既約元と素元

環 R の可逆元全体の集合を R^* と表す. R^* は乗法群をなす (問 1.15).

定義 3.56 R は整域とし, $a, b \in R$ とする.

(1) ある $c \in R$ が存在して, $a = cb$ が成り立つとき, a は b の**倍元**であるといい, b は a の**約元**であるという. このことを $b|a$ と表す.

(2) $b|a$ かつ $a|b$ が成り立つとき, a と b は**同伴**であるという. このことをここでは $a \sim b$ と表す.

命題 3.57 R は整域とし, $a, b \in R \setminus \{0\}$ とする. このとき, 次の 3 つの条件は同値である.

(i) $a \sim b$ である.
(ii) $(a) = (b)$ である.
(iii) ある $u \in R^*$ が存在して, $a = ub$ を満たす.

証明. (i) ⇔ (ii) 「$a|b \Leftrightarrow b \in (a) \Leftrightarrow (b) \subset (a)$」が成り立つ. a と b の役割を入れかえれば, 「$b|a \Leftrightarrow (a) \subset (b)$」も成り立つ.

(i) ⇒ (iii) $b|a, a|b$ より, $a = ub, b = va$ となる u, v が存在する. このとき, $a = ub = uva$ となるので, $a(uv - 1) = 0$ が成り立つ. $a \neq 0$ であり, R が整域であるので, $uv = 1$ である. したがって, u は R の可逆元である.

(iii) ⇒ (i) $a = ub$ より $b|a$ である. $b = u^{-1}a$ より $a|b$ である. □

系 3.58 R は整域とし, $a \in R \setminus \{0\}$ とするとき, 「$a \sim 1 \Leftrightarrow a \in R^*$」が成り立つ.

証明. 命題 3.57 において, $b = 1$ とすればよい. □

問 3.24 R は整域とし,$a, a', b, b' \in R \setminus \{0\}$ とする.

(1) 「$ab = ab' \Rightarrow b = b'$」を示せ.

(2) 「『$a \sim a'$ かつ $b \sim b'$』 $\Rightarrow ab \sim a'b'$」を示せ.

(3) 「『$a \sim a'$ かつ $ab \sim a'b'$』 $\Rightarrow b \sim b'$」を示せ.

定義 3.59 R は整域とし,$p \in R$ は 0 でも可逆元でもないとする.

(1) p が **既約元** (irreducible element) であるとは,p の任意の約元が 1 と同伴であるか,または p と同伴であることをいう.p が既約元でないとき,p は **可約元** (reducible element) であるという.

(2) p が **素元** (prime element) であるとは,$p|ab$ を満たす R の任意の元 a, b について,$p|a$ または $p|b$ が成り立つことをいう.

整域 R の 0 でも可逆元でもない元 p が可約元であることは

$$p = ab \quad (a \not\sim 1, \ b \not\sim 1)$$

を満たす $a, b \in R$ が存在することと同値である.

整数環 $\mathbb{Z}$ において,素数 p は既約元であり,素元でもある (系 1.8).

命題 3.60 R は整域とし,$p \in R$ は 0 でも可逆元でもないとする.

(1) 「p は素元 $\Leftrightarrow (p)$ は素イデアル」が成り立つ.

(2) 「p は素元 $\Rightarrow p$ は既約元」が成り立つ.

(3) R が単項イデアル整域のとき,「p は既約元 $\Rightarrow (p)$ は極大イデアル」が成り立つ.

(4) R が単項イデアル整域のとき,「p は素元 $\Leftrightarrow p$ は既約元」が成り立つ.

証明. (1) p が可逆元でないので,問 3.9 より,$(p) \neq R$ である.$a, b \in R$ に対して,「$p|ab \Leftrightarrow ab \in (p)$」,「$p|a \Leftrightarrow a \in (p)$」,「$p|b \Leftrightarrow b \in (p)$」が成り立つことより,求める結論が得られる (素元と素イデアルの定義を見比べよ).

(2) p は素元とする.$a \in R$ が p の約元ならば,ある $b \in R$ に対して $p = ab$ となる.このとき,特に $p|ab$ であるので,$p|a$ または $p|b$ が成り立つ.$p|a$ のとき,$p|a$ かつ $a|p$ であるので,$a \sim p$ である.同様に,$p|b$ のとき,$b \sim p$ であるので,$a \sim 1$ である.よって,p は既約元である.

(3) p は既約元とし,R のイデアル J が $(p) \subset J$ を満たすとする.R は単項イデアル整域であるので,$J = (d)$ となる $d \in R$ がとれる.このとき,$p \in J$

より $d|p$ となるので，$d \sim 1$ または $d \sim p$ が成り立つ．$d \sim 1$ ならば $J = R$ であり，$d \sim p$ ならば $J = (p)$ である．よって，(p) は極大イデアルである．

(4) (3), 系 3.39, (1) より

p は既約元 $\Longrightarrow$ (p) は極大イデアル $\Longrightarrow$ (p) は素イデアル $\Longrightarrow$ p は素元

が成り立つ．(2) とあわせれば，求める結論が得られる． □

問 3.25 p, p' が整域 R の既約元であるとき，「$p|p' \Rightarrow p \sim p'$」を示せ．

3.6.2 一意分解整域

R は整域とし，$a \in R$ は 0 でも可逆元でもないとする．a が

$$a = p_1 p_2 \cdots p_r \quad (各 p_i は既約元, 1 \leq i \leq r)$$

と表されるとき，これを a の**既約分解**という．また，a が

$$a = q_1 q_2 \cdots q_s \quad (各 q_j は素元, 1 \leq j \leq s)$$

と表されるとき，これを a の**素元分解**という．

定義 3.61 整域 R が次の 2 つの条件を満たすとき，R は**一意分解整域** (unique factorization domain, 略して UFD) であるという．

(i) R の 0 でも可逆元でもない任意の元 a は既約分解を持つ．

(ii) 上の既約分解は順序と可逆元の積を除けば一意的である．すなわち

$$a = p_1 p_2 \cdots p_r = p'_1 p'_2 \cdots p'_s$$

(p_i, p'_j は既約元，$1 \leq i \leq r, 1 \leq j \leq s$) と表されるとき，$r = s$ であり，必要に応じて $p'_1, \ldots, p'_s$ の順序を入れかえれば，各 $i\,(1 \leq i \leq r)$ に対して，$p_i \sim p'_i$ となる．

補題 3.62 R は一意分解整域とする．$p \in R$ が既約元ならば，p は素元である．よって，この場合，「p が素元 $\Leftrightarrow$ p が既約元」が成り立つ．

証明． p は既約元とする．$a, b \in R$ が $p|ab$ を満たすとすると，ある $c \in R$ に対して，$ab = pc$ が成り立つ．a, b, c の既約分解を

$$a = p_1 p_2 \cdots p_r, \quad b = p_{r+1} p_{r+2} \cdots p_{r+s}, \quad c = q_1 q_2 \cdots q_t$$

($p_1, \ldots, p_{r+s}, q_1, \ldots, q_t$ は既約元) とすると

$$p_1 \cdots p_r p_{r+1} \cdots p_{r+s} = p q_1 \cdots q_t$$

が成り立つ．R の元の既約分解の一意性 (定義 3.61 の条件 (ii)) より，p はある $p_j\,(1 \leq j \leq r+s)$ と同伴である．$p \sim p_j\,(1 \leq j \leq r)$ ならば $p|a$ であり，$p \sim p_j\,(r+1 \leq j \leq r+s)$ ならば $p|b$ であるので，p は素元である．   □

補題 3.63 a は整域 R の 0 でも可逆元でもない元とする．$p_i\,(1 \leq i \leq r)$ は R の素元とし，$q_j\,(1 \leq j \leq s)$ は既約元とし，次が成り立つと仮定する．

$$a \sim p_1 p_2 \cdots p_r \sim q_1 q_2 \cdots q_s.$$

このとき，$r = s$ であり，必要に応じて $q_1, \ldots, q_s$ の順序を入れかえれば

$$p_i \sim q_i \quad (1 \leq i \leq r)$$

となる．特に，a の素元分解は順序と可逆元の積を除けば一意的である．

証明． r に関する帰納法を用いる．$r = 1$ のとき，$a \sim p_1 \sim q_1 \cdots q_s$ であるが，命題 3.60 (2) より p_1 は既約元であるので，$s = 1$ であり，$p_1 \sim q_1$ となる．そこで，$r \geq 2$ とし，a が $(r-1)$ 個以下の素元の積に分解されるときは結論が成り立つと仮定する．$a \sim p_1 p_2 \cdots p_r \sim q_1 q_2 \cdots q_s$ であるとき，$p_1 | q_1 \cdots q_s$ であり，p_1 は素元であるので，ある $q_j\,(1 \leq j \leq s)$ に対して，$p_1 | q_j$ が成り立つ．このとき，問 3.25 により，$p_1 \sim q_j$ となる．必要ならば番号を入れかえて，$p_1 \sim q_1$ とする．このとき，問 3.24 (3) より

$$p_2 \cdots p_r \sim q_2 \cdots q_s$$

が成り立つので，帰納法の仮定により，$r-1 = s-1$ であり，必要に応じて順序を入れかえれば，$p_i \sim q_i\,(2 \leq i \leq r)$ となる．

したがって，$r = s$ であり，$p_i \sim q_i\,(1 \leq i \leq r)$ が成り立つ．   □

命題 3.64 R は整域とする．このとき，次の 2 つの条件は同値である．

(a) R は一意分解整域である．
(b) 0 でも可逆元でもない R の任意の元は素元分解を持つ．

証明． (a) $\Rightarrow$ (b) 一意分解整域の定義と補題 3.62 よりしたがう．
(b) $\Rightarrow$ (a) R の 0 でも可逆元でもない元 a が素元分解

$$a = p_1 p_2 \cdots p_r \quad (p_i \text{ は素元}, \ 1 \leq i \leq r) \tag{3.6}$$

を持つとすると，命題 3.60 (2) により，式 (3.6) は a の 1 つの既約分解を与える．さらに，補題 3.63 により，a の任意の既約分解は，順序と可逆元の積を除けば，式 (3.6) と一致する．よって，a の既約分解は順序と可逆元の積を除いて一意的である．   □

一意分解整域は**素元分解整域**ともよばれる.

3.6.3 単項イデアル整域は一意分解整域である

補題 3.65 環 R のイデアルの族 $(I_i)_{i\in\mathbb{N}}$ が
$$I_1 \subset I_2 \subset \cdots \subset I_n \subset I_{n+1} \subset \cdots$$
を満たすとし, $I = \bigcup_{i=1}^{\infty} I_i$ とおく.

(1) I は R のイデアルである.

(2) R が単項イデアル整域ならば, ある自然数 N が存在して
$$I_N = I_{N+1} = I_{N+2} = \cdots = I$$
が成り立つ.

証明. (1) 読者の演習問題とする (問 3.26).

(2) R が単項イデアル整域ならば, ある $a \in R$ に対して $I = (a)$ となる. このとき, $a \in I = \bigcup_{i=1}^{\infty} I_i$ より, ある $N \in \mathbb{N}$ に対して $a \in I_N$ となるので
$$I = (a) \subset I_N \subset I_{N+1} \subset I_{N+2} \subset \cdots \subset I$$
が成り立つ. 最左辺と最右辺が等しいことに注意すれば
$$I_N = I_{N+1} = I_{N+2} = \cdots = I$$
が得られる. □

問 3.26 補題 3.65 (1) を証明せよ.

定理 3.66 R が単項イデアル整域ならば, R は一意分解整域である.

証明. 【ステップ 1】 0 でも可逆元でもない R の任意の元 a が既約分解を持つことを背理法によって示す. a が既約分解を持たないならば, a は既約元でない (a が既約元ならば, a は 1 個の既約元 a の積である). したがって
$$a = bc \quad (b, c \in R,\ b \not\sim 1,\ b \not\sim a,\ c \not\sim 1,\ c \not\sim a)$$
を満たす b, c が存在する. b も c も既約分解を持つならば, $a = bc$ も既約分解を持ち, 仮定に反する. よって, b, c のうち, 少なくとも一方は既約分解を持たない. たとえば b が既約分解を持たないとし, あらためて $a_1 = b$ とおくと
$$(a) \subsetneq (a_1)$$

が成り立つ (問 3.27). さらに, a_1 が既約分解を持たないことより, 上と同様の議論を用いれば, ある $a_2 \in R$ が存在して, $(a_1) \subsetneq (a_2)$ となることがわかる. 同様の議論を続けることにより, イデアルの無限列

$$(a) \subsetneq (a_1) \subsetneq (a_2) \subsetneq \cdots \subsetneq (a_n) \subsetneq (a_{n+1}) \subsetneq \cdots$$

ができる. これは補題 3.65 (2) に反する. したがって, a は既約分解を持つ.

【ステップ 2】 命題 3.60 (4) により R の既約元は素元であるので, 0 でも可逆元でもない R の任意の元は素元分解を持つ. よって, 命題 3.64 により, R は一意分解整域である. □

問 3.27 整域 R の 0 でない元 a, b, c が $a = bc$, $b \not\sim 1$, $b \not\sim a$, $c \not\sim 1$, $c \not\sim a$ を満たすならば, $(a) \subsetneq (b)$ が成り立つことを示せ.

$\mathbb{Z}$ や $K[X]$ (K は体とする) は単項イデアル整域であるので (定理 3.31, 定理 3.32), 定理 3.66 により, これらは一意分解整域である.

3.6.4 既約多項式

小節 3.6.6 において, 定理 3.77 を証明する. これからしばらく, そのために必要なことがらを準備する.

定義 3.67 R は整域とし, $f(X) \in R[X] \setminus R$ とする.

$$f(X) = g(X)h(X), \quad 1 \leq \deg(g) < \deg(f), \; 1 \leq \deg(h) < \deg(f)$$

を満たす $g(X), h(X) \in R[X]$ が存在するとき, $f(X)$ は $R[X]$ における**可約多項式**であるといい, そうでないとき, **既約多項式**であるという.

補題 3.68 R は整域とする.

(1) 多項式環 $R[X]$ の可逆元全体の集合 $(R[X])^*$ は R の可逆元全体の集合 R^* と一致する. 特に, $g(X) \in R[X]$ が $\deg(g) \geq 1$ を満たすならば, $g(X)$ は環 $R[X]$ の可逆元ではない.

(2) さらに, R は体とする. このとき, $(R[X])^* = R \setminus \{0\}$ である. 特に, $\varphi(X) \in R[X] \setminus \{0\}$ が $R[X]$ の可逆元でないならば, $\deg(\varphi) \geq 1$ である.

証明. (1) u が R の可逆元ならば, u は $R[X]$ の可逆元でもある. $g(X)$ が $R[X]$ の可逆元ならば, ある $h(X) \in R[X]$ が存在して, $g(X)h(X) = 1$

を満たす．このとき，$\deg(g) + \deg(h) = 0$ より (命題 3.5 (1))，$\deg(g) = \deg(h) = 0$ である．よって，$g, h \in R$ であり，g は R の可逆元である．

(2) R が体ならば $R^* = R \setminus \{0\}$ であるので，(1) より $(R[X])^* = R \setminus \{0\}$ である．したがって，$\varphi(X) \in R[X] \setminus \{0\}$ が $R[X]$ の可逆元でないならば，$\varphi(X) \notin R \setminus \{0\}$ であり，$\deg(\varphi) \geq 1$ である． □

命題 3.69 R は整域とし，$f(X) \in R[X] \setminus R$ とする．

(1) $f(X)$ が $R[X]$ の既約元ならば，$f(X)$ は $R[X]$ における既約多項式である．

(2) R が体ならば，(1) の逆も成り立つ．すなわち，$f(X)$ が $R[X]$ における既約多項式ならば，$f(X)$ は $R[X]$ の既約元である．

証明． (1) 対偶を示す．$f(X)$ が $R[X]$ における可約多項式ならば
$$f(X) = g(X)h(X), \quad \deg(g) \geq 1, \ \deg(h) \geq 1$$
を満たす $g(X), h(X) \in R[X]$ が存在する．このとき，補題 3.68 (1) より，$g(X), h(X)$ は $R[X]$ の可逆元でないので，$f(X)$ は $R[X]$ の既約元でない．

(2) 対偶を示す．$f(X)$ が $R[X]$ の可約元ならば
$$f(X) = \varphi(X)\psi(X), \quad \varphi(X) \not\sim 1, \ \psi(X) \not\sim 1$$
となる $\varphi(X), \psi(X) \in R[X]$ が存在する．このとき，補題 3.68 (2) より
$$\deg(\varphi) \geq 1, \quad \deg(\psi) \geq 1$$
が成り立つので，$f(X)$ は $R[X]$ における可約多項式である． □

命題 3.70 R は整域とし，$f(X) \in R[X] \setminus R$ とする．このとき，$f(X)$ は $R[X]$ における有限個の既約多項式の積として表される．

証明． $\deg(f) = n$ に関する帰納法を用いる．$n = 1$ ならば $f(X)$ は $R[X]$ における既約多項式であるので，命題の結論は正しい．そこで，$n \geq 2$ とし，1 次以上 $(n-1)$ 次以下の多項式については命題の結論が成り立つと仮定する．n 次多項式 $f(X)$ が $R[X]$ における既約多項式ならば，命題の結論は正しい．そうでなければ
$$f(X) = g(X)h(X) \quad (1 \leq \deg(g) < \deg(f),\ 1 \leq \deg(h) < \deg(f))$$
を満たす $g(X), h(X) \in R[X]$ が存在する．このとき，帰納法の仮定により，$g(X), h(X)$ はいずれも有限個の既約多項式の積であるので，$f(X)$ も有限個の既約多項式の積として表される． □

3.6.5 原始多項式とガウスの補題

R は一意分解整域とし，$a, b \in R \setminus \{0\}$ とすると
$$a = u p_1^{e_1} p_2^{e_2} \cdots p_n^{e_n}, \quad b = v p_1^{f_1} p_2^{f_2} \cdots p_n^{f_n}$$
(u, v は可逆元，$p_1, \ldots, p_n$ は互いに同伴でない素元，$e_1, \ldots, e_n, f_1, \ldots, f_n$ は非負整数) と表される．実際，a, b いずれかの素元分解にあらわれるすべての素元を同伴なものごとにまとめればよい (その際，たとえば p_i と同伴な素元が a の素元分解にあらわれなければ，$e_i = 0$ とする)．そこで
$$g_i = \min\{e_i, f_i\}, \ h_i = \max\{e_i, f_i\} \quad (1 \le i \le n)$$
とおき，$p_1^{g_1} p_2^{g_2} \cdots p_n^{g_n}$ と同伴な元を a と b の**最大公約元**とよび，$p_1^{h_1} p_2^{h_2} \cdots p_n^{h_n}$ と同伴な元を a と b の**最小公倍元**とよぶ．最大公約元や最小公倍元は，可逆元の積を除いて一意的に定まる．a と b の任意の公約元 (共通の約元) は最大公約元の約元であり，公倍元 (共通の倍元) は最小公倍元の倍元である (確認は読者にゆだねる)．

a と b の最大公約元が 1 と同伴であるとき，a と b は**互いに素**であるという．3 つ以上の元の最大公約元や最小公倍元も同様に定める．

定義 3.71 R は一意分解整域とする．多項式
$$f(X) = \sum_{i=0}^{n} a_i X^i \in R[X] \setminus \{0\} \quad (a_i \in R, \ 0 \le i \le n)$$
に対して，$a_0, a_1, \ldots, a_n$ のうちの 0 でない元の最大公約元を $c(f)$ と表し，$f(X)$ の**内容** (content) とよぶ．$c(f) \sim 1$ のとき，$f(X)$ は**原始多項式** (primitive polynomial) であるという．

$f(X) \in R[X] \setminus \{0\}$ とする．このとき，$f(X) = c(f)g(X)$ を満たす原始多項式 $g(X) \in R[X] \setminus \{0\}$ が存在する．以下，この $g(X)$ を $f^*(X)$ と表すことにする．$c(f)$ と $f^*(X)$ は R の可逆元の積を除いて一意的に定まる．

たとえば，$f(X) = 2X + 6 \in \mathbb{Z}[X]$ とすると
$$c(f) \sim 2, \quad f^*(X) \sim X + 3$$
である．

次の補題はガウス (Gauss) の補題とよばれる．

補題 3.72 (ガウスの補題) R は一意分解整域とする．このとき，2 つの原始多項式 $f(X), g(X) \in R[X] \setminus \{0\}$ の積 $f(X)g(X)$ も原始多項式である．

証明. $\deg(f) = m$, $\deg(g) = n$ とし
$$f(X) = \sum_i a_i X^i, \quad g(X) = \sum_j b_j X^j$$
とする．ここで，$i > m$ ならば $a_i = 0$ とし，$j > n$ ならば $b_j = 0$ とする．$f(X)g(X)$ が原始多項式でないとすると，$p|f(X)g(X)$ となる素元 $p \in R$ が存在する．$f(X)$ は原始多項式であるので
$$p|a_i \ (0 \leq i \leq k-1), \quad p \nmid a_k$$
を満たす $k\,(0 \leq k \leq m)$ が存在する．同様に
$$p|b_j \ (0 \leq j \leq l-1), \quad p \nmid b_l$$
を満たす $l\,(0 \leq l \leq n)$ が存在する．$f(X)g(X)$ の X^{k+l} の係数は
$$a_0 b_{k+l} + \cdots + a_{k-1}b_{l+1} + a_k b_l + a_{k+1}b_{l-1} + \cdots + a_{k+l}b_0$$
であるが，$p|f(X)g(X)$ であるので，これは p の倍元である．一方，k, l の選び方より，$a_i\,(0 \leq i \leq k-1), b_j\,(0 \leq j \leq l-1)$ は p の倍元であるので
$$a_0 b_{k+l}, \ldots, a_{k-1}b_{l+1}, \quad a_{k+1}b_{l-1}, \cdots, a_{k+l}b_0$$
は p の倍元である．よって，$p|a_k b_l$ となるが，$p \nmid a_k, p \nmid b_l$ であるので，p が素元であることに反する．したがって，$f(X)g(X)$ は原始多項式である． □

系 3.73 R は一意分解整域とする．多項式 $f(X), g(X) \in R[X] \setminus \{0\}$ に対して，$c(fg) \sim c(f)c(g)$ が成り立つ．

証明. $f(X) = c(f)f^*(X), g(X) = c(g)g^*(X)\,(f^*(X), g^*(X)$ は原始多項式$)$ と表すと，次が成り立つ．
$$f(X)g(X) = c(f)c(g)f^*(X)g^*(X).$$
補題 3.72 より $f^*(X)g^*(X)$ は原始多項式であるので，$c(fg) \sim c(f)c(g)$ がしたがう． □

系 3.74 R は一意分解整域とし，$f(X) \in R[X] \setminus \{0\}$ は原始多項式とする．ある $a \in R \setminus \{0\}, g(X) \in R[X] \setminus \{0\}$ に対して $f(X)|ag(X)$ が成り立つと仮定する．このとき，$f(X)|g(X)$ が成り立つ．

証明. $f(X)|ag(X)$ とすると，ある $h(X) \in R[X]$ に対して $ag(X) = f(X)h(X)$ が成り立つ．そこで $g(X) = c(g)g^*(X), h(X) = c(h)h^*(X)$ と表すと

$$ag(X) = ac(g)g^*(X) = c(h)f(X)h^*(X) \tag{3.7}$$

が成り立つ．$f(X), h^*(X)$ は原始多項式であるので，補題 3.72 より $f(X)h^*(X)$ も原始多項式である．一方，$g^*(X)$ も原始多項式であるので，式 (3.7) より $ac(g) \sim c(h)$ がしたがう．特に $a|c(h)$ であるので，$c(h) = ab$ となる $b \in R$ が存在する．これを式 (3.7) に代入すれば

$$ag(X) = abf(X)h^*(X)$$

が得られる．ここで，$a \neq 0$ であり，$R[X]$ は整域であるので (命題 3.5 (2))

$$g(X) = bf(X)h^*(X)$$

が成り立つ (問 3.24 (1))．よって，$f(X)|g(X)$ が示される． □

定理 3.75 R は一意分解整域とし，$K = Q(R)$ は R の商体とする．

(1) $f(X) \in R[X] \setminus \{0\}$ が $K[X]$ 内で

$$f(X) = g_1(X)g_2(X) \quad (g_1(X), g_2(X) \in K[X])$$

と分解するとする．このとき，$c_1, c_2 \in R \setminus \{0\}$ をうまく選んで

$$h_1(X) = c_1 g_1(X),\ h_2(X) = c_2 g_2(X)$$

とおくと，$h_1(X), h_2(X) \in R[X]$ となる．さらに

$$h_1(X) = c(h_1)h_1^*(X), \quad h_2(X) = c(h_2)h_2^*(X)$$

と表すとき，ある $a \in R$ が存在して，次が成り立つ．

$$f(X) = ah_1^*(X)h_2^*(X).$$

(2) $f(X) \in R[X] \setminus R$ について，$f(X)$ が $R[X]$ における既約多項式であることと，$f(X)$ が $K[X]$ における既約多項式であることは同値である．

証明． (1) $g_i(X)$ の各係数を R の元を分母と分子に持つ分数の形に表し，すべての分母の積を c_i とおけば，$h_i(X) = c_i g_i(X) \in R[X]$ $(i = 1, 2)$ となって

$$c_1 c_2 f(X) = h_1(X)h_2(X) = c(h_1)c(h_2)h_1^*(X)h_2^*(X)$$

が成り立つ．特に，$R[X]$ において，次が成り立つ．

$$h_1^*(X)h_2^*(X) \,|\, c_1 c_2 f(X).$$

補題 3.72 より，$h_1^*(X)h_2^*(X)$ は原始多項式であるので，$R[X]$ において

$$h_1^*(X)h_2^*(X) \,|\, f(X)$$

が成り立つ (系 3.74). このとき, $\deg(f) = \deg(g_1 g_2) = \deg(h_1^* h_2^*)$ であるので, ある $a \in R$ に対して $f(X) = a h_1^*(X) h_2^*(X)$ となる.

(2) $R[X]$ 内の可約多項式は, $K[X]$ 内の可約多項式でもある. また, (1) より, $K[X]$ 内の可約多項式は $R[X]$ 内の可約多項式でもある. □

例題 3.4 $f(X) = X^2 - 2$ が $\mathbb{Q}[X]$ における既約多項式であることを示し, そのことを用いて, $\sqrt{2}$ が無理数であることを証明せよ.

【解答】 $\mathbb{Z}$ は一意分解整域であり, $\mathbb{Q}$ は $\mathbb{Z}$ の商体であることに注意する. 仮に, $f(X)$ が $\mathbb{Q}[X]$ における可約多項式であるとすると, 定理 3.75 (2) より, $f(X)$ は $\mathbb{Z}[X]$ における可約多項式である. このとき, $f(X)$ は
$$f(X) = (X - \alpha)(X - \beta) \quad (\alpha, \beta \in \mathbb{Z})$$
と分解される. $\alpha\beta = -2$ より, α は $\pm 1, \pm 2$ のいずれかであるが, $f(1), f(-1), f(2), f(-2)$ のいずれも 0 でないので, 矛盾する. よって, $f(X)$ は $\mathbb{Q}[X]$ における既約多項式であり, $f(X) = 0$ は $\mathbb{Q}$ 内に根を持たない. 一方, $f(\sqrt{2}) = 0$ である. よって, $\sqrt{2}$ は無理数である. □

問 3.28 R は一意分解整域とし, $K = Q(R)$ とする. $f(X) \in R[X] \setminus \{0\}$ は原始多項式とし, $g(X) \in R[X]$ とする. $K[X]$ において $f(X) | g(X)$ が成り立つならば, $R[X]$ において $f(X) | g(X)$ が成り立つことを示せ.

3.6.6　一意分解整域上の多項式環は一意分解整域である

命題 3.76 R は一意分解整域とする. $R[X]$ の素元全体の集合を P_1 とし, R の素元全体の集合を P_2 とする. また, $R[X]$ 内の次数 1 以上の多項式であって, $R[X]$ における既約多項式であり, かつ原始多項式であるもの全体の集合を P_3 とする. このとき
$$P_1 = P_2 \cup P_3$$
が成り立つ.

証明. 【ステップ 1】 $P_1 \subset P_2 \cup P_3$ を示す. $f(X)$ は $R[X]$ の任意の素元とする. $\deg(f) = 0$ ならば, $f(X) \in R$ である. このとき, $f(X)$ は R の素元である (問 3.29 (2)). そこで, $\deg(f) \geq 1$ とすると, $f(X)$ は既約元であるので (命題 3.60 (2)), $f(X)$ は $R[X]$ における既約多項式である (命題 3.69 (1)). ここで, $f(X) = c(f) f^*(X)$ と表す. もし $c(f) \not\sim 1$ ならば, 系 3.58

と補題 3.68 (1) より，$c(f), f^*(X)$ はいずれも $R[X]$ の可逆元でないので，$f(X)$ が $R[X]$ の既約元であることに反する．よって，$c(f) \sim 1$ であり，$f(X)$ は原始多項式である．以上のことより，$P_1 \subset P_2 \cup P_3$ が示される．

【ステップ 2】 $P_2 \subset P_1$ を示す．p を R の素元とし，$g_1(X), g_2(X) \in R[X]$ に対して，$p|g_1(X)g_2(X)$ が成り立つとすると，$p|c(g_1g_2)$ である．系 3.73 より $c(g_1g_2) \sim c(g_1)c(g_2)$ であるので，$p|c(g_1)c(g_2)$ となるが，p が R の素元であるので，$p|c(g_1)$ または $p|c(g_2)$ である．$p|c(g_1)$ ならば $p|g_1(X)$ であり，$p|c(g_2)$ ならば $p|g_2(X)$ であるので，p は $R[X]$ の素元である．したがって，$P_2 \subset P_1$ である．

【ステップ 3】 $P_3 \subset P_1$ を示す．$\varphi(X) \in R[X] \setminus R$ は $R[X]$ における既約多項式かつ原始多項式とし，$h_1(X), h_2(X) \in R[X]$ に対して $\varphi(X)|h_1(X)h_2(X)$ が成り立つとする．K を R の商体とすると，$\varphi(X)$ は $K[X]$ における既約多項式である (定理 3.75 (2))．よって，$\varphi(X)$ は $K[X]$ の既約元である (命題 3.69 (2))．$K[X]$ は単項イデアル整域であるので (定理 3.32)，$\varphi(X)$ は $K[X]$ の素元である (命題 3.60 (4))．よって，$K[X]$ において $\varphi(X)|h_1(X)$ または $\varphi(X)|h_2(X)$ が成り立つ．このとき，問 3.28 により，$R[X]$ において $\varphi(X)|h_1(X)$ または $\varphi(X)|h_2(X)$ が成り立つ．したがって，$\varphi(X)$ は $R[X]$ の素元である．よって，$P_3 \subset P_1$ である．

【ステップ 4】 ステップ 2 とステップ 3 より，$P_2 \cup P_3 \subset P_1$ が得られる．ステップ 1 とあわせれば，$P_1 = P_2 \cup P_3$ が示される． □

問 3.29 R は整域とし，$f, g \in R \setminus \{0\}$ とする．

(1) R において $f|g$ であることと，f, g を多項式環 $R[X]$ の元とみたときに $R[X]$ において $f|g$ であることとは，同値であることを示せ．

(2) f を $R[X]$ の元とみたとき，f は $R[X]$ の素元であるとする．このとき，f は R の素元であることを示せ．

定理 3.77 R は一意分解整域とする．このとき，多項式環 $R[X]$ も一意分解整域である．

証明． $f(X) \in R[X]$ は 0 でも可逆元でないとする．このとき，$f(X)$ が素元分解を持つことを示す．

$\deg(f) = 0$ ならば，$f(X) \in R$ であり，$f(X)$ は有限個の R の素元の積に分解される．命題 3.76 より，R の素元は $R[X]$ の素元でもあるので，$f(X)$

は $R[X]$ において素元分解を持つことがわかる.

そこで, $\deg(f) \geq 1$ とする. $f(X) = c(f)f^*(X)$ と表す. $c(f)$ が R の可逆元でなければ $c(f)$ は有限個の R の素元 (それは $R[X]$ の素元でもある) の積に分解される. また, 命題 3.70 により, $f^*(X)$ は
$$f^*(X) = g_1(X)g_2(X)\cdots g_r(X)$$
$(g_i(X) \in R[X] \setminus R,$ 各 g_i は既約多項式, $1 \leq i \leq r)$ と表される. さらに
$$g_i(X) = c(g_i)g_i^*(X) \quad (1 \leq i \leq r)$$
と表すと, $f^*(X)$ が原始多項式であるので, 系 3.73 より
$$1 \sim c(g_1)c(g_2)\cdots c(g_r)$$
が得られる. このとき, すべての $c(g_i)\,(1 \leq i \leq r)$ は可逆元である (問 3.30). よって, 各 $g_i(X)$ は原始多項式かつ既約多項式であり, 命題 3.76 より, それらは $R[X]$ の素元である. したがって, このときも $f(X)$ は素元分解を持つ.

よって, $R[X]$ は一意分解整域である. □

問 3.30 R は整域とし, $a_1, a_2, \ldots, a_r \in R$ とする. $a_1 a_2 \cdots a_r$ が R の可逆元ならば, 各 $a_i\,(1 \leq i \leq r)$ は R の可逆元であることを示せ.

系 3.78 一意分解整域 R 上の n 変数多項式環 $R[X_1, X_2, \ldots, X_n]$ は一意分解整域である.

証明. n に関する帰納法を用いればよい. □

3.6.7 アイゼンシュタインの判定法

与えられた多項式が既約多項式であるかどうかを判定することは, 一般には容易でないことが多いが, たとえば次のような判定法がある.

定理 3.79 (アイゼンシュタイン (Eisenstein) の判定法) R は一意分解整域とし, K は R の商体とする.
$$f(X) = a_0 + a_1 X + \cdots + a_n X^n \in R[X] \quad (n \geq 1)$$
に対して, 次の条件を満たす R の素元 p が存在すると仮定する.
$$p|a_0,\ \ldots,\ p|a_{n-1},\ p \nmid a_n,\ p^2 \nmid a_0$$
このとき, $f(X)$ は $K[X]$ における既約多項式である.

証明. 定理 3.75 により, $f(X)$ が $R[X]$ における既約多項式であることを示せば十分である. 仮に $f(X)$ が $R[X]$ における可約多項式であるとすると

$$f(X) = g(X)h(X) \quad (1 \leq \deg(g) < \deg(f),\ 1 \leq \deg(h) < \deg(f))$$

を満たす $g(X), h(X) \in R[X]$ が存在する. $g(X), h(X)$ を

$$g(X) = \sum_i b_i X^i, \quad h(X) = \sum_i c_i X^i$$

と表すと, $a_0 = b_0 c_0$ である. 仮定より $p|a_0$, $p^2 \nmid a_0$ であるので, b_0, c_0 のどちらか一方のみが p の倍元である. そこで, $p|b_0$, $p \nmid c_0$ として一般性を失わない. ここで, a_n は $g(X)$ と $h(X)$ の最高次係数の積であり, $p \nmid a_n$ であるので, $g(X)$ の最高次係数は p の倍元でない. したがって

$$p|b_0, \ldots, p|b_{l-1},\ p \nmid b_l, \quad l \leq \deg(g)$$

を満たす正整数 l が存在する. このとき

$$a_l = \sum_{k=0}^{l} b_k c_{l-k} = \sum_{k=0}^{l-1} b_k c_{l-k} + b_l c_0 \tag{3.8}$$

が成り立つ. $l \leq \deg(g) < n$ より, $p|a_l$ である. また, $0 \leq k \leq l-1$ ならば $p|b_k$ であるので, $\sum_{k=0}^{l-1} b_k c_{l-k}$ は p の倍元である. よって, 式 (3.8) により, $b_l c_0$ は p の倍元である. しかし, b_l, c_0 はどちらも p の倍元でない. これは p が素元であることに反する. よって, $f(X)$ は $R[X]$ における既約多項式であり, したがって, $K[X]$ における既約多項式である. □

例 3.34 $n \in \mathbb{N}$ とし, p を素数とすると, $f(X) = X^n - p$ は $\mathbb{Q}[X]$ における既約多項式である. 実際, $R = \mathbb{Z}$ と素数 p に対して定理 3.79 が適用できる.

第 4 章

環上の加群

　この章では，環上の加群について述べる．一般論を述べたのち，単項イデアル整域上の有限生成加群の構造を論じ，アーベル群の基本定理を証明する．

4.1　基本事項

環上の加群や，準同型写像 (線形写像) など，基本事項を述べる．

4.1.1　環上の加群

以下，特に断らない限り，R は環とする．

定義 4.1　空でない集合 M が次の条件を満たすとき，M は**環 R 上の加群**，あるいは，R **加群** (R-module) であるという．

(I) M は加法群である．すなわち，M 上に加法が定義され，その加法に関して M はアーベル群である．

(II) R の元 a と M の元 x に対して M の元 ax を対応させる作用

$$R \times M \ni (a, x) \longmapsto ax \in M$$

が定まり，次の条件を満たす．

(i) 任意の $a \in R$，任意の $x, y \in M$ に対して，$a(x+y) = ax + ay$．
(ii) 任意の $a, b \in R$，任意の $x \in M$ に対して，$(a+b)x = ax + bx$．
(iii) 任意の $a, b \in R$，任意の $x \in M$ に対して，$(ab)x = a(bx)$．
(iv) 任意の $x \in M$ に対して，$1_R \cdot x = x$ (1_R は R の単位元)．

問 4.1　M は R 加群とし，$x \in M$ とする．

(1) $0_R \cdot x = 0_M$ を示せ (0_R は R の零元，0_M は M の零元)．
(2) $(-1_R) \cdot x = -x$ を示せ (1_R は R の単位元，$-x$ は $x \in M$ の加法に関する逆元)．

特に混乱のない限り，R, M の零元は単に 0 と表し，R の単位元は 1 と表す．

例 4.1 R が体ならば，R 加群は R 上の**線形空間** (ベクトル空間) である．

例 4.2 G を加法群とするとき，$n \in \mathbb{Z}, x \in G$ に対して，$nx \in G$ が定まった (2.1 節参照)．この作用により，G は自然に $\mathbb{Z}$ 加群となる．今後しばしば，このようにして，加法群を $\mathbb{Z}$ 加群とみなす．

例 4.3 $M = \{0\}$ (ただ 1 つの元 0 からなる集合) とするとき，$0 + 0 = 0$, $x \cdot 0 = 0 (x \in R)$ と定めることにより，M は R 加群となる．この M を**零 R 加群**，あるいは単に**零加群**とよび，0 と表す．

例 4.4 環 R は R 加群とみることができる．ここで，加法は環 R の加法を用い，R の作用は環 R の乗法を用いる．

例 4.5 $n \in \mathbb{N}$ とし，$R^n = \{(x_1, x_2, \ldots, x_n) \mid x_i \in R, 1 \leq i \leq n\}$ を考える．$a \in R, x = (x_1, x_2, \ldots, x_n), y = (y_1, y_2, \ldots, y_n) \in R^n$ に対して

$$x + y = (x_1 + y_1, x_2 + y_2, \ldots, x_n + y_n), \quad ax = (ax_1, ax_2, \ldots, ax_n)$$

と定めることにより，R^n は R 加群となる．R^n の元を $\begin{pmatrix} x_1 \\ \vdots \\ x_n \end{pmatrix}$ のように縦ベクトルとして表示することもある．

例 4.6 R 加群 $M_1, M_2, \ldots, M_n$ の直積集合 $X = M_1 \times M_2 \times \cdots \times M_n$ を考える．$a \in R, x = (x_1, x_2, \ldots, x_n), y = (y_1, y_2, \ldots, y_n) \in X$ ($x_i, y_i \in M_i, 1 \leq i \leq n$) に対して，次のように加法と R の作用を定める．

$$x + y = (x_1 + y_1, x_2 + y_2, \ldots, x_n + y_n), \quad ax = (ax_1, ax_2, \ldots, ax_n).$$

このとき，X は R 加群となる．この X を $M_1, M_2, \ldots, M_n$ の**直和** (direct sum) とよび，$M_1 \oplus M_2 \oplus \cdots \oplus M_n$ と表す．特に $M_1 = M_2 = \cdots = M_n = M$ のとき，これらの直和を $M^{\oplus n}$，あるいは，M^n と表す．

4.1.2 部分加群

定義 4.2 M は R 加群とし，N は M の空でない部分集合とする．M の演算と R の M への作用を N に制限したとき，その演算と R の作用に関し

て N が R 加群となるとき，N は M の R **部分加群** (*R*-submodule) であるという．

命題 4.3 R 加群 M の部分集合 N が M の R 部分加群であることは，次の 3 つの条件 (i), (ii), (iii) が成り立つことと同値である．

(i) $0 \in N$; (ii) $x, y \in N \Longrightarrow x - y \in N$; (iii) $a \in R, x \in N \Longrightarrow ax \in N$.

証明． N が M の R 部分加群ならば，条件 (i), (ii), (iii) が成り立つ．逆に，この 3 つの条件が成り立つとすると，(i), (ii) より，N は M の部分群である．(iii) より，N は R の作用に関して閉じており，その作用に関して，N は R 加群の定義の条件をすべて満たす．よって，N は M の R 部分加群である． □

例 4.7 R は体とし，V は R 上の線形空間とする．このとき，V の R 部分加群は，V の**線形部分空間** (**部分ベクトル空間**) にほかならない．

例 4.8 G は加法群とし，H は G の部分群とすると，H は $\mathbb{Z}$ 加群 G の $\mathbb{Z}$ 部分加群である (確認は読者にゆだねる)．

例 4.9 R 自身を R 加群とみるとき，R の R 部分加群は R のイデアルにほかならない (定義 3.23, 問 3.7 参照)．

4.1.3 部分加群の生成

命題 4.4 M は R 加群とし，$(N_\lambda)_{\lambda \in \Lambda}$ は M の R 部分加群の族とする．このとき，$\bigcap_{\lambda \in \Lambda} N_\lambda$ も M の R 部分加群である．

証明． $0 \in \bigcap_{\lambda \in \Lambda} N_\lambda$ である．$x, y \in \bigcap_{\lambda \in \Lambda} N_\lambda, a \in R$ とすると，任意の $\lambda \in \Lambda$ に対して $x - y \in N_\lambda, ax \in N_\lambda$ であるので，$x - y \in \bigcap_{\lambda \in \Lambda} N_\lambda, ax \in \bigcap_{\lambda \in \Lambda} N_\lambda$ となる．よって，$\bigcap_{\lambda \in \Lambda} N_\lambda$ は M の R 部分加群である． □

定義 4.5 S は R 加群 M の空でない部分集合とする．S を含む M のすべての R 部分加群の族を $(N_\lambda)_{\lambda \in \Lambda}$ とするとき，$\bigcap_{\lambda \in \Lambda} N_\lambda$ を S で**生成された** M の R **部分加群**とよび，$[S]_R$, RS, $\sum_{x \in S} Rx$ などと表す．特に $S = \{x_1, x_2, \ldots, x_n\}$ のとき，$[S]_R$ を $[x_1, x_2, \ldots, x_n]_R$, $Rx_1 + Rx_2 + \cdots + Rx_n$ などと表す．

命題 4.6 M は R 加群とし，S は M の空でない部分集合とする．
(1) $[S]_R$ は M の R 部分加群であって，S を含む．
(2) M の R 部分加群 N が S を含むならば，N は $[S]_R$ を含む．
(3) $[S]_R$ は S を含む M の R 部分加群の中で，包含関係に関して最小である．

証明． 省略 (命題 2.3, 命題 3.16, 命題 3.18, 命題 3.27 と同様)． □

R 加群 M の元 $x_1, x_2, \ldots, x_k$ に対して
$$\sum_{i=1}^{k} a_i x_i \quad (a_i \in R, \ 1 \leq i \leq k)$$
という形の元を $x_1, x_2, \ldots, x_k$ の R 上の**線形結合** (1 次結合) とよぶ．

命題 4.7 M を R 加群とし，S を M の空でない部分集合とするとき
$$[S]_R = \{z \in M \,|\, z \text{ は } S \text{ に属する有限個の元の } R \text{ 上の線形結合}\}$$
が成り立つ．

証明の概略． 上の等式の右辺の集合を N とすると，N は M の R 部分加群であって，S を含む (証明は省略)．よって，命題 4.6 (2) より，$[S]_R \subset N$ である．一方，$[S]_R$ は S を含む M の R 部分加群であるので，S の有限個の元の R 上の線形結合はすべて $[S]_R$ に含まれる．よって，$[S]_R \supset N$ である． □

定義 4.8 S は R 加群 M の空でない部分集合とする．$M = [S]_R$ となるとき，M は S で**生成される**といい，S を M の**生成系**とよぶ．M が有限個の元で生成されるとき，M は**有限生成** (finitely generated) であるという．

4.1.4 和と直和分解

M は R 加群とし，$N_1, N_2, \ldots, N_n$ は M の R 部分加群とする．このとき，これらの和 $N_1 + N_2 + \cdots + N_n = \sum_{i=1}^{n} N_i$ を次のように定義する．
$$\sum_{i=1}^{n} N_i = \left\{ \sum_{i=1}^{n} z_i \,\Big|\, z_i \in N_i, \ 1 \leq i \leq n \right\}.$$

$\sum_{i=1}^{n} N_i$ は M の R 部分加群である. 実際, $0 \in \sum_{i=1}^{n} N_i$ であり

$$a \in R, \quad x = \sum_{i=1}^{n} x_i, \quad y = \sum_{i=1}^{n} y_i \in \sum_{i=1}^{n} N_i \quad (x_i, y_i \in N_i, 1 \leq i \leq n)$$

に対して

$$x - y = \sum_{i=1}^{n}(x_i - y_i) \in \sum_{i=1}^{n} N_i, \quad ax = \sum_{i=1}^{n} ax_i \in \sum_{i=1}^{n} N_i$$

が成り立つ.

定義 4.9 R 加群 M の R 部分加群 $N_1, N_2, \ldots, N_n$ が $M = \sum_{i=1}^{n} N_i$ を満たすとする. M の任意の元 x に対して

$$x = \sum_{i=1}^{n} x_i \quad (x_i \in N_i, \ 1 \leq i \leq n)$$

と表す表し方が一意的であるとき, M は $N_1, N_2, \ldots, N_n$ の**直和** (direct sum) **に分解する**といい, $M = N_1 \oplus N_2 \oplus \cdots \oplus N_n$, あるいは, $M = \bigoplus_{i=1}^{n} N_i$ と表す. このとき, 各 $N_i \, (1 \leq i \leq n)$ を M の**直和因子** (direct summand) とよぶ.

注意 4.1 例 4.6 の「直和」と定義 4.9 の「直和分解」は同じ記号を用いているが, 意味が異なる. 本書では後者についてはこれ以上立ち入らず, 今後, 「直和」という用語は例 4.6 の意味で用いることにする.

実は, R 加群 M が定義 4.9 の意味での直和分解 $M = \bigoplus_{i=1}^{n} N_i$ を持つとき, M は例 4.6 の意味での直和 $\bigoplus_{i=1}^{n} N_i$ と同型であることが知られている. 実際, 例 4.6 の意味での直和 $\bigoplus_{i=1}^{n} N_i$ から M への写像 f を

$$f : N_1 \oplus \cdots \oplus N_n \ni (x_1, \ldots, x_n) \longmapsto \sum_{i=1}^{n} x_i \in M$$

により定めると, f は同型写像である (「同型」や「同型写像」の定義については, 後述の定義 4.12 を参照せよ).

4.1.5 剰余加群

M は R 加群とし，N は M の R 部分加群とする．$x, y \in M$ に対し
$$x \equiv y \pmod{N} \iff x - y \in N$$
という関係を定めると，これは同値関係である．実際，$x, y, z \in M$ とするとき，$x - x = 0 \in N$ より，$x \equiv x \pmod{N}$ である．$x \equiv y \pmod{N}$ ならば
$$y - x = -(x - y) \in N$$
より，$y \equiv x \pmod{N}$ である．$x \equiv y \pmod{N}, y \equiv z \pmod{N}$ ならば
$$x - z = (x - y) + (y - z) \in N$$
より，$x \equiv z \pmod{N}$ である．

この同値関係による商集合 $M/\sim$ を M/N と表し，M の元 x の定める同値類を $\bar{x}$，あるいは，$x \bmod N$ と表す．このとき，$x, y \in M$ について
$$\bar{x} = \bar{y} \iff x - y \in N$$
が成り立つ．

命題 4.10 M は R 加群とし，N は M の R 部分加群とする．$a \in R$, $\bar{x}, \bar{y} \in M/N$ $(x, y \in M)$ に対し
$$\bar{x} + \bar{y} = \overline{x + y}, \quad a\bar{x} = \overline{ax}$$
と定めることができ，M/N は R 加群となる．M/N の零元は $\bar{0}$ であり，M/N の元 $\bar{x}$ $(x \in M)$ の加法に関する逆元は $\overline{-x}$ である．

証明の概略． $\bar{x} = \overline{x'}, \bar{y} = \overline{y'}$ とすると
$$x + y - (x' + y') = (x - x') + (y - y') \in N, \quad ax - ax' = a(x - x') \in N$$
であるので，$\overline{x + y} = \overline{x' + y'}, \overline{ax} = \overline{ax'}$ が得られる．よって，これらの演算や作用は well-defined である．また，$\bar{x}, \bar{y}, \bar{z} \in M/N$ $(x, y, z \in M)$ に対して
$$(\bar{x} + \bar{y}) + \bar{z} = \overline{x + y} + \bar{z} = \overline{(x + y) + z}$$
$$= \overline{x + (y + z)} = \bar{x} + \overline{y + z} = \bar{x} + (\bar{y} + \bar{z})$$
となる．その他の性質も同様に示される (詳細な検討は読者にゆだねる). □

定義 4.11 上のように定めた R 加群 M/N を，M の N による**剰余 R 加群** (**商 R 加群**) という．

4.1.6 線形写像 (準同型写像)

定義 4.12 M, M' は R 加群とする.

(1) 写像 $f: M \to M'$ が次の (a), (b) を満たすとき, f は R **線形写像** (R **準同型写像**)(R-linear map, R-homomorphism) であるという.

    (a) 任意の $x, y \in M$ に対して $f(x+y) = f(x) + f(y)$.

    (b) 任意の $a \in R$ と任意の $x \in M$ に対して $f(ax) = af(x)$.

(2) R 線形写像 $f: M \to M'$ が全単射であるとき, f は R **同型写像** (R-isomorphism) であるという. M から M' への R 同型写像が存在するとき, M と M' は R **同型**であるといい, $M \cong M'$ と表す.

混乱のおそれのない場合は, R 線形写像 (R 準同型写像) を単に線形写像 (準同型写像) とよぶ. R 同型写像, R 同型についても同様である. R 同型写像 $f: M \to M'$ が与えられているとき, 逆写像 f^{-1} も R 同型写像である.

例 4.10 G, G' は加法群とし, $f: G \to G'$ は群の準同型写像とする. このとき, G, G' を $\mathbb{Z}$ 加群とみれば, f は $\mathbb{Z}$ 線形写像である. 実際, $n \in \mathbb{Z}, x \in G$ に対して, $f(nx) = nf(x)$ が成り立つ (詳細な検討は読者にゆだねる).

例 4.11 R が体のとき, R 加群の間の R 線形写像は, R 上の線形空間の間の線形写像にほかならない.

例 4.12 R の元を成分とする (m, n) 型行列

$$A = (a_{ij}) \quad (a_{ij} \in R,\ 1 \le i \le m,\ 1 \le j \le n)$$

が与えられたとき, 写像 $T_A: R^n \to R^m$ を

$$T_A: R^n \ni \begin{pmatrix} x_1 \\ \vdots \\ x_n \end{pmatrix} \longmapsto A \begin{pmatrix} x_1 \\ \vdots \\ x_n \end{pmatrix} \in R^m$$

により定めると, T_A は R 線形写像である. T_A を**行列 A の定める線形写像**とよぶ (ここでは, R^n, R^m の元を縦ベクトルとして表示している).

例 4.13 M, M' は R 加群とする. 任意の $x \in M$ を $0 \in M'$ にうつす写像は R 線形写像である. これを**零写像** (zero map) とよび, $0: M \to M'$ と表す.

例 4.14 M は R 加群とし，N は M の R 部分加群とする．写像
$$\pi : M \ni x \longmapsto \bar{x} \in M/N$$
は R 線形写像である．実際，$a \in R$, $x, y \in M$ に対して
$$\pi(x+y) = \overline{x+y} = \bar{x} + \bar{y} = \pi(x) + \pi(y), \quad \pi(ax) = \overline{ax} = a\bar{x} = a\pi(x)$$
が成り立つ．この π は**標準的準同型写像**，**自然な準同型写像**などとよばれる．

問 4.2 M, M' は R 加群とし，$f : M \to M'$ は R 線形写像とする．このとき，$f(0) = 0, f(-x) = -f(x) \, (x \in M)$ が成り立つことを示せ．

4.1.7 準同型定理

命題 4.13 M, M' は R 加群とし，$f : M \to M'$ は R 線形写像とする．
(1) N が M の R 部分加群ならば，$f(N)$ は M' の R 部分加群である．
(2) N' が M' の R 部分加群ならば，$f^{-1}(N')$ は M の R 部分加群である．

証明． (1) $0 = f(0) \in f(N)$ である．また $a \in R$, $z, w \in f(N)$ とすると，ある $x, y \in N$ に対して $z = f(x), w = f(y)$ となる．このとき
$$z - w = f(x) - f(y) = f(x-y) \in f(N), \quad az = af(x) = f(ax) \in f(N)$$
となるので，$f(N)$ は M' の R 部分加群である．

(2) $f(0) = 0 \in N'$ より，$0 \in f^{-1}(N')$ である．また，$a \in R$, $x, y \in f^{-1}(N')$ とすると，$f(x), f(y) \in N'$ である．このとき
$$f(x-y) = f(x) - f(y) \in N', \quad f(ax) = af(x) \in N'$$
より，$x - y, ax \in f^{-1}(N')$ が得られる．よって，$f^{-1}(N')$ は M の R 部分加群である． $\square$

定義 4.14 M, M' は R 加群とし，$f : M \to M'$ は R 線形写像とする．$f(M)$ を $\mathrm{Im}(f)$ と表し，f の**像** (image) とよぶ．$f^{-1}(0)$ を $\mathrm{Ker}(f)$ と表し，f の**核** (kernel) とよぶ．

定理 4.15 (加群に関する準同型定理) M, M' は R 加群とし，$f : M \to M'$ は R 線形写像とする．$\pi : M \to M/\mathrm{Ker}(f)$ は標準的準同型写像とする．このとき，単射な R 線形写像 $g : M/\mathrm{Ker}(f) \to M'$ であって，$f = g \circ \pi$ を満たすものがただ 1 つ存在する．さらに，f が全射ならば，g は同型写像で

あり，$M/\mathrm{Ker}(f) \cong M'$ となる．

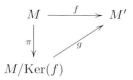

証明． 写像 g を $g(\bar{x}) = f(x)\,(x \in M)$ により定める．これは well-defined である．実際，$\bar{x} = \bar{y}\,(x, y \in M)$ ならば，$x - y \in \mathrm{Ker}(f)$ より
$$f(x) - f(y) = f(x - y) = 0$$
となり，$f(x) = f(y)$ である．$a \in R, \bar{x}, \bar{y} \in M/\mathrm{Ker}(f)\,(x, y \in M)$ に対して
$$g(\bar{x} + \bar{y}) = g(\overline{x + y}) = f(x + y) = f(x) + f(y) = g(\bar{x}) + g(\bar{y}),$$
$$g(a\bar{x}) = g(\overline{ax}) = f(ax) = af(x) = ag(\bar{x})$$
が成り立つので，g は R 線形写像である．また，$g(\bar{x}) = g(\bar{y})$ ならば
$$f(x - y) = f(x) - f(y) = g(\bar{x}) - g(\bar{y}) = 0$$
となり，$x - y \in \mathrm{Ker}(f)$，すなわち，$\bar{x} = \bar{y}$ が得られるので，g は単射である．さらに，$g(\pi(x)) = g(\bar{x}) = f(x)\,(x \in M)$ が成り立つので，$f = g \circ \pi$ である．また，写像 $\tilde{g} : M/\mathrm{Ker}(f) \to M'$ が $f = \tilde{g} \circ \pi$ を満たすならば
$$\tilde{g}(\bar{x}) = \tilde{g}(\pi(x)) = f(x) = g(\bar{x}) \quad (x \in M)$$
が成り立つので，定理の条件を満たす写像 g はただ 1 つである．最後に，f が全射ならば，g も全射であるので，g は同型写像である． $\square$

問 4.3 M, M' は R 加群とし，$f : M \to M'$ は R 線形写像とする．このとき，「f は単射 $\Leftrightarrow \mathrm{Ker}(f) = \{0\}$」を示せ．

問 4.4 M, M' は R 加群とし，$f : M \to M'$ は全射な R 線形写像とし，N' は M' の R 部分加群とする．$N = f^{-1}(N')$ とおくとき，$M/N \cong M'/N'$ が成り立つことを示せ．

4.1.8 線形写像全体のなす加群

M, M' は R 加群とする．M から M' への R 線形写像全体のなす集合を $\mathrm{Hom}_R(M, M')$ と表す．この集合に R 加群の構造を入れる (概略のみ述べる)．$a \in R, f, g \in \mathrm{Hom}_R(M, M')$ に対して，$f + g : M \to M'$ と $af : M \to M'$

を
$$(f+g)(x) = f(x) + g(x), \ (af)(x) = a(f(x)) \quad (x \in M)$$
により定める．$h = f + g$ とおくと，$x, y \in M$ に対して
$$h(x+y) = f(x+y) + g(x+y) = (f(x) + f(y)) + (g(x) + g(y))$$
$$= (f(x) + g(x)) + (f(y) + g(y)) = h(x) + h(y)$$
が成り立つ．同様に，$a \in R$, $x \in M$ に対して，$h(ax) = ah(x)$ も成り立つ．よって，$f + g \in \mathrm{Hom}_R(M, M')$ である．さらに，$af \in \mathrm{Hom}_R(M, M')$ も確かめられる．こうして，$\mathrm{Hom}_R(M, M')$ に加法と R の作用が定義され，$\mathrm{Hom}_R(M, M')$ は R 加群をなす (証明は読者にゆだねる)．

特に，$M' = R$ のとき，$\mathrm{Hom}_R(M, M') = \mathrm{Hom}_R(M, R)$ をここでは M^* と表し，M の**双対 R 加群** (dual R-module) とよぶ．

命題 4.16 M_1, M_2 は R 加群とし，R 線形写像 $\varphi: M_1 \to M_2$ が与えられているとする．M, M' は R 加群とする．

(1) R 線形写像 $\varphi_*: \mathrm{Hom}_R(M, M_1) \to \mathrm{Hom}_R(M, M_2)$ が
$$\varphi_*: \mathrm{Hom}_R(M, M_1) \ni f \longmapsto \varphi \circ f \in \mathrm{Hom}_R(M, M_2)$$
により定まる．

(2) R 線形写像 $\varphi^*: \mathrm{Hom}_R(M_2, M') \to \mathrm{Hom}_R(M_1, M')$ が
$$\varphi^*: \mathrm{Hom}_R(M_2, M') \ni g \longmapsto g \circ \varphi \in \mathrm{Hom}_R(M_1, M')$$
により定まる．特に $M' = R$ のとき，$\varphi^*: M_2^* \to M_1^*$ が得られる．

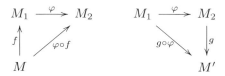

証明は省略する．

4.2 完全系列・可換図式

この節では，R 加群とその間の R 線形写像を図式に表して考える．

4.2.1 可換図式

たとえば，次のような図式を考える．ここで，M_1, M_2, N_1, N_2 は集合とし，図式の中の矢印は写像を表す．

$$\begin{array}{ccc} M_1 & \xrightarrow{f} & M_2 \\ \varphi_1 \downarrow & & \downarrow \varphi_2 \\ N_1 & \xrightarrow{g} & N_2 \end{array}$$

この図式において，$\varphi_2 \circ f = g \circ \varphi_1$ が成り立つとき，この図式は**可換図式** (commutative diagram) であるといい，次のように表す．

$$\begin{array}{ccc} M_1 & \xrightarrow{f} & M_2 \\ \varphi_1 \downarrow & \circlearrowleft & \downarrow \varphi_2 \\ N_1 & \xrightarrow{g} & N_2 \end{array}$$

一般に，図式内の任意の 2 つの集合について，それらを結ぶすべての写像の経路の合成が同一の写像であるとき，その図式は可換図式であるという．

4.2.2 完全系列

R 加群 M_1, M_2, M_3 の間の R 線形写像の系列

$$M_1 \xrightarrow{f} M_2 \xrightarrow{g} M_3$$

において，$\mathrm{Im}(f) = \mathrm{Ker}(g)$ が成り立つとき，この系列は**完全系列** (exact sequence) であるといい

$$M_1 \xrightarrow{f} M_2 \xrightarrow{g} M_3 \quad (\text{exact})$$

と表す．このことは，次の 2 つの条件が成り立つことと同値である．

(a) $g \circ f = 0$ (零写像) である．
(b) $x \in M_2$ が $g(x) = 0$ を満たすならば，$x = f(y)$ となる $y \in M_1$ が存在する．

実際，「(a) ⇔ 『$\mathrm{Im}(f) \subset \mathrm{Ker}(g)$』」であり，「(b) ⇔ 『$\mathrm{Im}(f) \supset \mathrm{Ker}(g)$』」である．

一般に，R 加群の間の R 線形写像の完全系列は次のように表される．

$$\cdots \xrightarrow{f_{i-1}} M_i \xrightarrow{f_i} M_{i+1} \xrightarrow{f_{i+1}} M_{i+2} \xrightarrow{f_{i+2}} \cdots \quad \text{(exact)}.$$

これは，各 i に対して $\mathrm{Im}(f_i) = \mathrm{Ker}(f_{i+1})$ が成り立つことを意味する．

R 加群 M から零加群 0 への R 線形写像や，零加群 0 から M への R 線形写像は零写像に限られるので，しばしば単に $M \to 0$ や $0 \to M$ と表す．

命題 4.17 M, M', M'' は R 加群とし，$f: M' \to M$, $g: M \to M''$ は R 線形写像とする．
(1) 「$0 \to M' \xrightarrow{f} M$ (exact) $\Leftrightarrow f$ は単射」が成り立つ．
(2) 「$M \xrightarrow{g} M'' \to 0$ (exact) $\Leftrightarrow g$ は全射」が成り立つ．

証明． (1) 零写像の像が $\{0\}$ であることと，問 4.3 よりしたがう．
(2) 零写像 $M'' \to 0$ の核が M'' であることよりしたがう． □

命題 4.18 M を R 加群とし，M' を M の R 部分加群とするとき

$$0 \longrightarrow M' \xrightarrow{\iota} M \xrightarrow{\pi} M/M' \longrightarrow 0 \quad \text{(exact)}$$

が成り立つ．ここで，$\iota: M' \to M$ は $x \in M'$ に対して x 自身を対応させる写像 (**包含写像**) を表し，$\pi: M \to M/M'$ は標準的準同型写像を表す．

証明． ι は単射であり，π は全射であり，さらに

$$\mathrm{Ker}(\pi) = \{x \in M \mid \pi(x) = \bar{0}\} = \{x \in M \mid \bar{x} = \bar{0}\} = M' = \mathrm{Im}(\iota)$$

であることよりしたがう． □

一般に，3 つの R 加群 M', M, M'' に関する完全系列

$$0 \longrightarrow M' \xrightarrow{f} M \xrightarrow{g} M'' \longrightarrow 0 \quad \text{(exact)}$$

を**短完全系列** (short exact sequence) とよぶ．

定義 4.19 R 加群の間の R 線形写像 $f: M_1 \to M_2$ に対して，$M_2/\mathrm{Im}(f)$ を f の**余核** (cokernel) とよび，$\mathrm{Coker}(f)$ と表す．

命題 4.20 R 加群の間の R 線形写像の系列 $0 \to M' \xrightarrow{f} M \xrightarrow{g} M'' \to 0$ が完全系列であるとき，$M' \cong \mathrm{Ker}(g)$, $M'' \cong \mathrm{Coker}(f)$ が成り立つ．

証明． f が単射であり，$\mathrm{Im}(f) = \mathrm{Ker}(g)$ であるので，$M' \cong \mathrm{Im}(f) = \mathrm{Ker}(g)$ が得られる．また，g が全射であることに注意して，g に準同型定理 (定理 4.15) を適用すれば，$M'' \cong M/\mathrm{Ker}(g) = M/\mathrm{Im}(f) = \mathrm{Coker}(f)$ が得られる． □

4.2.3 Five Lemma

次の命題は Five Lemma とよばれる.

命題 4.21 (Five Lemma) R 加群の間の R 線形写像による下の図式は可換図式であり，2 つの行の系列 (横の系列) は完全であるとする.

$$\begin{CD}
M_1 @>f_1>> M_2 @>f_2>> M_3 @>f_3>> M_4 @>f_4>> M_5 \quad \text{(exact)} \\
@VV\varphi_1V @VV\varphi_2V @VV\varphi_3V @VV\varphi_4V @VV\varphi_5V \\
N_1 @>g_1>> N_2 @>g_2>> N_3 @>g_3>> N_4 @>g_4>> N_5 \quad \text{(exact)}
\end{CD}$$

(1) φ_2, φ_4 が単射であり，φ_1 が全射であるならば，φ_3 は単射である.
(2) φ_2, φ_4 が全射であり，φ_5 が単射であるならば，φ_3 は全射である.
(3) $\varphi_1, \varphi_2, \varphi_4, \varphi_5$ が同型写像ならば，φ_3 も同型写像である.

証明. (1) $a \in M_3$ が $\varphi_3(a) = 0$ を満たすと仮定する. $b = f_3(a)$ とおくと

$$\varphi_4(b) = \varphi_4 \circ f_3(a) = g_3 \circ \varphi_3(a) = g_3(0) = 0$$

が成り立つ. φ_4 は単射であるので，$b = 0$ である. このとき，第 1 行の完全性より，$f_2(c) = a$ となる $c \in M_2$ が存在する. そこで，$d = \varphi_2(c)$ とおくと

$$g_2(d) = g_2 \circ \varphi_2(c) = \varphi_3 \circ f_2(c) = \varphi_3(a) = 0$$

が成り立つ. このとき，第 2 行の完全性より，$g_1(e) = d$ となる $e \in N_1$ が存在する. さらに，φ_1 は全射であるので，$\varphi_1(h) = e$ となる $h \in M_1$ が存在する. そこで，$j = f_1(h)$ とおくと

$$\varphi_2(j) = \varphi_2 \circ f_1(h) = g_1 \circ \varphi_1(h) = g_1(e) = d$$

が成り立つ. よって，$\varphi_2(c) = \varphi_2(j)$ となるが，φ_2 は単射であるので，$j = c$ である. このとき，$f_2 \circ f_1$ が零写像であるので

$$a = f_2(c) = f_2(j) = f_2 \circ f_1(h) = 0$$

が成り立つ. よって，$\mathrm{Ker}(\varphi_3) = \{0\}$ であり，φ_3 は単射である (問 4.3).

(2) $a \in N_3$ を任意にとる. $b = g_3(a)$ とおくと，φ_4 が全射であることより，$\varphi_4(c) = b$ となる $c \in M_4$ が存在する. $d = f_4(c)$ とおくと

$$\varphi_5(d) = \varphi_5 \circ f_4(c) = g_4 \circ \varphi_4(c) = g_4(b) = g_4 \circ g_3(a) = 0$$

が成り立つ. φ_5 は単射であるので，$d = 0$ である. したがって，$f_3(e) = c$ と

なる $e \in M_3$ が存在する．$h = \varphi_3(e)$ とおくと
$$g_3(h) = g_3 \circ \varphi_3(e) = \varphi_4 \circ f_3(e) = \varphi_4(c) = b$$
が成り立つ．$a' = a - h \in N_3$ とおくと，$g_3(a') = g_3(a) - g_3(h) = 0$ となるので，$g_2(j) = a'$ を満たす $j \in N_2$ が存在する．さらに，φ_2 は全射であるので，$\varphi_2(k) = j$ となる $k \in M_2$ が存在する．$l = f_2(k)$ とおくと
$$\varphi_3(l) = \varphi_3 \circ f_2(k) = g_2 \circ \varphi_2(k) = g_2(j) = a'$$
が成り立つ．このとき，$e + l \in M_3$ は
$$\varphi_3(e + l) = \varphi_3(e) + \varphi_3(l) = h + a' = h + (a - h) = a$$
を満たす．よって，φ_3 は全射である．

(3) (1), (2) よりしたがう． □

問 4.5 R 加群の間の R 線形写像による下の図式は可換図式であり，2 つの行の系列 (横の系列) は完全であるとする．

$$\begin{array}{ccccccccc} 0 & \longrightarrow & M_1 & \xrightarrow{f_1} & M_2 & \xrightarrow{f_2} & M_3 & \longrightarrow & 0 \quad \text{(exact)} \\ & & \downarrow \varphi_1 & & \downarrow \varphi_2 & & & & \\ 0 & \longrightarrow & N_1 & \xrightarrow{g_1} & N_2 & \xrightarrow{g_2} & N_3 & \longrightarrow & 0 \quad \text{(exact)} \end{array}$$

(1) R 線形写像 $\varphi_3 : M_3 \to N_3$ であって，$\varphi_3 \circ f_2 = g_2 \circ \varphi_2$ を満たすものが存在することを示せ．

(2) φ_1, φ_2 が同型写像ならば，φ_3 も同型写像であることを示せ．

4.3 自由加群，ねじれ加群

環上の加群の理論には，線形代数と類似する部分とそうでない部分がある．

4.3.1 基底と自由加群

定義 4.22 M は R 加群とし，$x_1, x_2, \ldots, x_n \in M$ とする．

(1) 次の条件 (P) が成り立つとき，$x_1, x_2, \ldots, x_n$ は R 上**線形独立** (1 次独立)(linearly independent) であるという．

(P) $c_1, c_2, \ldots, c_n \in R$ が $c_1 x_1 + c_2 x_2 + \cdots + c_n x_n = 0$ を満たすならば，$c_1 = c_2 = \cdots = c_n = 0$ である．

(2) $x_1, x_2, \ldots, x_n$ が R 上線形独立でないとき，これらの元は R 上**線形従属** (**1 次従属**)(linearly dependent) であるという．

(3) B は M の空でない部分集合とする．B から任意に選んだ有限個の元が R 上線形独立であるとき，B は R 上線形独立であるといい，そうでないとき，R 上線形従属であるという．

定義 4.23 B は R 加群 M の空でない部分集合とする．次の 2 つの条件 (i), (ii) が成り立つとき，B は M の (R 上の) **基底** (basis) であるという．

(i) B は R 上線形独立である．

(ii) M は B で生成される．

例 4.15 $n \in \mathbb{N}$ とし，$M = R^n$ とする．n 個の元
$$e_1 = (1, 0, 0, \ldots, 0),\ e_2 = (0, 1, 0, \ldots, 0), \ldots, e_n = (0, 0, 0, \ldots, 1) \in M$$
は M の基底である (証明は省略)．この基底を**自然基底** (**標準基底**) とよぶ．

R 加群 M は，必ずしも R 上の基底を持つとは限らない．

例 4.16 $\mathbb{Z}$ を $\mathbb{Z}$ 加群とみると，そのイデアル ($\mathbb{Z}$ 部分加群) $2\mathbb{Z}$ による剰余環 $\mathbb{Z}/2\mathbb{Z} = \{\bar{0}, \bar{1}\}$ も $\mathbb{Z}$ 加群とみることができる．このとき，集合 $\{\bar{1}\}$ は $\mathbb{Z}$ 上線形従属である．実際，$2 \cdot \bar{1} = \bar{0}$ である．同様に，$\{\bar{0}\}$ や $\{\bar{0}, \bar{1}\}$ も $\mathbb{Z}$ 上線形従属である．したがって，$\mathbb{Z}$ 加群 $\mathbb{Z}/2\mathbb{Z}$ には $\mathbb{Z}$ 上の基底が存在しない．

定義 4.24 R 加群 M が R 上の基底を持つとき，M は**自由 R 加群** (free R-module) であるという．便宜上，零加群も自由 R 加群であると考える．

M が有限個の元からなる基底 $\{z_1, z_2, \ldots, z_n\}$ を持つとき，M は有限生成な自由 R 加群である．このとき，M の任意の元 x は
$$x = \sum_{i=1}^n a_i z_i \quad (a_i \in R,\ 1 \leq i \leq n)$$
という形に一意的に表される (後述の命題 4.30 (4) 参照)．

4.3.2 有限生成な自由加群の階数

以下しばらく，R は整域とし，有限生成自由 R 加群について考察する．

命題 4.25 R は整域とし，M は $\{e_1, \ldots, e_n\}$ を R 上の基底とする自由 R 加群とする．$m > n$ ならば，$f_1, \ldots, f_m \in M$ は R 上線形従属である．

証明. M は $e_1, \ldots, e_n$ で生成されるので，各 $f_j\,(1 \leq j \leq m)$ は

$$f_j = \sum_{i=1}^{n} p_{ij} e_i \quad (p_{ij} \in R,\ 1 \leq i \leq n) \tag{4.1}$$

と表される．$Q(R)$ を R の商体とする．$m > n$ であるので，m 個の未知数 $x_1, \ldots, x_m$ に関する n 本の式からなる連立 1 次方程式

$$\sum_{j=1}^{m} p_{ij} x_j = 0 \quad (1 \leq i \leq n) \tag{4.2}$$

は，体 $Q(R)$ 内に非自明な解 ($x_1 = \cdots = x_m = 0$ 以外の解)

$$x_1 = \frac{\alpha_1}{\beta_1},\ x_2 = \frac{\alpha_2}{\beta_2}, \ldots,\ x_m = \frac{\alpha_m}{\beta_m} \quad (\alpha_j, \beta_j \in R,\ \beta_j \neq 0,\ 1 \leq j \leq m)$$

を持つ (線形代数の知識を用いた)．ここで

$$c_j = \frac{\alpha_j \beta_1 \beta_2 \cdots \beta_m}{\beta_j} \quad (1 \leq j \leq m)$$

とおけば，$c_j \in R$ であり，$x_j = c_j\,(1 \leq j \leq m)$ は方程式 (4.2) の非自明な解であって，$\sum_{j=1}^{m} p_{ij} c_j = 0\,(1 \leq i \leq n)$ を満たす．このとき，式 (4.1) を用いて

$$\sum_{j=1}^{m} c_j f_j = \sum_{j=1}^{m}\left(\sum_{i=1}^{n} c_j p_{ij} e_i\right) = \sum_{i=1}^{n}\left(\sum_{j=1}^{m} c_j p_{ij} e_i\right) = \sum_{i=1}^{n}\left(\sum_{j=1}^{m} p_{ij} c_j\right) e_i = 0$$

が得られる．よって，$f_1, \ldots, f_m$ は R 上線形従属である． □

定理 4.26 M は整域 R 上の有限生成な自由 R 加群とする．このとき，M の任意の基底を構成する元の個数は一定である．

証明. $\{e_1, e_2, \ldots, e_n\}$ を M の R 上の基底とする．命題 4.25 より，n 個より多い M の元は R 上線形従属であるので，M の任意の基底は n 個以下の元からなる．いま，$\{e'_1, e'_2, \ldots, e'_{n'}\}$ を M の別の基底とする．仮に $n' < n$ とすると，$\{e'_1, e'_2, \ldots, e'_{n'}\}$ に対して命題 4.25 を適用すれば，$e_1, e_2, \ldots, e_n$ が R 上線形従属となって矛盾する．よって，$n' = n$ である． □

定義 4.27 R は整域とし，M は有限生成な自由 R 加群とする．M の R 上の基底が n 個の元からなるとき，この n を M の **階数** (rank) とよび，$\mathrm{rank}(M)$ と表す．便宜上，零加群の階数は 0 と定める．

R が体ならば，任意の有限生成 R 加群 (R 上の線形空間) は自由 R 加群であり，$\mathrm{rank}(M)$ は M の線形空間としての次元と一致する．

命題 4.28 R は整域とし，M, M', M'' は R 加群であって，それらの間に次の完全系列が存在するものとする．

$$0 \longrightarrow M' \xrightarrow{f} M \xrightarrow{g} M'' \longrightarrow 0 \quad \text{(exact)}.$$

M', M'' が有限生成な自由 R 加群ならば，M も有限生成な自由 R 加群であり

$$\mathrm{rank}(M) = \mathrm{rank}(M') + \mathrm{rank}(M'')$$

が成り立つ．

証明． 【ステップ 1】 $\{e'_1, \ldots, e'_r\}$ を M' の基底，$\{e''_{r+1}, \ldots, e''_{r+s}\}$ を M'' の基底とする ($r = \mathrm{rank}(M'),\ s = \mathrm{rank}(M'')$)．$e_i = f(e'_i)\,(1 \leq i \leq r)$ とおく．また，$e_i\,(r+1 \leq i \leq r+s)$ を $g(e_i) = e''_i$ が成り立つように選ぶ．

【ステップ 2】 $(r+s)$ 個の元 $e_1, \ldots, e_{r+s}$ は R 上線形独立である．実際，$c_1, \ldots, c_{r+s} \in R$ が

$$\sum_{i=1}^{r+s} c_i e_i = 0 \tag{4.3}$$

を満たすと仮定する．$1 \leq i \leq r$ ならば，$g(e_i) = g \circ f(e'_i) = 0$ であることに注意して，式 (4.3) の g による像を考えれば

$$g\left(\sum_{i=1}^{r+s} c_i e_i\right) = \sum_{i=r+1}^{r+s} c_i e''_i = 0$$

が得られる．仮定より，$e''_{r+1}, \ldots, e''_{r+s}$ は R 上線形独立であるので，$c_i = 0$ ($r+1 \leq i \leq r+s$) が成り立つ．これを式 (4.3) に代入すれば，$\sum_{i=1}^{r} c_i e_i = 0$ が得られる．そこで，$d = \sum_{i=1}^{r} c_i e'_i$ とおくと，$f(d) = \sum_{i=1}^{r} c_i e_i = 0$ となる．このとき，仮定より f は単射であるので，$d = 0$，すなわち，$\sum_{i=1}^{r} c_i e'_i = 0$ が成り立つ．$e'_1, \ldots, e'_r$ は R 上線形独立であるので，$c_i = 0\,(1 \leq i \leq r)$ が得られる．よって，$e_1, \ldots, e_{r+s}$ は R 上線形独立である．

【ステップ 3】 M は $e_1, \ldots, e_{r+s}$ で生成される．実際，任意の $x \in M$ をとると，$g(x) = \sum_{i=r+1}^{r+s} a_i e''_i\,(a_i \in R,\ r+1 \leq i \leq r+s)$ と表される．そこで

$$y = \sum_{i=r+1}^{r+s} a_i e_i \in M$$

とおくと，$g(x-y) = g(x) - g(y) = 0$ より，$f(z) = x - y$ を満たす $z \in M'$ が存在する．このとき，$z = \sum_{i=1}^{r} a_i e_i'$ ($a_i \in R, 1 \leq i \leq r$) と表される．ここで，$f(z) = \sum_{i=1}^{r} a_i e_i$ に注意すれば，$x = f(z) + y = \sum_{i=1}^{r+s} a_i e_i$ が得られる．よって，M は $e_1, \ldots, e_{r+s}$ で生成される．

【ステップ4】 ステップ2とステップ3より，$\{e_1, \ldots, e_{r+s}\}$ は M の基底であり，$\mathrm{rank}(M) = r + s = \mathrm{rank}(M') + \mathrm{rank}(M'')$ が成り立つ． □

系 4.29 R は整域とし，M_1, M_2 は有限生成な自由 R 加群とする．このとき，$M_1 \oplus M_2$ も有限生成な自由 R 加群であり

$$\mathrm{rank}(M_1 \oplus M_2) = \mathrm{rank}(M_1) + \mathrm{rank}(M_2)$$

が成り立つ．

証明． $f : M_1 \to M_1 \oplus M_2, g : M_1 \oplus M_2 \to M_2$ を

$$f(x) = (x, 0) \ (x \in M_1), \quad g((x, y)) = y \ (x \in M_1, y \in M_2)$$

によって与えれば，$0 \to M_1 \xrightarrow{f} M_1 \oplus M_2 \xrightarrow{g} M_2 \to 0$ は完全系列である (詳細な検討は読者にゆだねる)．これに命題 4.28 を適用すればよい． □

4.3.3 座標写像

R は整域とし，M は R 加群とする．$e_1, \ldots, e_n \in M$ とし，これらの元の組合せを1つの記号 E で表す．写像 $\psi_E : R^n \to M$ を

$$\psi_E : R^n \ni (x_1, \ldots, x_n) \longmapsto \sum_{i=1}^{n} x_i e_i \in M$$

により定め，ここでは「E の定める**座標写像**」とよぶことにする．

命題 4.30 $\psi_E : R^n \to M$ は上述の座標写像とする．

(1) ψ_E は R 線形写像である．

(2) M が $e_1, e_2, \ldots, e_n$ で生成されているならば，ψ_E は全射であり，$M \cong R^n / \mathrm{Ker}(\psi_E)$ が成り立つ．

(3) $e_1, e_2, \ldots, e_n$ が R 上線形独立ならば，ψ_E は単射である．

(4) $\{e_1, e_2, \ldots, e_n\}$ が M の R 上の基底ならば，ψ_E は同型写像であり，$M \cong R^n$ が成り立つ．

証明. (1) 読者の演習問題とする (問 4.6).

(2) 仮定より，任意の $x \in M$ は
$$x = \sum_{i=1}^{n} x_i e_i = \psi_E((x_1, \ldots, x_n)) \quad (x_i \in R, \ 1 \leq i \leq n)$$
と表されるので，ψ_E は全射である．ψ_E に準同型定理 (定理 4.15) を適用すれば，$M \cong R^n/\mathrm{Ker}(\psi_E)$ が得られる．

(3) $e_1, \ldots, e_n$ が R 上線形独立であるので
$$(x_1, \ldots, x_n) \in \mathrm{Ker}(\psi_E) \iff \sum_{i=1}^{n} x_i e_i = 0 \iff x_1 = \cdots = x_n = 0$$
が成り立つ．よって，ψ_E は単射である (問 4.3).

(4) (1), (2), (3) よりしたがう． □

問 4.6 命題 4.30 (1) を証明せよ．

4.3.4 ねじれ元, ねじれ部分

定義 4.31 R は整域とし，M は R 加群とする．$x \in M$ が**ねじれ元** (torsion element) であるとは，ある $a \in R \setminus \{0\}$ が存在して $ax = 0$ となることをいう．

例 4.17 $m \in \mathbb{N}, m \geq 2$ とする．$M = \mathbb{Z}/m\mathbb{Z}$ を $\mathbb{Z}$ 加群とみると，M の元はすべてねじれ元である．実際，任意の $\bar{x} \in M \, (x \in \mathbb{Z})$ に対して $m\bar{x} = \bar{0}$ である．

例 4.18 加法群 G を $\mathbb{Z}$ 加群とみると，$x \in G$ について，x が G のねじれ元であることは，x の位数が有限であることを意味する．

命題 4.32 R は整域とし，M は R 加群とする．M のねじれ元全体のなす M の部分集合を M_0 とするとき，M_0 は M の R 部分加群である．

証明. $0 \in M_0$ である．また，$x, y \in M_0$ とすると，ある $a, b \in R \setminus \{0\}$ に対して $ax = 0, by = 0$ となる．このとき，R が整域であることに注意すれば
$$ab(x-y) = b(ax) - a(by) = b \cdot 0 - a \cdot 0 = 0, \quad ab \neq 0$$
より，$x - y \in M_0$ であることがわかる．さらに $c \in R$ に対して
$$a(cx) = c(ax) = c \cdot 0 = 0$$
となるので，$cx \in M_0$ である．よって，M_0 は M の R 部分加群である． □

定義 4.33 R は整域とし，M は R 加群とする．M のねじれ元全体 M_0 を M の**ねじれ部分** (torsion part) とよぶ．$M_0 = M$ のとき，M は**ねじれ R 加群** (torsion R-module) であるという．$M_0 = \{0\}$ のとき，M は**ねじれがない** (torsion-free) という．

命題 4.34 R を整域とし，M を自由 R 加群とすると，M はねじれがない．

証明． B を M の R 上の基底とすると，M の元 z は
$$z = \sum_{i=1}^{k} c_i x_i \quad (k \in \mathbb{N},\ c_i \in R,\ x_i \in B,\ 1 \leq i \leq k)$$
と表される．z がねじれ元ならば，ある $a \in R \setminus \{0\}$ が存在して
$$az = \sum_{i=1}^{k} ac_i x_i = 0$$
となる．いま，$x_1, \ldots, x_k$ は R 上線形独立であるので，$cc_i = 0\ (1 \leq i \leq k)$ となる．R は整域であり，$a \neq 0$ であるので，$c_i = 0\ (1 \leq i \leq k)$ となる．よって，$z = 0$ である．したがって，M はねじれがない． □

4.4 単項イデアル整域上の有限生成加群の構造

この節では，R を単項イデアル整域 (PID) とし，有限生成 R 加群の構造を論ずる．最終的な目標は定理 4.47 の証明である．定理 4.47 の特別な場合として，アーベル群の基本定理 (定理 2.37，系 4.52) も得られる．

4.4.1 自由加群の部分加群

補題 4.35 R は単項イデアル整域とする．R 自身を R 加群とみるとき，R の R 部分加群 N は階数 0 または 1 の自由 R 加群である．

証明． R の R 部分加群は R のイデアルである (例 4.9)．R は単項イデアル整域であるので，N は単項イデアルであり
$$N = (x) = \{ax \,|\, a \in R\} \quad (x \in R)$$
と表される．$x = 0$ ならば N は零加群 (階数 0 の自由 R 加群) である．そこで，$x \neq 0$ とする．$c \in R$ が $cx = 0$ を満たすならば，$c = 0$ であるので，$\{x\}$ は R 上線形独立である．また，N は $\{x\}$ で生成される．よって，$\{x\}$ は N の R 上の基底であり，N は階数 1 の自由 R 加群である． □

定理 4.36 R は単項イデアル整域とする．M は有限生成な自由 R 加群とし，$\mathrm{rank}(M) = m$ とする．このとき，M の R 部分加群 N もまた有限生成な自由 R 加群であり，$\mathrm{rank}(N) \leq m$ を満たす．

証明． 命題 4.30 (4) より，$M \cong R^m$ であるので，はじめから $M = R^m$ としてよい．m に関する帰納法を用いる．$m = 1$ のとき，補題 4.35 より，定理の主張が成り立つ．そこで $m \geq 2$ とし，階数 $(m-1)$ 以下の自由加群については定理の主張が成り立つと仮定する．いま

$$M' = \{(x_1, \ldots, x_{m-1}, x_m) \in R^m \mid x_m = 0\}$$

とおくと，M' は M の R 部分加群であり，$M' \cong R^{m-1}$ が成り立つ (問 4.7 (1))．さらに，$M'' = R$ とおくと，次の完全系列が存在する (問 4.7 (2))．

$$0 \longrightarrow M' \xrightarrow{\iota} M \xrightarrow{f} M'' \longrightarrow 0 \quad (\text{exact}). \tag{4.4}$$

ここで，$\iota : M' \to M$, $f : M \to M''$ は次のような写像である．

$$\iota : M' \ni (x_1, \ldots, x_{m-1}, 0) \longmapsto (x_1, \ldots, x_{m-1}, 0) \in M,$$
$$f : M \ni (y_1, \ldots, y_{m-1}, y_m) \longmapsto y_m \in M''.$$

いま，$N' = N \cap M'$, $I = f(N)$ とおくと，帰納法の仮定と補題 4.35 により，N', I は自由 R 加群であって，$\mathrm{rank}(N') \leq m - 1$, $\mathrm{rank}(I) \leq 1$ を満たす．さらに，次の系列は完全系列である (問 4.7 (3))．

$$0 \longrightarrow N' \xrightarrow{\iota|_{N'}} N \xrightarrow{f|_N} I \longrightarrow 0 \quad (\text{exact}). \tag{4.5}$$

このとき，命題 4.28 より，N も自由 R 加群であって

$$\mathrm{rank}(N) = \mathrm{rank}(N') + \mathrm{rank}(I) \leq (m-1) + 1 = m$$

が成り立つ． $\square$

問 4.7 定理 4.36 の証明の記号をそのまま用いる．
(1) $M' \cong R^{m-1}$ を示せ．
(2) 系列 (4.4) は完全系列であることを示せ．
(3) 系列 (4.5) は完全系列であることを示せ．

系 4.37 R は単項イデアル整域とし，M は有限生成 R 加群とする．このとき，$0 \leq n \leq m$ を満たす整数 n, m，および，階数がそれぞれ n, m の自由 R 加群 M_1, M_2 が存在して，これらの R 加群の間に次の完全系列が存在する．

$$0 \longrightarrow M_1 \xrightarrow{f} M_2 \xrightarrow{g} M \longrightarrow 0 \quad (\text{exact}).$$

特に $M \cong \mathrm{Coker}(f)$ である．

証明． M が m 個の元 $e_1, e_2, \ldots, e_m$ で生成されるとし，写像 $g : R^m \to M$ を次のように定める．
$$g : R^m \ni (x_1, x_2, \ldots, x_m) \longmapsto \sum_{i=1}^{m} x_i e_i \in M.$$
このとき，g は $e_1, e_2, \ldots, e_m$ の定める座標写像であり，命題 4.30 (1), (2) により，g は全射な R 線形写像である．さらに，定理 4.36 より，$\mathrm{Ker}(g)$ は自由 R 加群である．また，$\mathrm{rank}(\mathrm{Ker}(g)) = n$ とすれば，$n \leq m$ が成り立つ．ここで，$f : \mathrm{Ker}(g) \to R^m$ を包含写像とすれば，次の完全系列が得られる．
$$0 \longrightarrow \mathrm{Ker}(g) \xrightarrow{f} R^m \xrightarrow{g} M \longrightarrow 0 \quad \text{(exact)}.$$
そこで，$M_1 = \mathrm{Ker}(g), M_2 = R^m$ とおけばよい．このとき，命題 4.20 より $M \cong \mathrm{Coker}(f)$ がしたがう． $\square$

4.4.2 自由加群の間の線形写像の表現行列

R は整域とする．有限生成な自由 R 加群の間の R 線形写像については，線形代数と同様の議論ができる．以下，その概略を述べる．

R^n の元を縦ベクトルの形に表す．R の元を成分とする (m, n) 型行列全体の集合を $M(m, n; R)$ と表す．$A = (a_{ij}) \in M(n, n; R)$ の**行列式** $\det A$ を
$$\det A = \sum_{\sigma \in S_n} \mathrm{sgn}(\sigma) a_{\sigma(1)1} a_{\sigma(2)2} \cdots a_{\sigma(n)n}$$
と定める．ここで，S_n は n 次対称群を表す．$A, B \in M(n, n; R)$ に対して
$$\det(AB) = \det A \det B$$
が成り立つ．$A \in M(n, n; R)$ から第 i 行と第 j 列を取り除いた小行列を $A_{(i,j)}$ と表すとき，$(-1)^{i+j} \det A_{(i,j)}$ を (i, j) **余因子**とよぶ $(1 \leq i \leq n, 1 \leq j \leq n)$．$A$ の (j, i) 余因子を (i, j) 成分とする n 次正方行列を A の**余因子行列**とよび，$\tilde{A}$ と表す．このとき
$$A\tilde{A} = \tilde{A}A = (\det A) E_n$$
が成り立つ．ここで，E_n は n 次単位行列を表す．

$A \in M(n, n; R)$ に対して，$AX = XA = E_n$ を満たす $X \in M(n, n; R)$ が存在するとき，A は**可逆**であるという．X を A の**逆行列**とよび，A^{-1} と表す．
$$GL(n, R) = \{ A \in M(n, n; R) \mid A \text{ は } M(n, n; R) \text{ 内で可逆} \}$$

とおく. $GL(n, R)$ は乗法に関して群をなす.

命題 4.38 $GL(n, R) = \{A \in M(n, n; R) \mid \det A \in R^*\}$ である.

証明. A が可逆ならば, $AA^{-1} = E_n$ より, $\det A \det A^{-1} = 1$ となるので, $\det A \in R^*$ である. $\det A \in R^*$ ならば, $(\det A)^{-1} \tilde{A}$ が A の逆行列となる. □

$GL(n, \mathbb{Z})$ の元を**ユニモジュラー行列** (unimodular matrix) とよぶ. ユニモジュラー行列の行列式は 1 または -1 である.

定義 4.39 R は整域とし, M, M' はそれぞれ階数 n, m の自由 R 加群とする. $T : M \to M'$ は R 線形写像とする. $E = \{e_1, e_2, \ldots, e_n\}$ を M の基底とし, $E' = \{e'_1, e'_2, \ldots, e'_m\}$ を M' の基底とする

$$T(e_j) = \sum_{i=1}^{m} a_{ij} e'_i \quad (1 \leq j \leq n) \tag{4.6}$$

が成り立つように $a_{ij} \in R \, (1 \leq i \leq m, \, 1 \leq j \leq n)$ を選ぶ. このとき

$$A = (a_{ij}) \in M(m, n; R)$$

を基底 E, E' に関する T の**表現行列**とよぶ.

式 (4.6) は形式的に次のように表される (行列とベクトルの計算規則にしたがって書き下してから, R の元 a_{ij} を e'_i の左に移せばよい).

$$(T(e_1), \ldots, T(e_n)) = (e'_1, \ldots, e'_m) A$$
$$= (e'_1, \ldots, e'_m) \begin{pmatrix} a_{11} & \cdots & a_{1n} \\ \vdots & \ddots & \vdots \\ a_{m1} & \cdots & a_{mn} \end{pmatrix}.$$

定義 4.40 R は整域とし, M は階数 n の自由 R 加群とする.

$$E = \{e_1, \ldots, e_n\}, \quad F = \{f_1, \ldots, f_n\}$$

はいずれも M の R 上の基底とする.

$$f_j = \sum_{i=1}^{n} p_{ij} e_i \quad (1 \leq j \leq n) \tag{4.7}$$

が成り立つように $p_{ij} \in R \, (1 \leq i \leq n, \, 1 \leq j \leq n)$ を選ぶ. このとき

$$P = (p_{ij}) \in M(n, n; R)$$

を基底 E から F への**変換行列**とよぶ.

変換行列 P は可逆行列であり,式 (4.7) は次のように表される.
$$(f_1, \ldots, f_n) = (e_1, \ldots, e_n)P.$$
また,基底 E と可逆行列 P が与えられれば,基底 E から F への変換行列が P となるような基底 F を作ることができる.

命題 4.41 R は整域とし,M, M' はそれぞれ階数 n, m の自由 R 加群とする.$T: M \to M'$ は R 線形写像とする.$E = \{e_1, e_2, \ldots, e_n\}$ は M の基底とし,$E' = \{e'_1, e'_2, \ldots, e'_m\}$ は M' の基底とする.基底 E, E' に関する T の表現行列を A とする.$T_A : R^n \to R^m$ は行列 A の定める線形写像とする(例 4.12 参照).また,$\psi_E : R^n \to M$, $\psi_{E'} : R^m \to M'$ はそれぞれ E, E' の定める座標写像とする.このとき,次の図式は可換図式である.

$$\begin{CD} R^n @>{T_A}>> R^m \\ @V{\psi_E}VV @VV{\psi_{E'}}V \\ M @>>{T}> M' \end{CD}$$

証明. $x = \begin{pmatrix} x_1 \\ \vdots \\ x_n \end{pmatrix} \in R^n, y = \begin{pmatrix} y_1 \\ \vdots \\ y_m \end{pmatrix} = T_A(x) \in R^m, A = (a_{ij})$ とする.$\psi_E(x) = \sum_{j=1}^n x_j e_j$, $\psi_{E'}(y) = \sum_{i=1}^m y_i e'_i$, $y_i = \sum_{j=1}^n a_{ij} x_j$, $T(e_j) = \sum_{i=1}^m a_{ij} e'_i$ より

$$T \circ \psi_E(x) = T\left(\sum_{j=1}^n x_j e_j\right) = \sum_{j=1}^n x_j T(e_j)$$
$$= \sum_{j=1}^n x_j \left(\sum_{i=1}^m a_{ij} e'_i\right) = \sum_{j=1}^n \left(\sum_{i=1}^m a_{ij} x_j e'_i\right),$$

$$\psi_{E'} \circ T_A(x) = \psi_{E'}(y) = \sum_{i=1}^m y_i e'_i$$
$$= \sum_{i=1}^m \left(\sum_{j=1}^n a_{ij} x_j\right) e'_i = \sum_{i=1}^m \left(\sum_{j=1}^n a_{ij} x_j e'_i\right)$$

が得られる．よって，$T \circ \psi_E = \psi_{E'} \circ T_A$ が成り立つ． □

定理 4.42 R は整域とし，M, M' はそれぞれ階数 n, m の自由 R 加群とする．$T : M \to M'$ は R 線形写像とする．$E = \{e_1, \ldots, e_n\}$, $F = \{f_1, \ldots, f_n\}$ は M の基底とし，$E' = \{e'_1, \ldots, e'_m\}$, $F' = \{f'_1, \ldots, f'_m\}$ は M' の基底とする．基底 E, E' に関する T の表現行列を A とし，基底 F, F' に関する T の表現行列を B とする．また，基底 E から F への変換行列を P とし，基底 E' から F' への変換行列を Q とする．このとき

$$B = Q^{-1}AP$$

が成り立つ．

証明の概略． $(f_1, \ldots, f_n) = (e_1, \ldots, e_n)P$ であり，T が線形写像であることより，$(T(f_1), \ldots, T(f_n)) = (T(e_1), \ldots, T(e_n))P$ が得られる．さらに $(T(e_1), \ldots, T(e_n)) = (e'_1, \ldots, e'_m)A$, $(e'_1, \ldots, e'_m) = (f'_1, \ldots, f'_m)Q^{-1}$ より

$$(T(f_1), \ldots, T(f_n)) = (T(e_1), \ldots, T(e_n))P$$
$$= (e'_1, \ldots, e'_m)AP = (f'_1, \ldots, f'_m)Q^{-1}AP$$

である．この式と $(T(f_1), \ldots, T(f_n)) = (f'_1, \ldots, f'_m)B$ を比較すればよい． □

4.4.3　行列を使って単項イデアル整域上の有限生成加群の構造を考える

R は単項イデアル整域とし，M は有限生成な R 加群とする．系 4.37 により，階数がそれぞれ n, m の自由 R 加群 M_1, M_2 が存在し $(0 \leq n \leq m)$，次の完全系列が成立する．

$$0 \longrightarrow M_1 \stackrel{f}{\longrightarrow} M_2 \stackrel{g}{\longrightarrow} M \longrightarrow 0 \quad \text{(exact)}.$$

$n = 0$ ならば，M_1 は零加群であり，$M \cong M_2 \cong R^m$ となる．そこで，$n \geq 1$ とする．M_1 の基底 E_1, M_2 の基底 E_2 を選び，基底 E_1, E_2 に関する f の表現行列を A とする．E_1, E_2 が定める座標写像をそれぞれ ψ_{E_1}, ψ_{E_2} とする．このとき，命題 4.41 により，次の可換図式が存在する．

$$\begin{array}{ccccccccc}
R^n & \stackrel{T_A}{\longrightarrow} & R^m \\
\psi_{E_1} \downarrow & & \psi_{E_2} \downarrow \\
M_1 & \stackrel{f}{\longrightarrow} & M_2 & \stackrel{g}{\longrightarrow} & M & \longrightarrow & 0.
\end{array}$$

ここで, f は単射であり, ψ_{E_1}, ψ_{E_2} は同型写像であるので, T_A は単射である. したがって, 次の可換図式が成立し, 上下 2 つの行は完全系列である.

$$\begin{CD}
0 @>>> R^n @>T_A>> R^m @>\pi>> \mathrm{Coker}(T_A) @>>> 0 \quad (\text{exact}) \\
@. @VV\psi_{E_1}V @VV\psi_{E_2}V @. @. \\
0 @>>> M_1 @>f>> M_2 @>g>> M @>>> 0 \quad (\text{exact})
\end{CD}$$

ここで, $\pi : R^m \to R^m/\mathrm{Im}(T_A)\,(=\mathrm{Coker}(T_A))$ は標準的準同型写像である. このとき, 問 4.5 より, $\varphi \circ \pi = g \circ \psi_{E_2}$ を満たす同型写像 $\varphi : \mathrm{Coker}(T_A) \to M$ が存在する. したがって, 次の命題が得られた.

命題 4.43 R は単項イデアル整域とし, M は有限生成な R 加群とする. このとき, 次の (a), (b) のいずれかが成り立つ.

(a) 0 以上の整数 m に対して, $M \cong R^m$ である.

(b) $1 \le n \le m$ を満たす整数 n, m と, 行列 $A \in M(m, n; R)$ が存在して, 次が成り立つ.

  (i) $T_A : R^n \to R^m$ は単射である.
  (ii) $M \cong \mathrm{Coker}(T_A)$ である.

上の議論において, M_1 と M_2 のある基底に関する $f : M_1 \to M_2$ の表現行列が A であり, 別の基底に関する表現行列が B であるとき

$$M \cong \mathrm{Coker}(f) \cong \mathrm{Coker}(T_A) \cong \mathrm{Coker}(T_B)$$

である. また, 定理 4.42 より, $B = Q^{-1}AP$ (P, Q は可逆行列) が成り立つ.

4.4.4 表現行列を簡単にする ($R = \mathbb{Z}$ の場合)

R 加群の間の R 線形写像が与えられたとき, M_1, M_2 の基底をうまく選んで, 表現行列を簡単することを考える. いい換えれば, 与えられた行列 A に対して, 可逆行列 P, Q をうまく選んで, $Q^{-1}AP$ を簡単にすることを考える.

定理 4.44 R は単項イデアル整域とし, $A \in M(m, n; R)$ とする.

(1) $0 \le r \le \min\{m, n\}$ を満たす整数 r と, それぞれ m 次, n 次の可逆行列 $X \in GL(m, R), Y \in GL(n, R)$ が存在して

$$XAY = \begin{pmatrix} e_1 & & & & \\ & e_2 & & & \\ & & \ddots & & \\ & & & e_r & \\ & & & & \end{pmatrix} \quad (4.8)$$

という形となる．ここで，式 (4.8) の右辺の行列は，(i,i) 成分が e_i ($1 \leq i \leq r$)，その他の成分は 0 であり，イデアルの包含関係

$$(e_1) \supset (e_2) \supset \cdots \supset (e_r) \neq (0) \quad (4.9)$$

が成り立つ (すなわち，$e_i | e_{i+1}$ ($1 \leq i \leq r-1$), $e_r \neq 0$ が成り立つ)．

(2) r は X, Y の選び方によらず一定であり，イデアルの列 (4.9) は一意的に定まる (すなわち，$e_1, e_2, \ldots, e_r$ は同伴を除けば一意的である)．

式 (4.8) の右辺の行列をここでは**標準形**とよぶ．定理 4.44 の一般的な証明の前に，まず，$R = \mathbb{Z}$ の場合に (1) を証明する．そのための準備を述べる．

R は単項イデアル整域とする．さしあたり，次の 3 種類の n 次正方行列 $P_n(i,j), Q_n(i;c), R_n(i,j;c) \in M(n,n;R)$ を**基本行列**とよぶ．

(I) $1 \leq i \leq n, 1 \leq j \leq n, i \neq j$ とする．

$$P_n(i,j) = \begin{pmatrix} 1 & & & \vdots & & \vdots & & \\ & \ddots & & \vdots & & \vdots & & \\ \cdots & \cdots & 0 & \cdots & 1 & \cdots & \cdots & \\ & & \vdots & \ddots & \vdots & & & \\ \cdots & \cdots & 1 & \cdots & 0 & \cdots & \cdots & \\ & & \vdots & & \vdots & \ddots & & \\ & & \vdots & & \vdots & & 1 & \end{pmatrix} \begin{matrix} \\ \\ \text{第}\ i\ \text{行} \\ \\ \text{第}\ j\ \text{行} \\ \\ \\ \end{matrix}$$

第 i 列 　第 j 列

(i,i) 成分と (j,j) 成分は 0，それ以外の対角成分は 1，(i,j) 成分と (j,i) 成分は 1，その他の成分は 0．

(II) $1 \leq i \leq n, c \in R^*$ とする ($R = \mathbb{Z}$ ならば，$c = \pm 1$)．

$$Q_n(i;c) = \begin{pmatrix} 1 & & & \vdots & & & \\ & \ddots & & \vdots & & & \\ & & 1 & \vdots & & & \\ \cdots & \cdots & \cdots & c & \cdots & \cdots & \cdots \\ & & & \vdots & 1 & & \\ & & & \vdots & & \ddots & \\ & & & \vdots & & & 1 \end{pmatrix} \text{ 第 } i \text{ 行}$$

第 i 列

(i,i) 成分は c, それ以外の対角成分は 1, その他の成分は 0.

(III) $1 \leq i \leq n, 1 \leq j \leq n, i \neq j, c \in R$ とする.

$$R_n(i,j;c) = \begin{pmatrix} 1 & & & & \vdots & & \\ & \ddots & & & \vdots & & \\ \cdots & \cdots & 1 & \cdots & c & \cdots & \cdots \\ & & & & \vdots & & \\ & & & & 1 & & \\ & & & & \vdots & \ddots & \\ & & & & \vdots & & 1 \end{pmatrix} \text{ 第 } i \text{ 行}$$

第 j 列

対角成分は 1, (i,j) 成分は c, その他の成分は 0.

これらの基本行列は可逆行列であり, 逆行列もまた基本行列である.

$$P_n(i,j)^{-1} = P_n(i,j),\ Q_n(i;c)^{-1} = Q_n(i;c^{-1}),$$
$$R_n(i,j;c)^{-1} = R_n(i,j;-c).$$

(m,n) 型行列に基本行列をかけることによって生じる変形を**基本変形**とよぶ.

(1) $P_m(i,j)$ を左からかけると, 第 i 行と第 j 行が入れかわる (「$R_i \leftrightarrow R_j$」と略記. R_i は第 i 行を意味する). $P_n(i,j)$ を右からかけると, 第 i 列と第 j 列が入れかわる (「$C_i \leftrightarrow C_j$」と略記, C_i は第 i 列を意味する).

(2) $Q_m(i;c)$ を左からかけると，第 i 行が c 倍される (「$R_i \times c$」)．$Q_n(i;c)$ を右からかけると，第 i 列が c 倍される (「$C_i \times c$」)．

(3) $R_m(i,j;c)$ を左からかけると，第 i 行に第 j 行の c 倍が加えられる (「$R_i + cR_j$」)．$R_n(i,j;c)$ を右からかけると，第 j 列に第 i 列の c 倍が加えられる (「$C_j + cC_i$」)．

定理 4.44 (1) ($R = \mathbb{Z}$ の場合) の証明．次のアルゴリズムによって，A に基本変形をくり返して標準形を作る．以下，変形の各段階において，得られた行列の (i,j) 成分をそのつど a_{ij} と表す (よって，変形ごとに a_{ij} は変化する)．

(i) $A = O$ ならば，すでに標準形 ($r = 0$ の場合) である．

(ii) $A \neq O$ とする．必要に応じて，行や列の交換を行い，A の 0 でない成分のうち，絶対値が最小のものを $(1,1)$ 成分に移す．さらに必要に応じて第 1 行を (-1) 倍することにより，$a_{11} > 0$ とする．

(iii) $2 \leq i \leq m$ を満たす各 i に対して
$$a_{i1} = q_{i1} a_{11} + r_{i1}, \quad q_{i1}, r_{i1} \in \mathbb{Z},\ 0 \leq r_{i1} < a_{11}$$
となる q_{i1}, r_{i1} を選び，基本変形「$R_i - q_{i1} R_1$」をほどこすと，$(i,1)$ 成分が $r_{i1}\ (< a_{11})$ となる．さらに，$2 \leq j \leq n$ を満たす各 j に対して
$$a_{1j} = q_{1j} a_{11} + r_{1j}, \quad q_{1j}, r_{1j} \in \mathbb{Z},\ 0 \leq r_{1j} < a_{11}$$
となる q_{1j}, r_{1j} を選び，基本変形「$C_j - q_{1j} C_1$」をほどこすと，$(1,j)$ 成分が $r_{1j}\ (< a_{11})$ となる．

(iv) 得られた行列の $(i,1)$ 成分 ($2 \leq i \leq m$)，$(1,j)$ 成分 ($2 \leq j \leq n$) のうち，0 でないものがあれば，あらためて操作 (ii), (iii) を行う．このとき，行列の 0 でない成分の絶対値の最小値 (以下，「最小絶対値」とよぶ) は，もとの行列のそれより小さい．最小絶対値は正整数であるので，無限に下がり続けることはない．したがって，何度かこの操作をくり返せば，次の形の行列が得られる．

$$\begin{pmatrix} a_{11} & 0 & \cdots & 0 \\ \hline 0 & & & \\ \vdots & & A' & \\ 0 & & & \end{pmatrix}$$

(v) 操作 (iv) で得られた行列において，A' の成分の中に a_{11} の倍数でないも

のが存在する場合，たとえば $a_{pq}\,(2 \leq p \leq m,\, 2 \leq q \leq n)$ が a_{11} の倍数でないならば，基本変形「$R_1 + R_p$」をほどこすと，新しい行列の $(1, q)$ 成分は a_{11} の倍数でない．

$$\left(\begin{array}{c|ccc} a_{11} & 0 & \cdots & 0 \\ \hline 0 & & & \\ \vdots & & a_{pq} & \\ 0 & & & \end{array}\right) \xrightarrow{R_1 + R_p} \left(\begin{array}{c|ccc} a_{11} & \cdots & a_{pq} & \cdots \\ \hline 0 & & & \\ \vdots & & a_{pq} & \\ 0 & & & \end{array}\right)$$

この行列に操作 (iii) をほどこすと，新しい行列の最小絶対値はさらに小さくなる．そこであらためて操作 (ii) から操作 (iv) までを行う．その段階で得られた行列において，A' の成分の中に a_{11} の倍数でないものがある限り，同様の操作をくり返す．最小絶対値が無限に小さくなり続けることはないので，何度かの操作ののちに，(iv) の形の行列であって，A' の成分がすべて a_{11} の倍数であるものが得られる．

(vi) 得られた行列の A' 部分が零行列ならば，標準形 ($r = 1$) である．そうでなければ，A' について，操作 (ii) から操作 (v) までと同様の操作をほどこす．このとき，A' の部分にあらわれる成分はつねに a_{11} の倍数であるので，何度かの操作の後，次の形の行列が得られる．

$$\left(\begin{array}{cc|ccc} a_{11} & 0 & 0 & \cdots & 0 \\ 0 & a_{22} & 0 & \cdots & 0 \\ \hline 0 & 0 & & & \\ \vdots & \vdots & & A'' & \\ 0 & 0 & & & \end{array}\right)$$

ここで，a_{22} は a_{11} の倍数であり，A'' の成分はすべて a_{22} の倍数である．

(vii) A'' が零行列ならば，標準形 ($r = 2$) である．そうでなければ，同様の操作をくり返すことにより，最終的に求める標準形が得られる． □

例 4.19 $A = \begin{pmatrix} 12 & 30 \\ 8 & 22 \end{pmatrix}$ の標準形は次のようにして得られる．

$$\begin{pmatrix} 12 & 30 \\ 8 & 22 \end{pmatrix} \xrightarrow{R_1 \leftrightarrow R_2} \begin{pmatrix} 8 & 22 \\ 12 & 30 \end{pmatrix} \xrightarrow{R_2 - R_1} \begin{pmatrix} 8 & 22 \\ 4 & 8 \end{pmatrix}$$

$$\xrightarrow{C_2-2C_1} \begin{pmatrix} 8 & 6 \\ 4 & 0 \end{pmatrix} \xrightarrow{R_1 \leftrightarrow R_2} \begin{pmatrix} 4 & 0 \\ 8 & 6 \end{pmatrix} \xrightarrow{R_2-2R_1} \begin{pmatrix} 4 & 0 \\ 0 & 6 \end{pmatrix}$$
$$\xrightarrow{R_1+R_2} \begin{pmatrix} 4 & 6 \\ 0 & 6 \end{pmatrix} \xrightarrow{C_2-C_1} \begin{pmatrix} 4 & 2 \\ 0 & 6 \end{pmatrix} \xrightarrow{C_1 \leftrightarrow C_2} \begin{pmatrix} 2 & 4 \\ 6 & 0 \end{pmatrix}$$
$$\xrightarrow{R_2-3R_1} \begin{pmatrix} 2 & 4 \\ 0 & -12 \end{pmatrix} \xrightarrow{C_2-2C_1} \begin{pmatrix} 2 & 0 \\ 0 & -12 \end{pmatrix} \xrightarrow{R_2 \times (-1)} \begin{pmatrix} 2 & 0 \\ 0 & 12 \end{pmatrix}.$$

4.4.5 表現行列を簡単にする (R が一般の単項イデアル整域の場合)

次に，一般の場合に定理 4.44 (1) を証明する．$R = \mathbb{Z}$ の場合と違い，「ある元を別の元で割って余りを出す」ことができないので，少し準備が必要である．

補題 4.45 R は整域とし，$a, b, d \in R$ に対して，イデアルの等式
$$(a, b) = (d)$$
が成り立つとする．さらに，$d \neq 0$ とする．このとき，行列
$$P = \begin{pmatrix} p & q \\ r & s \end{pmatrix} \in M(2, 2; R)$$
が存在して，次の 2 つの条件 (i), (ii) を満たす．

(i) $P \begin{pmatrix} a \\ b \end{pmatrix} = \begin{pmatrix} d \\ 0 \end{pmatrix}$, $(a\ b)\,{}^t P = (d\ 0)$.

(ii) $\det P = 1$．特に $P \in GL(2, R)$．

証明． $d \in (a, b)$ より，ある $p, q \in R$ に対して $d = pa + qb$ となる．$a \in (d)$ より，ある $s \in R$ に対して $a = sd$ となる．$-b \in (d)$ より，ある $r \in R$ に対して，$-b = rd$ となる．この p, q, r, s を用いて行列 P を作ると
$$pa + qb = d, \quad ra + sb = rsd - srd = 0$$
となるので，条件 (i) が成り立つ．さらに，次が成り立つ．
$$d = pa + qb = psd - qrd = d(ps - qr).$$
R は整域であり，$d \neq 0$ であるので，$\det P = ps - qr = 1$ である． □

ここで，次の可逆行列 $S_n(i, j; p, q, r, s) \in M(n, n; R)$ も基本行列と考える．

(IV) $1 \leq i \leq n, 1 \leq j \leq n, i \neq j, p, q, r, s \in R, ps - rq = 1$ とする.

$$S_n(i,j;p,q,r,s) = \begin{pmatrix} 1 & & \vdots & & \vdots & & \\ & \ddots & \vdots & & \vdots & & \\ \cdots & \cdots & p & \cdots & q & \cdots & \cdots \\ & & \vdots & \ddots & \vdots & & \\ \cdots & \cdots & r & \cdots & s & \cdots & \cdots \\ & & \vdots & & \vdots & \ddots & \\ & & \vdots & & \vdots & & 1 \end{pmatrix} \begin{matrix} \\ \\ \text{第 } i \text{ 行} \\ \\ \text{第 } j \text{ 行} \\ \\ \end{matrix}$$

$$\text{第 } i \text{ 列} \quad \text{第 } j \text{ 列}.$$

(i,i) 成分, (i,j) 成分, (j,i) 成分, (j,j) 成分はそれぞれ p, q, r, s. (i,i) 成分と (j,j) 成分以外の対角成分は 1, その他の成分は 0.

$a, b, d \in R \setminus \{0\}$, $(a,b) = (d)$ とする. 補題 4.45 によれば, ある (m,n) 型行列の (i,k) 成分と (j,k) 成分がそれぞれ a, b のとき, しかるべき $S_m(i,j;p,q,r,s)$ を左からかけ, (i,k) 成分と (j,k) 成分をそれぞれ $d, 0$ とすることができる. 同様に, (k,i) 成分と (k,j) 成分がそれぞれ a, b のとき, しかるべき $S_n(i,j;p,q,r,s)$ を右からかけ, (k,i) 成分と (k,j) 成分をそれぞれ $d, 0$ とすることができる.

定理 4.44 (1) (R が一般の単項イデアル整域の場合) の証明. 次のアルゴリズムによって, A に基本変形をくり返して標準形を作る. 以下, 変形の各段階において, 得られた行列の (i,j) 成分をそのつど a_{ij} と表す.

(i) $A = O$ ならば, すでに求める形 ($r = 0$ の場合) である.

(ii) $A \neq O$ とする. 必要に応じて, 行や列の交換を行い, $a_{11} \neq 0$ とする.

(iii) $2 \leq i \leq m$ を満たす各 i に対して, $a_{11} | a_{i1}$ ならば, 第 1 行の定数倍を第 i 行に加え, $(i,1)$ 成分を 0 にする. $a_{11} \nmid a_{i1}$ のとき, $(a_{11}, a_{i1}) = (d)$ となる $d \in R$ を選んで, しかるべき基本行列 $S_m(1,i;p,q,r,s)$ を左からかけ, $(1,1)$ 成分を d, $(i,1)$ 成分を 0 にする. 新しい行列の $(1,1)$ 成分を a'_{11} と書くと, $a_{11} \nmid a_{i1}$ より $a_{i1} \notin (a_{11})$ であるので

$$(a_{11}) \subsetneq (a_{11}, a_{i1}) = (d) = (a'_{11})$$

が成り立つ．すなわち，$(1,1)$ 成分で生成されたイデアルが真に増大する．さらに，$2 \leq j \leq n$ を満たす各 j に対しても，同様の操作 (右から基本行列をかける変形) を行う．$S_m(1,i;p,q,r,s)$ や $S_n(1,j;p,q,r,s)$ を左右からかけると，$(1,1)$ 成分で生成された R のイデアルが真に増大するが，補題 3.65 によれば，このようなイデアルの増大が無限に続くことはない．したがって，何度かこの操作をくり返せば，次の形の行列が得られる．

$$\left(\begin{array}{c|ccc} a_{11} & 0 & \cdots & 0 \\ \hline 0 & & & \\ \vdots & & A' & \\ 0 & & & \end{array} \right)$$

(iv) 操作 (iii) で得られた行列において，A' の成分の中に a_{11} の倍元でないものが存在する場合，たとえば $a_{11} \nmid a_{pq}$ $(2 \leq p \leq m, 2 \leq q \leq n)$ ならば，基本変形「$R_1 + R_p$」をほどこし，さらに操作 (iii) をくり返す．何度かの操作ののちに，(iii) の形の行列であって，A' の成分がすべて a_{11} の倍元であるものが得られる．

(v) 操作 (iv) で得られた行列の A' の部分が零行列ならば，標準形 ($r = 1$) である．そうでなければ，A' について，同様の操作をくり返す．

(vi) 以上の操作をくり返すことによって，最終的に標準形が得られる． □

4.4.6 標準形の一意性

次に，定理 4.44 (2) を証明するが，まずそのための準備を述べる．

R は整域とし，$A = (a_{ij}) \in M(m,n;R)$ とする．$k \in \mathbb{N}$, $k \leq \min\{m,n\}$ とする．A の k 個の行と k 個の列を選んでできる k 次正方行列を **k 次小行列**とよび，その行列式を **k 次小行列式**とよぶ．A のすべての k 次小行列式で生成される R のイデアルを $I_k(A)$ と表すことにする．

例 4.20 例 4.19 の行列 A の 1 次小行列式は，その成分そのものであるので，$I_1(A) = (12, 30, 8, 22) = (2)$ である．2 次小行列式は $\det A = 24$ のみで

あるので，$I_2(A) = (24)$ である．一方，A の標準形 $\begin{pmatrix} 2 & 0 \\ 0 & 12 \end{pmatrix}$ を B とおくと，$I_1(B) = (2), I_2(B) = (24)$ である．

命題 4.46 R は整域とし，$A \in M(m, n; R)$ とする．$k \in \mathbb{N}, k \leq \min\{m, n\}$ とする．このとき，次が成り立つ．

(1) $I_k({}^tA) = I_k(A)$.
(2) $Y \in M(n, n; R)$ に対して，$I_k(AY) \subset I_k(A)$．$Y \in GL(n, R)$ ならば，$I_k(AY) = I_k(A)$．
(3) $X \in M(m, m; R)$ に対して，$I_k(XA) \subset I_k(A)$．$X \in GL(m, R)$ ならば，$I_k(XA) = I_k(A)$．
(4) $X \in GL(m, R), Y \in GL(n, R)$ に対して，$I_k(XAY) = I_k(A)$．

証明の概略． (1) 行列式は転置しても変わらないことよりしたがう．

(2) $A = (\boldsymbol{a}_1\, \boldsymbol{a}_2\, \ldots\, \boldsymbol{a}_n), AY = (\boldsymbol{b}_1\, \boldsymbol{b}_2\, \ldots\, \boldsymbol{b}_n)$ ($\boldsymbol{a}_i, \boldsymbol{b}_i$ はそれぞれ A, AY の第 i 列ベクトル，$1 \leq i \leq n$) とし，$Y = (y_{ij})$ とすると

$$\boldsymbol{b}_j = \sum_{i=1}^{n} y_{ij} \boldsymbol{a}_i \quad (1 \leq j \leq n)$$

が成り立つ．AY の列ベクトルが A の列ベクトルの R 上の線形結合となるので，行列式の多重線形性と交代性により，AY の k 次小行列式は，A の k 次小行列式の R 上の線形結合となる．このことより $I_k(AY) \subset I_k(A)$ が得られる．$Y \in GL(n, R)$ ならば，$I_k(A) = I_k(AYY^{-1}) \subset I_k(AY)$ も成り立つので，$I_k(AY) = I_k(A)$ が得られる．

(3) (1), (2) より，$I_k(XA) = I_k({}^t(XA)) = I_k({}^tA\,{}^tX) \subset I_k({}^tA) = I_k(A)$ が得られる．$X \in GL(m, R)$ ならば，等号が成立する．

(4) (2), (3) よりしたがう．

定理 4.44 (2) の証明． 式 (4.8) の右辺の行列を B とおくと，命題 4.46 (4) より $I_k(A) = I_k(B)$ であり，行列 B の形より

$$I_k(A) = I_k(B) = \begin{cases} (e_1 e_2 \cdots e_k) & (1 \leq k \leq r \text{ のとき}) \\ (0) & (k > r \text{ のとき}) \end{cases} \quad (4.10)$$

が成り立つことがわかる (問 4.8)．ここで，R のイデアル $I_k(A)$ は A のみによって定まることに注意する．このとき，r は A によって一意的に定まる．実

際, $I_k(A) \neq (0)$ となる $k \in \mathbb{N}$ が存在するならば, そのような k のうち最大のものが r である. そのような k が存在しないときは, $r = 0$ である. また, $I_k(A) = (d_k)$ $(d_k \in R, 1 \leq k \leq r)$ と表すとき, この d_k は同伴を除いて一意的に定まり (命題 3.57), 次の関係が成り立つ (「$\sim$」は同伴を表す).

$$d_k \sim e_1 e_2 \cdots e_k \quad (1 \leq k \leq r).$$

したがって, $e_1 \sim d_1$ であり, $2 \leq k \leq r$ のとき, $e_k d_{k-1} \sim d_k$ である. よって, e_k $(1 \leq k \leq r)$ は同伴を除いて一意的に定まる (問 3.24 (3) 参照). □

問 4.8 上の式 (4.10) が成り立つことを示せ.

4.4.7 単項イデアル整域上の有限生成加群の構造 (その 1)

単項イデアル整域上の有限生成加群の構造について, 次の定理が成り立つ.

定理 4.47 R は単項イデアル整域とし, M は有限生成な R 加群とする.

(1) ある非負整数 r, s と $e_1, e_2, \ldots, e_r \in R$ が存在して

$$M \cong \bigl(R/(e_1)\bigr) \oplus \bigl(R/(e_2)\bigr) \oplus \cdots \oplus \bigl(R/(e_r)\bigr) \oplus R^s$$

となる. ここで, イデアルの包含関係

$$R \neq (e_1) \supset (e_2) \supset \cdots \supset (e_r) \neq (0)$$

が成り立つ.

(2) このような非負整数 r, s, および, イデアルの列

$$(e_1) \supset (e_2) \cdots \supset (e_r)$$

は一意的に定まる.

定理 4.47 (1) の証明. M について, 命題 4.43 の (a) または (b) が成り立つ. (a) の場合, $M \cong R^m$ $(m \in \mathbb{Z}, m \geq 0)$ であるので, $r = 0, s = m$ とすればよい. そこで, (b) の場合を考える. このとき, $1 \leq n \leq m$ を満たす整数 n, m, および行列 $A \in M(m, n; R)$ が存在して, 行列 A の定める写像 $T_A : R^n \to R^m$ は単射であり, $M \cong \mathrm{Coker}(T_A)$ となる. このとき, 小節 4.4.3 に述べたこと, および定理 4.44 により, はじめから A は次の形であるとしてよい.

$$A = \begin{pmatrix} e_1 & & & \\ & e_2 & & \\ & & \ddots & \\ & & & e_r \end{pmatrix} \quad (e_i | e_{i+1}\ (1 \leq i \leq r-1),\ e_r \neq 0).$$

このとき, $r = n$ が成り立つ. 実際, $r < n$ ならば, $z = {}^t(z_1, \ldots, z_n) \in R^n$ を

$$z_i = \begin{cases} 1 & (i = r+1 \text{ のとき}) \\ 0 & (\text{それ以外の場合}) \end{cases}$$

と定めると, $T_A(z) = 0$ となり, T_A が単射であることに反する. したがって, $r = n$ であり, T_A は次のような写像である (実際に A をかけてみよ).

$$T_A : R^n \ni {}^t(x_1, x_2, \ldots, x_n) \longmapsto {}^t(e_1 x_1, e_2 x_2, \ldots, e_n x_n, 0, \ldots, 0) \in R^m. \tag{4.11}$$

このことより, 次のことがしたがう (問 4.9).

$$M \cong \mathrm{Coker}(T_A) \cong \big(R/(e_1)\big) \oplus \big(R/(e_2)\big) \oplus \cdots \oplus \big(R/(e_n)\big) \oplus R^{m-n}.$$

可逆元でない e_i を選び, あらためて $e_1, \ldots, e_r$ とし, $s = m - n$ とおく. □

問 4.9 $T_A : R^n \to R^m$ は定理 4.47 (1) の証明中の (4.11) により定まる写像とする. さらに $g : R^m \to \big(R/(e_1)\big) \oplus \cdots \oplus \big(R/(e_n)\big) \oplus R^{m-n}$ を

$$g(y) = (y_1 \bmod (e_1), \ldots, y_n \bmod (e_n), y_{n+1}, \ldots, y_m)$$

$(y = {}^t(y_1, \ldots, y_m) \in R^m)$ と定める. このとき

$$0 \longrightarrow R^n \xrightarrow{T_A} R^m \xrightarrow{g} \big(R/(e_1)\big) \oplus \cdots \oplus \big(R/(e_n)\big) \oplus R^{m-n} \longrightarrow 0$$

は完全系列であり, $\mathrm{Coker}(T_A) \cong \big(R/(e_1)\big) \oplus \cdots \oplus \big(R/(e_n)\big) \oplus R^{m-n}$ が成り立つことを示せ.

4.4.8 単項イデアル整域上の有限生成加群の構造 (その 2)

次に, 定理 4.47 (2) の証明の概略を述べるが, その前に準備が必要である.

補題 4.48 R は単項イデアル整域とし, $b_1, b_2 \in R$ は互いに素であるとする.

(1) $(b_1, b_2) = R$ である.
(2) $(b_1) \cap (b_2) = (b_1 b_2)$ である.

証明. (1) $(b_1, b_2) = (d)$ となる $d \in R$ を選ぶと, $b_1, b_2 \in (d)$ より, b_1, b_2 はともに d の倍元である. よって, d は b_1, b_2 の公約元である. b_1, b_2 は互いに素であるので, d は可逆元であり, $(b_1, b_2) = (d) = R$ である (命題 3.24 (1)).

(2) $b_1 b_2 \in (b_1) \cap (b_2)$ より, $(b_1 b_2) \subset (b_1) \cap (b_2)$ である. 一方, $z \in (b_1) \cap (b_2)$ ならば, $b_1 | z$ より, ある $c \in R$ に対して $z = b_1 c$ となる. (1) より $1 \in (b_1, b_2)$ であるので, ある $x_1, x_2 \in R$ が存在して, $1 = x_1 b_1 + x_2 b_2$ が成り立つ. この式の両辺を c 倍すると
$$c = x_1 b_1 c + x_2 b_2 c = x_1 z + x_2 b_2 c$$
が得られるが, $z, b_2 \in (b_2)$ より $c \in (b_2)$ となる. よって, ある $c' \in R$ が存在して, $c = b_2 c'$ となる. このとき, $z = b_1 b_2 c' \in (b_1 b_2)$ である. よって, $(b_1) \cap (b_2) \subset (b_1 b_2)$ である. □

命題 4.49 R は単項イデアル整域とし, $b_1, b_2 \in R$ は互いに素であるとする.

(1) $\psi : R \to \bigl(R/(b_1)\bigr) \oplus \bigl(R/(b_2)\bigr)$ を
$$\psi : R \ni x \longmapsto (x \bmod (b_1), \ x \bmod (b_2)) \in \bigl(R/(b_1)\bigr) \oplus \bigl(R/(b_2)\bigr)$$
と定めると, ψ は全射な R 線形写像であって, $\mathrm{Ker}(\psi) = (b_1 b_2)$ である.

(2) R 加群同士の同型 $R/(b_1 b_2) \cong \bigl(R/(b_1)\bigr) \oplus \bigl(R/(b_2)\bigr)$ が成り立つ.

(3) $a \in R$ を素元分解して
$$a = c p_1^{m_1} \cdots p_t^{m_t}$$
($c \in R^*$, $p_1, \ldots, p_t$ は互いに同伴でない素元, $m_i \in \mathbb{N}, 1 \leq i \leq t$) と表したとき, R 加群の同型
$$R/(a) = R/(p_1^{m_1} \cdots p_t^{m_t}) \cong \bigl(R/(p_1^{m_1})\bigr) \oplus \cdots \oplus \bigl(R/(p_t^{m_t})\bigr)$$
が成り立つ.

証明. (1) ψ が R 線形写像であることの証明は省略する. b_1, b_2 は互いに素であるので, $(b_1, b_2) = R$ となる (補題 4.48 (1)). よって
$$x_1 b_1 + x_2 b_2 = 1$$

を満たす $x_1, x_2 \in R$ が存在する．$y_1 \bmod (b_1) \in R/(b_1)$, $y_2 \bmod (b_2) \in R/(b_2)$ $(y_1, y_2 \in R)$ を任意に与えたとき

$$x = y_2 x_1 b_1 + y_1 x_2 b_2$$

とおくと

$$x - y_1 = y_2 x_1 b_1 + y_1 x_2 b_2 - y_1(x_1 b_1 + x_2 b_2) = (y_2 - y_1) x_1 b_1 \in (b_1)$$

であるので，$x \bmod (b_1) = y_1 \bmod (b_1) \in R/(b_1)$ であることがわかる．同様に，$x \bmod (b_2) = y_2 \bmod (b_2) \in R/(b_2)$ である．よって，ψ は全射である．また，$b_1 b_2 \in \mathrm{Ker}(\psi)$ より $(b_1 b_2) \subset \mathrm{Ker}(\psi)$ である．逆に $x \in R$ が $\psi(x) = 0$ を満たすならば，$x \in (b_1)$ かつ $x \in (b_2)$ が成り立つ．このとき，$x \in (b_1 b_2)$ である (補題 4.48 (2))．よって，$\mathrm{Ker}(\psi) = (b_1 b_2)$ である．

(2) 準同型定理よりしたがう．

(3) $t = 1$ ならば正しい．$t \geq 2$ のとき，$p_1^{m_1} \cdots p_{t-1}^{m_{t-1}}$ と $p_t^{m_t}$ は互いに素であるので，(2) より，次の同型が成り立つ．

$$R/(p_1^{m_1} \cdots p_t^{m_t}) \cong \left(R/(p_1^{m_1} \cdots p_{t-1}^{m_{t-1}})\right) \oplus \left(R/(p_t^{m_t})\right).$$

(2) をくり返し用いれば，求める同型が得られる (t に関する帰納法)． □

補題 4.50 R は環とし，M は R 加群とする．I は R のイデアルとする．任意の $a \in I$ と任意の $x \in M$ に対して，$ax = 0$ が成り立つと仮定する．このとき，$\bar{a} \in R/I$, $x \in M$ に対して $\bar{a}x = ax$ と定めることによって，M は R/I 加群の構造を持つ．

証明の概略． $\bar{a} = \bar{a}' \in R/I$ $(a, a' \in R)$ のとき，$a - a' \in I$ であるので，$ax - a'x = (a - a')x = 0$ となり，$ax = a'x$ が成り立つ．よって，R/I の M への作用は well-defined である．この作用によって M が R/I 加群となることの確認は読者にゆだねる． □

補題 4.51 R は単項イデアル整域とし，q は R の素元とする．$k \in \mathbb{N}$ に対して R 加群 $N = R/(q^k)$ を考える．N の元 $a \bmod (q^k)$ $(a \in R)$ を $\bar{a}$ と表す．また，p は R の素元とし，$l \in \mathbb{N} \cup \{0\}$ に対して N の R 部分加群

$$p^l N = \left\{ p^l \alpha \,|\, \alpha \in N \right\} = \left\{ \overline{p^l} \alpha \,|\, \alpha \in N \right\}$$

を考える ($p^l \alpha$ は R 加群 N の元 α に R の元 p^l を作用させたもので，それは 2 つの元 $\overline{p^l}, \alpha \in N$ の積に等しい)．

(1) $p^{l+1}N \subset p^l N$ である.
(2) p が q と同伴でないならば, $pN = N$ である.
(3) p が q と同伴でないならば, $p^l N = N$ であり, $p^l N / p^{l+1} N = 0$ (零加群) である.
(4) p が q と同伴であって, $l \geq k$ ならば, $p^l N = 0$ である.
(5) p が q と同伴であって, $l \geq k$ ならば, $p^l N / p^{l+1} N = 0$ である.
(6) p は q と同伴であって, $l < k$ とする. $\varphi : R \to p^l N$ を

$$\varphi : R \ni x \longmapsto \overline{p^l x} \in p^l N$$

と定めると, φ は全射な R 線形写像であり, $\varphi^{-1}(p^{l+1}N) = (p)$ である.

(7) p が q と同伴であって, $l < k$ ならば, $p^l N / p^{l+1} N \cong R/(p)$ である.

証明. (1) $\alpha \in p^{l+1}N$ とすると, $\alpha = p^{l+1}\beta$ を満たす $\beta \in N$ が存在する. このとき, $\alpha = p^l(p\beta) \in p^l N$ である. よって, $p^{l+1}N \subset p^l N$ が成り立つ.

(2) p と q^k は互いに素であるので, 補題 4.48 (1) より, $(p, q^k) = R \ni 1$ である. よって, ある $x, y \in R$ が存在して

$$1 = xp + yq^k \tag{4.12}$$

となる. 任意の $\alpha = \bar{a} \in N$ $(a \in R)$ をとり, 式 (4.12) の両辺を a 倍すると

$$a = axp + ayq^k = pax + (ay)q^k$$

が得られ, $\alpha = \overline{pax + (ay)q^k} = \overline{pax} \in pN$ となるので, $pN = N$ である.

(3) $p^2 N = p(pN) = pN = N$ である. 同様にして, $p^l N = p^{l+1} N = N$ である. よって, $p^l N / p^{l+1} N = N/N = 0$ である.

(4) はじめから $p = q$ としてよい. 任意の $\alpha \in p^l N$ は $\alpha = \bar{p}^l \beta$ $(\beta \in N)$ と表される. このとき, $\overline{p^k} = \bar{0}$ であることに注意すれば

$$\alpha = \overline{p^k} \cdot \bar{p}^{l-k} \beta = \bar{0} \cdot \bar{p}^{l-k} \beta = \bar{0}$$

が得られる. よって, $p^l N = 0$ である.

(5) (4) より $p^l N / p^{l+1} N = 0/0 = 0$ である.

(6) φ が全射な R 線形写像であることの確認は省略する.

$$\varphi(p) = \overline{p^l \cdot p} = \overline{p^{l+1}} \in p^{l+1}N$$

より, $p \in \varphi^{-1}(p^{l+1}N)$ である. よって, $(p) \subset \varphi^{-1}(p^{l+1}N)$ が成り立つ. 一方, $x \in R$ が $\varphi^{-1}(p^{l+1}N)$ に属するならば, $\overline{p^l x} \in p^{l+1}N$ である. よって

を満たす $y \in R$ が存在する．このとき，$p^l x - p^{l+1} y = p^k z$ となる $z \in R$ がとれる．いま，$l < k$ であるので，$k - l - 1 \geq 0$ であり
$$p^l(x - py - p \cdot p^{k-l-1} z) = 0$$
が成り立つ．R は整域であり，$p \neq 0$ であるので，$x = p(y + p^{k-l-1} z) \in (p)$ が得られる．以上のことより，$\varphi^{-1}(p^{l+1} N) = (p)$ が示される．

(7) (6) と問 4.4 よりしたがう． □

定理 4.47 (2) の証明の概略．【ステップ 1】 有限生成な R 加群 M が
$$\bigl(R/(e_1)\bigr) \oplus \bigl(R/(e_2)\bigr) \oplus \cdots \oplus \bigl(R/(e_r)\bigr) \oplus R^s \tag{4.13}$$
と同型であるとする．ここで，r, s は非負整数であり，$e_1, \ldots, e_r \in R$ は
$$R \neq (e_1) \supset (e_2) \supset \cdots \supset (e_r) \neq (0)$$
を満たすものとする．(4.13) の R 加群を M_1 とおき，M, M_1 のねじれ部分をそれぞれ M', M_1' とすると
$$M' \cong M_1', \quad M/M' \cong M_1/M_1'$$
が成り立つ (問 4.10)．また
$$M_1' = \{(x_1 \bmod (e_1), \ldots, x_r \bmod (e_r), 0, \ldots, 0) \mid x_1, \ldots, x_r \in R\}$$
であり，$M_1/M_1' \cong R^s$ となるので，$s = \mathrm{rank}(M/M')$ である (詳細な検討は読者にゆだねる)．定理 4.26 により，s は M によって一意的に定まる．

【ステップ 2】 次の同型が成り立つことに注意する．
$$M' \cong \bigoplus_{i=1}^{r} \bigl(R/(e_i)\bigr).$$
各 e_i $(1 \leq i \leq r)$ を次のように素元分解する (定理 3.66 参照)．
$$e_i \sim p_1^{m_1^{(i)}} p_2^{m_2^{(i)}} \cdots p_n^{m_n^{(i)}} \quad (1 \leq i \leq r).$$
ここで，記号「$\sim$」は同伴を意味する．また，p_j $(1 \leq j \leq n)$ は互いに同伴でない R の素元であり，$m_j^{(i)}$ は非負整数である $(1 \leq i \leq r, 1 \leq j \leq n)$．ここで，$e_i | e_{i+1}$ $(1 \leq i \leq r - 1)$ であるので
$$m_j^{(1)} \leq m_j^{(2)} \leq \cdots \leq m_j^{(r)} \quad (1 \leq j \leq n) \tag{4.14}$$
が成り立つ (e_i の素元分解の中に p_j があらわれない場合は $m_j^{(i)} = 0$)．

【ステップ 3】 $N_j^{(i)} = R/(p_j^{m_j^{(i)}})\,(1 \leq i \leq r,\, 1 \leq j \leq n)$ とおくと，命題 4.49 (3) により，$M' \cong \bigoplus_{i=1}^{r} \bigoplus_{j=1}^{n} N_j^{(i)}$ が成り立つ．素元 p_1 に着目すると

$$p_1^l M'/p_1^{l+1} M' \cong \bigoplus_{i=1}^{r} \bigoplus_{j=1}^{n} \left(p_1^l N_j^{(i)} / p_1^{l+1} N_j^{(i)} \right) \quad (l \in \mathbb{N} \cup \{0\}) \qquad (4.15)$$

が成り立つ (証明は省略する)．このとき，補題 4.51 により

$$p_1^l N_j^{(i)} / p_1^{l+1} N_j^{(i)} \cong \begin{cases} R/(p_1) & (j=1,\, l < m_1^{(i)} \text{ のとき}), \\ 0 & (\text{それ以外のとき}) \end{cases} \qquad (4.16)$$

が成り立つ．ここで，p_1 は R の素元であるので，R の既約元であり (命題 3.60 (2))，よって，(p_1) は R の極大イデアルであり (命題 3.60 (3))，したがって，$R/(p_1)$ は体である (定理 3.38 (2))．いま，任意の $\beta \in p_1^l M'/p_1^{l+1} M'$ に対して $p_1 \beta = \overline{0}$ が成り立つので (証明は省略)，補題 4.50 により，$p_1^l M'/p_1^{l+1} M'$ は $R/(p_1)$ 上の線形空間の構造を持つ．$p_1^l M'/p_1^{l+1} M'$ の $R/(p_1)$ 上の線形空間としての次元は，M, p_1, l によって一意的に定まるが，式 (4.15) と式 (4.16) により，それは，$m_1^{(i)} > l$ を満たす i の個数と等しい．このとき

$$(m_1^{(i)} = l \text{ となる } i \text{ の個数})$$
$$= (m_1^{(i)} > l - 1 \text{ となる } i \text{ の個数}) - (m_1^{(i)} > l \text{ となる } i \text{ の個数})$$

であり，これは M, p_1, l によって一意的に定まる．式 (4.14) にあるように，i が増大するとき，$m_1^{(i)}$ は単調非減少であるので，$m_1^{(i)} = l$ となる i の個数が定まれば，$m_1^{(i)}$ がすべて定まる．$p_j\,(2 \leq j \leq n)$ についても同様の考察をし，さらに，$p_j\,(1 \leq j \leq n)$ のいずれとも同伴でない素元 p に対しては

$$p^l M'/p^{l+1} M' = 0$$

であることに注意すれば，$p_j\,(1 \leq j \leq n)$ が同伴を除いて M によって一意的に定まり，$m_j^{(i)}\,(1 \leq i \leq r,\, 1 \leq j \leq n)$ が M によって一意的に定まることがわかる．よって，$e_i\,(1 \leq i \leq r)$ が同伴を除いて一意的に定まる． □

問 4.10 R は整域とし，M, M_1 は R 加群とする．$\varphi : M \to M_1$ は同型写像とする．M', M_1' はそれぞれ M, M_1 のねじれ部分とする．
 (1) $\varphi(M') = M_1'$ を示せ．
 (2) $M/M' \cong M_1/M_1'$ を示せ．

定理 4.47 において，$R = \mathbb{Z}$ とすれば，次の系 4.52 が得られる．これはアーベル群の基本定理 (定理 2.37) を $\mathbb{Z}$ 加群の言葉で書き直したものである．

系 4.52 (アーベル群の基本定理の別の形) M は有限生成な $\mathbb{Z}$ 加群とする．

(1) ある非負整数 r, s と 2 以上の自然数 $e_1, e_2, \ldots, e_r$ が存在して
$$M \cong (\mathbb{Z}/e_1\mathbb{Z}) \oplus (\mathbb{Z}/e_2\mathbb{Z}) \oplus \cdots \oplus (\mathbb{Z}/e_r\mathbb{Z}) \oplus \mathbb{Z}^s$$
となる．ここで，$e_i | e_{i+1}$ $(1 \leq i \leq r-1)$ である．

(2) このような r, s, e_i $(1 \leq i \leq r)$ は一意的に定まる．

次の系 4.53 も定理 4.47 よりしたがう．

系 4.53 R を単項イデアル整域とするとき，有限生成な R 加群 M にねじれがないならば，M は自由 R 加群である．

証明． 定理 4.47 の記号を用いる．定理 4.47 (2) の証明のステップ 1 と同様に考えれば，M にねじれがないとき，$r = 0$ であり，$M \cong R^s$ となることがわかる．したがって，M は自由 R 加群である． □

第 5 章
体の拡大とガロア理論

この章では，体の拡大，特に体の代数拡大について論ずる．体の代数拡大は，方程式の根の考察と密接な関係がある．この章では，体の拡大に関する一般論を述べたのち，ガロア理論とよばれる理論の入り口をのぞいてみる．

5.1 体の拡大の基本事項

まず，体の拡大に関する基本事項を述べる．

5.1.1 体の拡大と代数的な元

定義 5.1 体 F が体 E の部分体であるとき，体 E は体 F の**拡大体** (extension field) である，あるいは，$E \supset F$ は**体の拡大**であるという．$E \supset K$, $K \supset F$ がいずれも体の拡大であるとき，K を体の拡大 $E \supset F$ の**中間体**とよぶ．

定義 5.2 $E \supset F$ は体の拡大とし，$\alpha \in E$ とする．1 次以上の多項式
$$f(X) = \sum_{i=0}^{n} a_i X^i \in F[X] \setminus F \quad (n \in \mathbb{N},\ a_i \in F,\ 0 \leq i \leq n,\ a_n \neq 0)$$
が存在して $f(\alpha) = 0$ となるとき，α は体 F 上**代数的** (algebraic) であるといい，そうでないとき，α は F 上**超越的** (transcendental) であるという．

例 5.1 $f(X) = X^2 - 2,\ g(X) = X^2 - 3 \in \mathbb{Q}[X]$ は $f(\sqrt{2}) = 0,\ g(\sqrt{3}) = 0$ を満たすので，体の拡大 $\mathbb{R} \supset \mathbb{Q}$ において，$\sqrt{2},\ \sqrt{3} \in \mathbb{R}$ は $\mathbb{Q}$ 上代数的である．

例 5.2 体の拡大 $\mathbb{C} \supset \mathbb{R}$ において，$\sqrt{-1} \in \mathbb{C}$ は $\mathbb{R}$ 上代数的である．実際，$h(X) = X^2 + 1 \in \mathbb{R}[X]$ とすれば，$h(\sqrt{-1}) = 0$ である．

例 5.3 円周率 $\pi = 3.1415... \in \mathbb{R}$ は $\mathbb{Q}$ 上超越的であることが知られている．

例 5.4 $\alpha = \sqrt{2} + \sqrt{3}$ は $\mathbb{Q}$ 上代数的である．実際，$(\alpha - \sqrt{2})^2 = 3$ より，$2\sqrt{2}\alpha = \alpha^2 - 1$ が得られ，この式の両辺を 2 乗して整理すれば

$$\alpha^4 - 10\alpha^2 + 1 = 0$$

となる．よって，$f(X) = X^4 - 10X^2 + 1 \in \mathbb{Q}[X]$ に対して $f(\alpha) = 0$ となる．

5.1.2 最小多項式

定義 5.3 体の拡大 $E \supset F$ において，$\alpha \in E$ は F 上代数的であるとする．$f(\alpha) = 0$ を満たす $f(X) \in F[X] \setminus F$ のうち，次数が最小のものを，α の F 上の**最小多項式** (minimal polynomial) とよび，その次数を α の F 上の**次数**とよぶ．α の F 上の次数が n であるとき，α は F 上 n **次の元**であるという．

命題 5.4 体の拡大 $E \supset F$ において，$\alpha \in E$ は F 上代数的であるとする．また，$\varphi(X) \in F[X] \setminus F$ を α の F 上の最小多項式の 1 つとする．

(1) 「$\deg(\varphi) = 1 \Leftrightarrow \alpha \in F$」が成り立つ．

(2) α の F 上の任意の最小多項式は $c\varphi(X)$ $(c \in F \setminus \{0\})$ と表される．

(3) $J_\alpha = \{g(X) \in F[X] \mid g(\alpha) = 0\}$ とおくと，J_α は $F[X]$ のイデアルであり，$J_\alpha = (\varphi(X))$ である．

(4) $g(X) \in F[X]$ について，$g(\alpha) = 0$ であることと，$F[X]$ 内で $\varphi(X) \mid g(X)$ であること，すなわち，ある多項式 $h(X) \in F[X]$ に対して $g(X) = h(X)\varphi(X)$ となることとは同値である．

(5) $\varphi(X)$ は $F[X]$ における既約多項式である．

(6) $F[X]$ における既約多項式 $h(X) \in F[X] \setminus F$ が $h(\alpha) = 0$ を満たすならば，$h(X)$ は α の F 上の最小多項式である．

証明． (1) $\deg(\varphi) = 1$ ならば，$\varphi(X) = a_1 X + a_0$ $(a_0, a_1 \in F, a_1 \neq 0)$ と表される．このとき，$\varphi(\alpha) = a_1\alpha + a_0 = 0$ であるので，$\alpha = -\dfrac{a_0}{a_1} \in F$ となる．一方，$\alpha \in F$ ならば，$f(X) = X - \alpha \in F[X]$ は $f(\alpha) = 0$ を満たすので，α は F 上代数的であって，α の F 上の最小多項式の次数は 1 である．

(2) (3) (4) J_α が $F[X]$ のイデアルであることの証明は省略する．α は F 上代数的であるので，$J_\alpha \neq (0)$ である．また，J_α の定め方より，$1 \notin J_\alpha$ である．よって，定理 3.32 により，$J_\alpha = (\psi(X))$ となる $\psi(X) \in F[X] \setminus F$ が存在する．このとき，$g(X) \in F[X]$ に対して

$$g(\alpha) = 0 \iff g(X) \in J_\alpha \iff \psi(X) | g(X)$$

が成り立つ．特に $\psi(X) | \varphi(X)$ であるが，$\varphi(X)$ は α の F 上の最小多項式であるので，$\deg(\psi) = \deg(\varphi)$ であり，$\varphi(X)$ は $\psi(X)$ の 0 でない定数倍である．同様の議論により，α の F 上の任意の最小多項式は $\psi(X)$ の 0 でない定数倍であることがわかる．このことより (2) が示される．$\varphi(X)$ が $\psi(X)$ の 0 でない定数倍であることに注意すれば，上で示したことを用いて，(3), (4) も示される．

(5) 仮に $\varphi(X)$ が $F[X]$ における可約多項式であるとすると

$$\varphi(X) = \varphi_1(X)\varphi_2(X) \quad (1 \le \deg(\varphi_i) < \deg(\varphi),\ i = 1, 2)$$

となる $\varphi_1(X), \varphi_2(X) \in F[X]$ が存在する．$\varphi(\alpha) = 0$ であるので，$\varphi_1(\alpha) = 0$ または $\varphi_2(\alpha) = 0$ が成り立つが，これは $\varphi(X)$ が α の F 上の最小多項式であることに反する．よって，$\varphi(X)$ は $F[X]$ における既約多項式である．

(6) $h(\alpha) = 0$ であるので，(4) より，$F[X]$ において $\varphi(X) | h(X)$ が成り立つが，$h(X)$ が既約多項式であるので，$\deg(\varphi) = \deg(h)$ となる．したがって，$h(X)$ は α の F 上の最小多項式である． □

注意 5.1 命題 5.4 (3) の J_α は α が F 上超越的である場合にも定義でき，「α が F 上代数的 $\iff J_\alpha \ne (0)$」，「α が F 上超越的 $\iff J_\alpha = (0)$」が成り立つ．

例 5.5 体の拡大 $\mathbb{R} \supset \mathbb{Q}$ を考える．$\alpha = \sqrt{2} \in \mathbb{R}, f(X) = X^2 - 2 \in \mathbb{Q}[X]$ とすると，$f(\alpha) = 0$ が成り立つ．$f(X)$ が α の $\mathbb{Q}$ 上の最小多項式であることを，次の 2 通りの考え方によって示すことができる．

(1) $f(X)$ は $\mathbb{Q}[X]$ における既約多項式である (例題 3.4)．よって，命題 5.4 (6) より，$f(X)$ は α の $\mathbb{Q}$ 上の最小多項式である．

(2) $\alpha \notin \mathbb{Q}$ である (例題 3.4)．よって，命題 5.4 (1) より，α の $\mathbb{Q}$ 上の最小多項式の次数は 2 以上である．$f(\alpha) = 0, \deg(f) = 2$ より，$f(X)$ は α の $\mathbb{Q}$ 上の最小多項式である．

問 5.1 体の拡大 $\mathbb{C} \supset \mathbb{R}$ において，$i = \sqrt{-1}$ の $\mathbb{R}$ 上の最小多項式を求めよ．

例 5.6 体の拡大 $\mathbb{C} \supset \mathbb{Q}$ において，$\omega = \dfrac{-1 + \sqrt{-3}}{2} \in \mathbb{C}$ とする．

$$f(X) = X^3 - 1 \in \mathbb{Q}[X]$$

に対して，$f(\omega) = 0$ であるが，$f(X) = (X-1)(X^2 + X + 1)$ より，$f(X)$ は $\mathbb{Q}[X]$ における可約多項式である．よって，ω の $\mathbb{Q}$ 上の最小多項式ではない．

$$g(X) = X^2 + X + 1 \in \mathbb{Q}[X]$$

とおくと，$g(\omega) = 0$ であり，$\mathbb{Q}[X]$ における既約多項式であるので (問 5.2) $g(X)$ は ω の $\mathbb{Q}$ 上の最小多項式である．

例 5.7 $\beta = \sqrt[3]{2} \in \mathbb{R}$ の $\mathbb{Q}$ 上の最小多項式として，$h(X) = X^3 - 2$ がとれる．実際，$h(\beta) = 0$ であり，$h(X)$ は $\mathbb{Q}[X]$ における既約多項式である (問 5.2)．

問 5.2 $g(X) = X^2 + X + 1, h(X) = X^3 - 2$ は $\mathbb{Q}[X]$ における既約多項式であることを示せ．

5.1.3 体の拡大次数

命題 5.5 体 F の拡大体 E は，F 上の線形空間をなす．ただし，加法は体 E の加法を用い，$a \in F$ の $x \in E$ への作用は体 E における積によって定める．

証明． E は加法に関してアーベル群である．また，$x, y \in E, a, b \in F$ は

$$a(x+y) = ax + ay, \quad (a+b)x = ax + bx, \quad a(bx) = (ab)x, \quad 1 \cdot x = x$$

を満たす．よって，E は F 上の線形空間である． □

定義 5.6 体 E は体 F の拡大体であるとする．F 上の線形空間としての E の基底を E の F 上の**基底** (basis) という．F 上の線形空間としての E の次元を E の F 上の**拡大次数**とよび，$[E:F]$ と表す．E の F 上の拡大次数が有限のとき，E は F の**有限次拡大体**である ($E \supset F$ は**有限次拡大**である) という．$[E:F] = n < \infty$ のとき，E は F の n **次拡大体**である ($E \supset F$ は n 次拡大である) という．E の F 上の拡大次数が有限でないとき，E は F の**無限次拡大体**である ($E \supset F$ は**無限次拡大**である) という．

例 5.8 体の拡大 $\mathbb{C} \supset \mathbb{R}$ を考える．$i = \sqrt{-1}$ とおくと，$\mathbb{C}$ の $\mathbb{R}$ 上の基底として，$\{1, i\}$ がとれる．実際，任意の $z \in \mathbb{C}$ は $z = a \cdot 1 + bi$ $(a, b \in \mathbb{R})$ という形に表される．また，$c_1, c_2 \in \mathbb{R}$ が $c_1 \cdot 1 + c_2 i = 0$ を満たすならば，

$c_1 = c_2 = 0$ であるので，$1, i$ は $\mathbb{R}$ 上線形独立である．よって，$[\mathbb{C} : \mathbb{R}] = 2$ である．$\mathbb{C}$ を 2 次元実線形空間として視覚的に表現したものが**複素平面**である．

例 5.9 $\mathbb{Q}(\sqrt{2})$ は $\mathbb{Q}$ の 2 次拡大体である．実際，例 3.5, 例 3.10 より
$$\mathbb{Q}(\sqrt{2}) = \{\, a + b\sqrt{2} \mid a, b \in \mathbb{Q} \,\}$$
であり，$\mathbb{Q}(\sqrt{2})$ は $\mathbb{Q}$ 上の線形空間として，$1, \sqrt{2}$ で生成される．また，$1, \sqrt{2}$ は $\mathbb{Q}$ 上線形独立であるので (問 5.3)，これらは $\mathbb{Q}(\sqrt{2})$ の $\mathbb{Q}$ 上の基底である．

問 5.3 $1, \sqrt{2}$ が $\mathbb{Q}$ 上線形独立であることを示せ ($\sqrt{2} \notin \mathbb{Q}$ は既知とする)．

例 5.10 体 F 上の 1 変数有理関数体 $F(X)$ (例 3.29 参照) は F の無限次拡大体である．実際，$1, X, X^2, \ldots$ は F 上線形独立である．

例 5.11 体の拡大 $E \supset F$ について，「$[E : F] = 1 \Leftrightarrow E = F$」が成り立つ．

定理 5.7 体の拡大 $E \supset K \supset F$ において，$[E : K] = m, [K : F] = n$ とし，$\{x_1, \ldots, x_m\}, \{y_1, \ldots, y_n\}$ は，それぞれ E の K 上の基底，K の F 上の基底とする ($x_i \in E, y_j \in K, 1 \leq i \leq m, 1 \leq j \leq n$)．

(1) $S = \{\, x_i y_j \mid 1 \leq i \leq m, 1 \leq j \leq n \,\}$ は E の F 上の基底である．
(2) $[E : F] = [E : K][K : F]$ が成り立つ．

証明. (1)【ステップ 1】 $c_{ij} \in F \, (1 \leq i \leq m, 1 \leq j \leq n)$ が
$$\sum_{i=1}^{m} \sum_{j=1}^{n} c_{ij} x_i y_j = 0$$
を満たすとする．$a_i = \sum_{j=1}^{n} c_{ij} y_j \in K \, (1 \leq i \leq m)$ とおくと，$\sum_{i=1}^{m} a_i x_i = 0$ が成り立つ．仮定より，$\{x_1, \ldots, x_m\}$ は K 上線形独立であるので，$a_i = 0$, すなわち，$\sum_{j=1}^{n} c_{ij} y_j = 0 \, (1 \leq i \leq m)$ が成り立つ．さらに $\{y_1, \ldots, y_n\}$ は F 上線形独立であるので $c_{ij} = 0 \, (1 \leq i \leq m, 1 \leq j \leq n)$ が成り立つ．よって，S は F 上線形独立である．

【ステップ 2】 E が K 上の線形空間として $\{x_1, \ldots, x_m\}$ で生成されるので，任意の $z \in E$ に対して，次を満たす $\alpha_i \in K \, (1 \leq i \leq m)$ が存在する．
$$z = \sum_{i=1}^{m} \alpha_i x_i. \tag{5.1}$$

さらに，K は F 上の線形空間として $\{y_1,\ldots,y_n\}$ で生成されるので
$$\alpha_i = \sum_{j=1}^{n} \beta_{ij} y_j \quad (1 \leq i \leq m) \tag{5.2}$$
を満たす $\beta_{ij} \in F \, (1 \leq i \leq m, 1 \leq j \leq n)$ が存在する．式 (5.1) と式 (5.2) より
$$z = \sum_{i=1}^{m} \left(\sum_{j=1}^{n} \beta_{ij} y_j \right) x_i = \sum_{i=1}^{m} \sum_{j=1}^{n} \beta_{ij} x_i y_j$$
が得られる．よって，E は F 上の線形空間として S で生成される．

【ステップ 3】 ステップ 1 とステップ 2 より，S は E の F 上の基底である．

(2) (1) より $[E:F] = mn = [E:K][K:F]$ がしたがう． □

5.1.4 単純拡大

定義 5.8 $E \supset F$ は体の拡大とする．$E = F(\alpha)$ となる $\alpha \in E$ が存在するとき，$E \supset F$ は**単純拡大** (simple extension) である (E は F の**単純拡大体である**) という．

例 5.12 $E = \mathbb{Q}(\sqrt{2}, \sqrt{3})$ とし，$\alpha = \sqrt{2} + \sqrt{3} \in E$ とする．$K = \mathbb{Q}(\alpha)$ とおくと，K は E の部分体である．また，$\sqrt{3} - \sqrt{2} = \dfrac{1}{\sqrt{3}+\sqrt{2}} = \dfrac{1}{\alpha} \in K$ より
$$\sqrt{3} = \frac{1}{2}\left(\alpha + \frac{1}{\alpha}\right) \in K, \quad \sqrt{2} = \frac{1}{2}\left(\alpha - \frac{1}{\alpha}\right) \in K$$
である．よって，$E = \mathbb{Q}(\sqrt{2}, \sqrt{3}) \subset K$ となり，$E = K = \mathbb{Q}(\alpha)$ が示される．したがって，E は $\mathbb{Q}$ の単純拡大体である．

定理 5.9 体の拡大 $E \supset F$ は単純拡大とし，$E = F(\alpha) \, (\alpha \in E)$ とする．

(1) 多項式環 $F[X]$ から E の部分環 $F[\alpha]$ への写像 Φ を
$$\Phi : F[X] \ni g(X) \longmapsto \Phi(g(X)) = g(\alpha) \in F[\alpha]$$
によって定めると，Φ は全射な準同型写像であり
$$\operatorname{Ker}(\Phi) = J_\alpha = \{g(X) \in F[X] \mid g(\alpha) = 0\}$$
が成り立つ．ここで，J_α は命題 5.4 で定めた $F[X]$ のイデアルである．

(2) α が F 上超越的ならば,E は F 上の有理関数体 $F(X)$ と同型である.

(3) α は F 上代数的であるとする.$\varphi(X)$ を α の F 上の最小多項式とするとき,次のような同型写像 $\Psi : F[X]/(\varphi(X)) \to F[\alpha]$ が存在する.

$$\Psi : F[X]/(\varphi(X)) \ni \overline{g(X)} \longmapsto g(\alpha) \in F[\alpha] \quad (g(X) \in F[X]).$$

さらに $E = F(\alpha) = F[\alpha]$ である.特に $E \cong F[X]/(\varphi(X))$ である.

(4) (3) の仮定のもと,$\deg(\varphi) = n$ とする.このとき,E の F 上の基底として $\{1, \alpha, \alpha^2, \ldots, \alpha^{n-1}\}$ がとれる.特に $[E : F] = \deg(\varphi)$ である.

証明. (1) Φ が準同型写像であることの証明は省略する.系 3.20 より Φ は全射である.また,Φ の定め方より $\mathrm{Ker}(\Phi) = J_\alpha$ がしたがう.

(2) α が F 上超越的であるので,$J_\alpha = (0)$ である (注意 5.1).よって,Φ は単射であり (問 3.19 (1)),$\iota \circ \Phi : F[X] \to E$ も単射である (ι は自然な包含写像 $\iota : F[\alpha] \to E$ を表す).$F(X)$ は $F[X]$ の商体であるので,命題 3.48 より,単射な準同型写像 $\tilde{\Phi} : F(X) \to E$ であって,$\tilde{\Phi}|_{F[X]} = \iota \circ \Phi$ となるものが存在する.このとき,$\mathrm{Im}(\tilde{\Phi})$ は E の部分体であって,F と α を含む (詳細な検討は読者にゆだねる).したがって,$F(\alpha) (= E)$ を含む (命題 3.18 (2)).よって,$\tilde{\Phi}$ は全射であり,$E \cong F(X)$ である.

(3) (1) の結果と命題 5.4 (3) より,$\mathrm{Ker}(\Phi) = J_\alpha = (\varphi(X))$ であるので,準同型定理 (定理 3.43) を用いて同型写像 Ψ が構成できる.$\varphi(X)$ は $F[X]$ における既約多項式であるので (命題 5.4 (5)),$\varphi(X)$ は $F[X]$ の既約元である (命題 3.69 (2)).$F[X]$ は単項イデアル整域であるので (定理 3.32),$(\varphi(X))$ は $F[X]$ の極大イデアルである (命題 3.60 (3)).よって,定理 3.38 (2) より,$F[X]/(\varphi(X)) \, (\cong F[\alpha])$ は体である.さらに,問 3.6 により,$F[\alpha] = F(\alpha) = E$ がしたがう.

(4) $E = F[\alpha]$ であるので,任意の $z \in E$ は $z = g(\alpha) \, (g(X) \in F[X])$ と表される (系 3.20).いま

$$g(X) = q(X)\varphi(X) + \sum_{i=0}^{n-1} a_i X^i$$

を満たす $q(X) \in F[X], a_i \in F \, (0 \leq i \leq n-1)$ を選ぶ.このとき

$$z = g(\alpha) = q(\alpha)\varphi(\alpha) + \sum_{i=0}^{n-1} a_i \alpha^i = \sum_{i=0}^{n-1} a_i \alpha^i$$

が成り立つ.よって,E は F 上の線形空間として $1, \alpha, \alpha^2, \ldots, \alpha^{n-1}$ で生成

される．また，$c_i \in F\,(0 \leq i \leq n-1)$ が $\sum_{i=0}^{n-1} c_i \alpha^i = 0$ を満たすと仮定する．このとき，$h(X) = \sum_{i=0}^{n-1} c_i X^i \in F[X]$ とおくと，$h(\alpha) = 0$ であるので，命題 5.4 (4) より $\varphi(X)|h(X)$ であるが，$\deg(h) < \deg(\varphi)$ より $h(X)$ は零多項式である．すなわち，$c_i = 0\,(0 \leq i \leq n-1)$ となるので，$1, \alpha, \ldots, \alpha^{n-1}$ は F 上線形独立であり，E の F 上の基底となる．特に，$[E:F] = n = \deg(\varphi)$ である． □

例 5.13 $E = \mathbb{Q}(\beta), \beta = \sqrt[3]{2}$ とすると，$h(X) = X^3 - 2$ は β の $\mathbb{Q}$ 上の最小多項式である（例 5.7）．よって，同型写像 $\Psi : \mathbb{Q}[X]/(X^3 - 2) \to E$ が

$$\Psi : \mathbb{Q}[X]/(X^3 - 2) \ni \overline{g(X)} \longmapsto g(\beta) \in E \quad (g(X) \in \mathbb{Q}[X])$$

によって与えられる．$\{1, \beta, \beta^2\}$ は E の $\mathbb{Q}$ 上の基底であり

$$E = \{c_0 + c_1 \beta + c_2 \beta^2 \,|\, c_0, c_1, c_2 \in \mathbb{Q}\}$$

が成り立つ．$[\mathbb{Q}(\sqrt[3]{2}) : \mathbb{Q}] = \deg(h) = 3$ である．

例 5.14 $X^2 + 1$ は $\sqrt{-1}$ の $\mathbb{R}$ 上の最小多項式であり（問 5.1），$\mathbb{C} = \mathbb{R}(\sqrt{-1})$ であるので，定理 5.9 により，$\mathbb{C} \cong \mathbb{R}[X]/(X^2 + 1)$ が成り立つ（例 3.26 も参照せよ）．

例題 5.1 $E = \mathbb{Q}(\sqrt{2}, \sqrt{3})$ とし，$\alpha = \sqrt{2} + \sqrt{3} \in E$ とすると，$E = \mathbb{Q}(\alpha)$ である（例 5.12）．また，$f(X) = X^4 - 10X^2 + 1 \in \mathbb{Q}[X]$ に対して $f(\alpha) = 0$ となる（例 5.4）．さらに，$K = \mathbb{Q}(\sqrt{2})$ とおく．

(1) $\sqrt{2} \notin \mathbb{Q}, \sqrt{3} \notin K$ を示せ．
(2) $[E:K] = 2, [K:\mathbb{Q}] = 2, [E:\mathbb{Q}] = 4$ を示せ．
(3) $f(X)$ は α の $\mathbb{Q}$ 上の最小多項式であることを示せ．

【解答】 (1) $\sqrt{2} \notin \mathbb{Q}$ はすでに示されている（例題 3.4）．仮に $\sqrt{3} \in K$ であるとすると，$K = \mathbb{Q}(\sqrt{2}) = \{x + y\sqrt{2} \,|\, x, y \in \mathbb{Q}\}$ であるので

$$\sqrt{3} = a + b\sqrt{2} \quad (a, b \in \mathbb{Q})$$

と表される．この式の両辺を 2 乗して整理すれば

$$a^2 + 2b^2 - 3 + 2ab\sqrt{2} = 0$$

となる．$1, \sqrt{2}$ は $\mathbb{Q}$ 上線形独立であるので（問 5.3），$a^2 - 2b^2 = 3, ab = 0$

であるが，この条件を満たす有理数 a, b は存在しない (問 5.4).

(2) $[K:\mathbb{Q}] = 2$ はすでに示されている (例 5.9)．$g(X) = X^2 - 3 \in K[X]$ は $g(\sqrt{3}) = 0$ を満たす．$\sqrt{3} \notin K$ より，$\sqrt{3}$ の K 上の最小多項式の次数は 2 以上であるが，$\deg(g) = 2$ より，$g(X)$ は $\sqrt{3}$ の K 上の最小多項式である．ここで，$E = K(\sqrt{3})$ であるので，定理 5.9 (4) より，$[E:K] = \deg(g) = 2$ である．よって，定理 5.7 より，$[E:\mathbb{Q}] = [E:K][K:\mathbb{Q}] = 4$ が得られる．

(3) $E = \mathbb{Q}(\alpha)$ であるので，定理 5.9 (4) より，α の $\mathbb{Q}$ 上の最小多項式の次数は $4\,(= [E:\mathbb{Q}])$ である．$\deg(f) = 4$ であるので，$f(X)$ は α の $\mathbb{Q}$ 上の最小多項式である． □

問 5.4 $a^2 + 2b^2 = 3$, $ab = 0$ を満たす $a, b \in \mathbb{Q}$ は存在しないことを示せ．

注意 5.2 例題 5.1 の状況において，$\{1, \sqrt{3}\}$ は E の K 上の基底であり，$\{1, \sqrt{2}\}$ は K の $\mathbb{Q}$ 上の基底である (定理 5.9 (4))．よって，定理 5.7 (1) により，$\{1, \sqrt{2}, \sqrt{3}, \sqrt{6}\}$ は E の $\mathbb{Q}$ 上の基底である．特に次が成り立つ．
$$\mathbb{Q}(\sqrt{2}, \sqrt{3}) = \{a + b\sqrt{2} + c\sqrt{3} + d\sqrt{6} \mid a, b, c, d \in \mathbb{Q}\}.$$

5.1.5 デロスの問題

次の問題は**デロスの問題**，あるいは，**立方体倍積作図問題**とよばれる．

問題 コンパスと定規を用いて，与えられた長さ (1 とする) の $\sqrt[3]{2}$ 倍の長さを作図することができるか．

昔，ギリシャに疫病が流行したとき，「神殿の形はそのままにして，体積を 2 倍にせよ」というデロス島の神託が下った，という話に由来する問題であるが，「それは不可能である」というのが答えである．

いま，与えられた長さ 1 の a 倍，b 倍が作図されたとする (このことを単に「a, b が作図された」ということにする). このとき，次の図において，x, y, z, u, v は，それぞれ $a+b, a-b, ab, \dfrac{b}{a}, \sqrt{a}$ である (証明は読者にゆだねる).

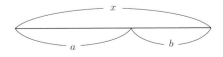

160　第 5 章　体の拡大とガロア理論

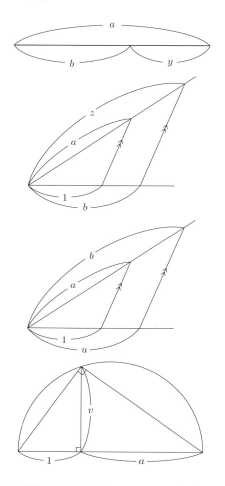

したがって，長さ 1 が与えられたとき，コンパスと定規を用いた作図によって，与えられた長さの四則演算や，平方根をとる操作が可能である．特に，任意の正の有理数が作図できる．

定義 5.10　K は $\mathbb{R}$ の部分体とする．xy 平面の点 P の x 座標と y 座標がともに K に属するとき，P を K 点とよぶ．2 つの K 点 P, Q を通る直線を K 直線とよぶ．K 点 P を中心とし，K 点 Q を通る円を K 円とよぶ．

コンパスと定規による作図は，直線や円の交点を求める操作をくり返すことにほかならない．2 つの K 点を定規で結べば K 直線ができ，2 つの K 点を

コンパスではかりとって円を描けば K 円になる.

命題 5.11 K は $\mathbb{R}$ の部分体とする.

(1) 2 つの K 直線の交点は K 点である.

(2) K 直線と K 円との交点は, K 点であるか, K のある 2 次拡大体 L に座標を持つ L 点であるかのいずれかである.

(3) 2 つの K 円の交点は, K 点であるか, K のある 2 次拡大体 L に座標を持つ L 点であるかのいずれかである.

証明の概略. K 直線の方程式は

$$\alpha x + \beta y = \gamma \quad (\alpha, \beta, \gamma \in K) \tag{5.3}$$

という形に表され, K 円の方程式は

$$(x-a)^2 + (y-b)^2 = c \quad (a, b, c \in K) \tag{5.4}$$

という形である.

(1) 2 つの K 直線の交点の座標は, K の元を係数に持つ連立 1 次方程式の解である. よって, 交点は K 点である.

(2) 式 (5.3) と式 (5.4) を連立させ, 変数を 1 つ消去すれば, K の元を係数とする 2 次方程式が得られる. たとえば

$$px^2 + qx + r = 0 \quad (p, q, r \in K,\ p \neq 0)$$

が得られたとすると, その解は

$$x = \frac{-q \pm \sqrt{D}}{2p}, \quad D = q^2 - 4pr$$

で与えられる. よって, 交点は $K(\sqrt{D})$ 点である. ここで, $\sqrt{D} \in K$ ならば $K(\sqrt{D}) = K$ であり, $\sqrt{D} \notin K$ ならば $[K(\sqrt{D}) : K] = 2$ である.

(3) 2 つの K 円を表す式を連立させた方程式

$$\begin{cases} (x-a)^2 + (y-b)^2 = c & \cdots \quad \text{(i)} \\ (x-a')^2 + (y-b')^2 = c' & \cdots \quad \text{(ii)} \end{cases}$$

$(a, b, c, a', b', c' \in K)$ において, 式 (i) から式 (ii) を辺々引けば

$$2(a'-a)x + a^2 - a'^2 + 2(b'-b)y + b^2 - b'^2 = c - c'$$

が得られる. この式と (i) を連立させれば (2) と同様の結論が得られる. □

こうして，次の定理が示される．

定理 5.12 α は正の実数とする．コンパスと定規を用いて，与えられた長さの α 倍の長さを作図することができるならば，体の 2 次拡大の列
$$\mathbb{Q} = K_0 \subset K_1 \subset K_2 \subset \cdots \subset K_n$$
が存在して，$\alpha \in K_n$ となる．

この定理から，デロスの問題の否定的解決が導かれる．

系 5.13 与えられた長さの $\sqrt[3]{2}$ 倍の長さをコンパスと定規によって作図することはできない．

証明． 仮に $\sqrt[3]{2}$ が作図できたとすると，定理 5.12 により，体の 2 次拡大の列
$$\mathbb{Q} = K_0 \subset K_1 \subset K_2 \subset \cdots \subset K_n$$
が存在して，$\sqrt[3]{2} \in K_n$ となる．このとき，定理 5.7 により
$$[K_n : \mathbb{Q}] = [K_n : K_{n-1}][K_{n-1} : K_{n-2}] \cdots [K_1 : K_0] = 2^n \tag{5.5}$$
が成り立つ．一方，K_n は $\mathbb{Q}$ と $\sqrt[3]{2}$ を含むので，K_n は体 $\mathbb{Q}(\sqrt[3]{2})$ を含む (命題 3.18 (2))．したがって，次のような体の拡大の列ができる．
$$\mathbb{Q} \subset \mathbb{Q}(\sqrt[3]{2}) \subset K_n.$$
このとき，再び定理 5.7 により
$$[K_n : \mathbb{Q}] = [K_n : \mathbb{Q}(\sqrt[3]{2})][\mathbb{Q}(\sqrt[3]{2}) : \mathbb{Q}]$$
が得られる．$[\mathbb{Q}(\sqrt[3]{2}) : \mathbb{Q}] = 3$ であるので (例 5.13)，式 (5.5) とあわせれば
$$2^n = 3 [K_n : \mathbb{Q}(\sqrt[3]{2})]$$
となるが，これは不合理である． □

5.1.6 代数拡大

定義 5.14 $E \supset F$ は体の拡大とする．E の任意の元が F 上代数的であるとき，$E \supset F$ は**代数拡大** (algebraic extension) である (E は F の**代数拡大体**である) といい，そうでないとき，$E \supset F$ は**超越拡大** (transcendental extension) である (E は F の**超越拡大体**である) という．

今後，主として体の代数拡大について考察する．

定理 5.15 体の拡大 $E \supset F$ が有限次拡大ならば,$E \supset F$ は代数拡大である.

証明. $[E:F] = n < \infty$ とすると,命題 4.25 により,任意の $\alpha \in E$ に対して,$(n+1)$ 個の元 $1, \alpha, \alpha^2, \ldots, \alpha^n$ は F 上線形従属である.よって
$$\sum_{i=0}^{n} c_i \alpha^i = 0, \quad (c_0, \ldots, c_n) \neq (0, \ldots, 0)$$
を満たす $c_i \in F\,(0 \leq i \leq n)$ が存在する.したがって,α は F 上代数的である.α は任意であったので,$E \supset F$ は代数拡大である. □

系 5.16 $E \supset F$ は体の拡大とする.

(1) $\alpha_1, \alpha_2 \in E$ が F 上代数的ならば,$F(\alpha_1, \alpha_2)$ は F の有限次拡大体であり,したがって,代数拡大体である.

(2) $\alpha_1, \alpha_2 \in E$ が F 上代数的ならば,$\alpha_1 + \alpha_2, \alpha_1 - \alpha_2, \alpha_1 \alpha_2$ は F 上代数的である.さらに $\alpha_1 \neq 0$ ならば,$\dfrac{1}{\alpha_1}$ も F 上代数的である.

(3) $K = \{\alpha \in E \mid \alpha \text{ は } F \text{ 上代数的}\}$ とおくと,K は E の部分体である.

証明. (1) α_1 の F 上の最小多項式の次数を m とすれば,定理 5.9 (4) により,$[F(\alpha_1):F] = m < \infty$ となる.また,α_2 は $F(\alpha_1)$ 上代数的でもあるので,$[F(\alpha_1,\alpha_2):F(\alpha_1)] < \infty$ が成り立つ.したがって,定理 5.7 により
$$[F(\alpha_1,\alpha_2):F] = [F(\alpha_1,\alpha_2):F(\alpha_1)][F(\alpha_1):F] < \infty$$
が得られる.定理 5.15 より,$F(\alpha_1,\alpha_2)$ は F の代数拡大体である.

(2) (1) より $F(\alpha_1,\alpha_2) \supset F$ は代数拡大である.$\alpha_1 + \alpha_2, \alpha_1 - \alpha_2, \alpha_1 \alpha_2$,$\dfrac{1}{\alpha_1}$ ($\alpha_1 \neq 0$ のとき) は $F(\alpha_1,\alpha_2)$ に属するので,これらは F 上代数的である.

(3) (2) と命題 3.13 よりしたがう. □

系 5.17 体の拡大 $E \supset F$ において,$\alpha_1, \alpha_2, \ldots, \alpha_n \in E$ が F 上代数的ならば,$F(\alpha_1, \alpha_2, \ldots, \alpha_n)$ は F の有限次拡大体であり,したがって,F の代数拡大体である.

証明. 体の拡大の列 $F(\alpha_1, \alpha_2, \ldots, \alpha_n) \supset \cdots \supset F(\alpha_1, \alpha_2) \supset F(\alpha_1) \supset F$ に対して,定理 5.9 (4) と定理 5.7 を適用すればよい. □

系 5.18 体の拡大の列 $E \supset K \supset F$ において,$E \supset K$, $K \supset F$ がいずれも代数拡大ならば,$E \supset F$ は代数拡大である.

証明. 任意の $\theta \in E$ をとる．仮定より，θ は K 上代数的であるので
$$g(X) = \sum_{i=0}^{n} \alpha_i X^i \in K[X] \setminus K$$
が存在して，$g(\theta) = 0$ を満たす．K は F の代数拡大体であるので，$\alpha_i \in K$ ($0 \leq i \leq n$) は F 上代数的である．そこで
$$L = F(\alpha_0, \alpha_1, \ldots, \alpha_n)$$
とおくと，L は F の有限次拡大体である (系 5.17)．さらに，$g(X) \in L[X]$ であるので，θ は L 上代数的である．よって，$L(\theta)$ は L の有限次拡大体である (定理 5.9 (4))．このとき，定理 5.7 より
$$[L(\theta) : F] = [L(\theta) : L][L : F] < \infty$$
となるので，定理 5.15 により，$L(\theta)$ は F の代数拡大体である．特に，θ は F 上代数的である．$\theta \in E$ は任意であったので，$E \supset F$ は代数拡大である．$\square$

問 5.5 体の拡大 $E \supset F$ が有限次拡大ならば，F 上代数的な有限個の元 $\beta_1, \ldots, \beta_m \in E$ が存在して，$E = F(\beta_1, \ldots, \beta_m)$ と表されることを示せ．

5.2 ガロア理論入門

体の代数拡大が与えられたとき，その中間体の状況を，体の同型写像のなす群や，多項式の根の状況と関連付けて理解しようとする理論がガロア理論である．これからガロア理論の入り口を少しのぞいてみよう．

5.2.1 体の同型写像のなす群 (ガロア理論序論その 1)

定義 5.19 F, F' は体とし，$\sigma : F \to F'$ は体の同型写像とする．E, E' はそれぞれ F, F' の拡大体とする．

(1) 体の同型写像 $\tilde{\sigma} : E \to E'$ が $\tilde{\sigma}|_F = \sigma$ を満たすとき，すなわち，任意の $a \in F$ に対して $\tilde{\sigma}(a) = \sigma(a)$ となるとき，$\tilde{\sigma}$ は σ の**延長**であるという．

(2) $F = F'$ とする．体の同型写像 $\tau : E \to E'$ が恒等写像 $\mathrm{id} : F \to F$ の延長であるとき，すなわち，任意の $a \in F$ に対して $\tau(a) = a$ となるとき，τ は F **上の同型写像**であるという．F の拡大体 E と E' の間に F 上の同型写像が存在するとき，E と E' は F **上同型**であるという．

(3) $F = F'$, $E = E'$ とする. 体 E の自己同型写像 $\tau : E \to E$ が F 上の同型写像であるとき, τ は E の F 上の**自己同型写像**であるという.

例 5.15 $F = \mathbb{Q}$, $E = \mathbb{Q}(\sqrt{2}) = \{a + b\sqrt{2} \mid a, b \in \mathbb{Q}\}$ とする. $\sigma : E \to E$ を
$$\sigma : E \ni a + b\sqrt{2} \longmapsto a - b\sqrt{2} \in E \quad (a, b \in \mathbb{Q})$$
により定めると, σ は E の自己同型写像である. 実際, σ は全単射であり, $\alpha, \beta \in E$ に対して $\sigma(\alpha + \beta) = \sigma(\alpha) + \sigma(\beta)$, $\sigma(\alpha\beta) = \sigma(\alpha)\sigma(\beta)$ が成り立つ (計算は省略). さらに, $\alpha \in F$ ならば $\sigma(\alpha) = \alpha$ である.

例 5.16 $E = \mathbb{C}$, $F = \mathbb{R}$ とし, $\iota : \mathbb{C} \to \mathbb{C}$ を
$$\iota : \mathbb{C} \ni a + b\sqrt{-1} \longmapsto a - b\sqrt{-1} \in \mathbb{C} \quad (a, b \in \mathbb{R})$$
と定めると, ι は E の F 上の自己同型写像である.

例 5.17 $E = \mathbb{Q}(\sqrt{2}, \sqrt{3})$, $F = \mathbb{Q}$ とする. このとき
$$\mathbb{Q}(\sqrt{2}, \sqrt{3}) = \{a + b\sqrt{2} + c\sqrt{3} + d\sqrt{6} \mid a, b, c, d \in \mathbb{Q}\}$$
である (注意 5.2 参照). E の F 上の自己同型写像 $\sigma : E \to E$ が
$$\sigma(\sqrt{2}) = \sqrt{2}, \quad \sigma(\sqrt{3}) = -\sqrt{3}$$
を満たすとすると, $\sigma(\sqrt{6}) = \sigma(\sqrt{2}\sqrt{3}) = \sigma(\sqrt{2})\sigma(\sqrt{3}) = -\sqrt{6}$ となる. ここで, σ は $F (= \mathbb{Q})$ 上の同型写像であるので, $a, b, c, d \in \mathbb{Q}$ に対して
$$\sigma(a + b\sqrt{2} + c\sqrt{3} + d\sqrt{6})$$
$$= \sigma(a) + \sigma(b)\sigma(\sqrt{2}) + \sigma(c)\sigma(\sqrt{3}) + \sigma(d)\sigma(\sqrt{6})$$
$$= a + b\sqrt{2} - c\sqrt{3} - d\sqrt{6}$$
が成り立つ. このように定めた σ は E の $\mathbb{Q}(\sqrt{2})$ 上の自己同型写像であり (問 5.6), 特に, E の F 上の自己同型写像である.

同様に, $\tau : E \to E$ を
$$\tau : E \ni a + b\sqrt{2} + c\sqrt{3} + d\sqrt{6}$$
$$\longmapsto a - b\sqrt{2} + c\sqrt{3} - d\sqrt{6} \in E \quad (a, b, c, d \in \mathbb{Q})$$
により定めると, τ は E の F 上の自己同型写像であって
$$\tau(\sqrt{2}) = -\sqrt{2}, \quad \tau(\sqrt{3}) = \sqrt{3}$$

を満たす．τ は E の $\mathbb{Q}(\sqrt{3})$ 上の自己同型写像でもある．

また，$\rho : E \to E$ を
$$\rho : E \ni a + b\sqrt{2} + c\sqrt{3} + d\sqrt{6}$$
$$\longmapsto a - b\sqrt{2} - c\sqrt{3} + d\sqrt{6} \in E \quad (a, b, c, d \in \mathbb{Q})$$
により定めると，ρ は E の F 上の自己同型写像であって
$$\rho(\sqrt{2}) = -\sqrt{2}, \quad \rho(\sqrt{3}) = -\sqrt{3}$$
を満たす．$\rho(\sqrt{6}) = \sqrt{6}$ より，ρ は E の $\mathbb{Q}(\sqrt{6})$ 上の自己同型写像でもある．

問 5.6 $E = \mathbb{Q}(\sqrt{2}, \sqrt{3})$, $K = \mathbb{Q}(\sqrt{2})$ とし，$\sigma : E \to E$ を
$$\sigma : E \ni a + b\sqrt{2} + c\sqrt{3} + d\sqrt{6}$$
$$\longmapsto a + b\sqrt{2} - c\sqrt{3} - d\sqrt{6} \in E \quad (a, b, c, d \in \mathbb{Q})$$
により定める．このとき，写像 σ は
$$\sigma : E \ni \alpha + \beta\sqrt{3} \longmapsto \alpha - \beta\sqrt{3} \in E \quad (\alpha, \beta \in K)$$
と表されることを確かめ，σ が E の K 上の自己同型写像であることを示せ．

体 E の自己同型写像全体の集合は，写像の合成を積として群をなす (証明は読者にゆだねる)．この群を E の**自己同型群** (automorphism group) とよび，$\mathrm{Aut}(E)$ と表す．また，体の拡大 $E \supset F$ が与えられたとき，E の F 上の自己同型写像全体の集合は $\mathrm{Aut}(E)$ の部分群をなす (証明は読者にゆだねる)．この群を $\mathrm{Aut}_F(E)$ と表す．

命題 5.20 $E \supset F$ は体の代数拡大とする．

(1) σ を E の F 上の自己同型写像とすると，$\alpha \in E$, $f(X) \in F[X]$ に対して，$\sigma(f(\alpha)) = f(\sigma(\alpha))$ が成り立つ．

(2) (1) において，α が $f(X)$ の根ならば，$\sigma(\alpha)$ も $f(X)$ の根である．

(3) E は F の単純拡大体とし，$E = F(\theta)$ とする．$\varphi(X) \in F[X]$ は θ の F 上の最小多項式とし，$\theta' \in E$ は $\varphi(X)$ の根とする．このとき，E の F 上の自己同型写像 τ であって，$\tau(\theta) = \theta'$ を満たすものは，存在したとしても，ただ 1 つである．

(4) (3) において，$\deg(\varphi) = n$ とすると，群 $\mathrm{Aut}_F(E)$ は有限群であって，$|\mathrm{Aut}_F(E)| \leq n$ が成り立つ．

証明. (1) $f(X) = \sum_{i=0}^{m} c_i X^i$ ($c_i \in F, 0 \leq i \leq m$) とする. σ が E の F 上の自己同型写像であることに注意すれば

$$\sigma(f(\alpha)) = \sigma\left(\sum_{i=0}^{m} c_i \alpha^i\right) = \sum_{i=0}^{m} \sigma(c_i)\sigma(\alpha)^i = \sum_{i=0}^{m} c_i \sigma(\alpha)^i = f(\sigma(\alpha))$$

が得られる.

(2) $f(\alpha) = 0$ ならば, (1) より $f(\sigma(\alpha)) = \sigma(f(\alpha)) = \sigma(0) = 0$ である.

(3) E の F 上の自己同型写像 τ, ρ が $\tau(\theta) = \rho(\theta) = \theta'$ を満たすとする. 定理 5.9 (3) より $E = F[\theta]$ であるので, 任意の $\beta \in E$ は, 多項式 $g(X) \in F[X]$ を用いて, $\beta = g(\theta)$ と表される. このとき, (1) より

$$\tau(\beta) = \tau(g(\theta)) = g(\tau(\theta)) = g(\theta') = g(\rho(\theta)) = \rho(g(\theta)) = \rho(\beta)$$

が得られる. よって, τ と ρ は同一の写像である.

(4) $\sigma \in \mathrm{Aut}_F(E)$ とすると, (2) より $\sigma(\theta)$ は $\varphi(X)$ の根である. $\varphi(X)$ の根の個数は n 以下である (命題 3.9). また, (3) より, $\varphi(X)$ の根 θ' に対して, $\tau(\theta) = \theta'$ を満たす $\tau \in \mathrm{Aut}_F(E)$ は, 存在したとしてもただ 1 つである. よって, $|\mathrm{Aut}_F(E)| \leq n$ である. □

例 5.18 例 5.15 の状況を考える. 命題 5.20 (4) より $\left|\mathrm{Aut}_{\mathbb{Q}}\left(\mathbb{Q}(\sqrt{2})\right)\right| \leq 2$ である. 一方, 恒等写像 id と例 5.15 で定めた σ は $\mathrm{Aut}_{\mathbb{Q}}\left(\mathbb{Q}(\sqrt{2})\right)$ に属するので, $\mathrm{Aut}_{\mathbb{Q}}\left(\mathbb{Q}(\sqrt{2})\right) = \{\mathrm{id}, \sigma\}$ となる. このとき, $\sigma^2 = \mathrm{id}$ であり, $\mathrm{Aut}_{\mathbb{Q}}\left(\mathbb{Q}(\sqrt{2})\right)$ は位数 2 の巡回群である.

例 5.19 例 5.16 の状況を考える. 例 5.18 と同様にして, 命題 5.20 (4) より $\mathrm{Aut}_{\mathbb{R}}(\mathbb{C}) = \{\mathrm{id}, \iota\}$ が得られる. $\mathrm{Aut}_{\mathbb{R}}(\mathbb{C})$ も位数 2 の巡回群である.

例 5.20 例 5.17 の状況を考える. 例題 5.1 により, $\alpha = \sqrt{2} + \sqrt{3}$ とおくと, $E = \mathbb{Q}(\alpha)$ であり, $f(X) = X^4 - 10X^2 + 1$ は α の $\mathbb{Q}$ 上の最小多項式である. 命題 5.20 (4) によって $|\mathrm{Aut}_{\mathbb{Q}}(E)| \leq 4$ が成り立つので

$$\mathrm{Aut}_{\mathbb{Q}}(E) = \{\mathrm{id}, \sigma, \tau, \rho\}$$

である. ここで

$$\alpha_1 = \alpha, \quad \alpha_2 = \sqrt{2} - \sqrt{3}, \quad \alpha_3 = -\sqrt{2} + \sqrt{3}, \quad \alpha_4 = -\sqrt{2} - \sqrt{3}$$

とおくと, $\alpha_i\,(1 \le i \le 4)$ は $f(X)$ の根であり
$$\mathrm{id}(\alpha) = \alpha_1, \quad \sigma(\alpha) = \alpha_2, \quad \tau(\alpha) = \alpha_3, \quad \rho(\alpha) = \alpha_4$$
が成り立つ. たとえば $\sigma\tau(\alpha) = \sigma(\alpha_3) = \alpha_4 = \rho(\alpha)$ であるので, $\sigma\tau = \rho$ となる. 同様に考えると, $\mathrm{Aut}_{\mathbb{Q}}(E)$ の乗積表が次のようになることがわかる.

	id	σ	τ	ρ
id	id	σ	τ	ρ
σ	σ	id	ρ	τ
τ	τ	ρ	id	σ
ρ	ρ	τ	σ	id

よって, $\mathrm{Aut}_{\mathbb{Q}}(E) \cong (\mathbb{Z}/2\mathbb{Z}) \times (\mathbb{Z}/2\mathbb{Z})$ である (問 2.22 と同様の考察による).

例 5.21 $E = \mathbb{Q}(\beta), \beta = \sqrt[3]{2}, F = \mathbb{Q}$ とする. $h(X) = X^3 - 2$ は β の $\mathbb{Q}$ 上の最小多項式であり, E は $\mathbb{Q}$ の 3 次拡大体である (例 5.7, 例 5.13). $h(X)$ は E 内に根を β ただ 1 つしか持たない. 実際, $h(X)$ の実根はただ 1 つである. よって, 命題 5.20 より, E の F 上の自己同型写像は 1 つしかない. すなわち, $\mathrm{Aut}_F(E) = \{\mathrm{id}\}$ である.

5.2.2 固定体 (ガロア理論序論その 2)

命題 5.21 E は体とし, G は $\mathrm{Aut}(E)$ の部分群とする. このとき
$$E^G = \{x \in E \mid 任意の \sigma \in G に対して \sigma(x) = x を満たす\}$$
は E の部分体である.

証明. 任意の $\sigma \in G$ に対して, $\sigma(1) = 1$ が成り立つので, $1 \in E^G$ である. また, $x, y \in E^G$ とすると, 任意の $\sigma \in G$ に対して
$$\sigma(x - y) = \sigma(x) - \sigma(y) = x - y, \quad \sigma(xy) = \sigma(x)\sigma(y) = xy$$
が成り立つ. よって, $x - y, xy \in E^G$ である. さらに, $x \ne 0$ ならば
$$\sigma(x^{-1}) = \sigma(x)^{-1} = x^{-1}$$
が成り立つので, $x^{-1} \in E^G$ である. よって, 命題 3.13 により, E^G は E の部分体である. □

定義 5.22 命題 5.21 の体 E^G を G の**固定体** (fixed field), あるいは, **不変体** (invariant field) とよぶ.

命題 5.23 E は体とする．F_1, F_2, F は E の部分体とし，H_1, H_2 は $\mathrm{Aut}(E)$ の部分群とする．

(1) $F_1 \subset F_2$ ならば，$\mathrm{Aut}_{F_1}(E) \supset \mathrm{Aut}_{F_2}(E)$ が成り立つ．
(2) $H_1 \subset H_2$ ならば，$E^{H_1} \supset E^{H_2}$ が成り立つ．
(3) $G = \mathrm{Aut}_F(E)$ とおくと，E^G は F を含む E の部分体である．

証明． (1) $\sigma \in \mathrm{Aut}(E)$ が $\sigma|_{F_2} = \mathrm{id}$ を満たせば，$\sigma|_{F_1} = \mathrm{id}$ を満たす．
(2) E の元 x が任意の $\sigma \in H_2$ に対して $\sigma(x) = x$ を満たすならば，任意の $\tau \in H_1$ に対して $\tau(x) = x$ を満たす．
(3) x は F の任意の元とする．任意の $\sigma \in G$ をとると，$\sigma|_F = \mathrm{id}$ より，$\sigma(x) = x$ となる．よって，$x \in E^G$ である．したがって，$F \subset E^G$ である． □

体の代数拡大 $E \supset F$ において，$G = \mathrm{Aut}_F(E)$ とするとき，次のいくつかの例にもみられるように，しばしば $E^G = F$ が成り立つ．

例 5.22 例 5.15 において，$G = \mathrm{Aut}_F(E)$ とすると，$G = \{\mathrm{id}, \sigma\}$ である（例 5.18）．$z = a + b\sqrt{2} \in E \, (a, b \in \mathbb{Q})$ に対して，$\sigma(z) = a - b\sqrt{2}$ であるので，「$z \in E^G \Leftrightarrow z \in F$」が成り立つ．よって，$E^G = F$ である．

例 5.23 例 5.16 において，$G = \mathrm{Aut}_F(E)$ とおくと，$G = \{\mathrm{id}, \iota\}$ である（例 5.19）．このときも $E^G = F$ が成り立つ．

例 5.24 例 5.17 の状況において，$G = \mathrm{Aut}_F(E)$ とおくと，$G = \{\mathrm{id}, \sigma, \tau, \rho\}$ である（例 5.20）．$z = a + b\sqrt{2} + c\sqrt{3} + d\sqrt{6} \in E \, (a, b, c, d \in \mathbb{Q})$ に対して
$$\sigma(z) = \tau(z) = \rho(z) = z \iff b = c = d = 0 \iff z \in F$$
が成り立つので，$E^G = F$ である（詳細な検討は読者にゆだねる）．

例 5.25 例 5.21 の状況を考える．$G = \mathrm{Aut}_F(E)$ とおくと，$G = \{\mathrm{id}\}$ であるので，$E^G = E \supsetneq F$ となる．

上の 4 つの例の示唆するところを述べておこう．

- G が大きければ E^G は小さく，G が小さければ E^G は大きい．
- E の F 上の自己同型写像 σ は，多項式 $f(X) \in F[X]$ の E 内での根を $f(X)$ の E 内での根にうつす（命題 5.20）．したがって，$f(X)$ の E 内の根が少なければ，E の F 上の自己同型写像も少ない．

- 一般に，$E^G \supset F$ である (命題 5.23 (3))．「$E^G = F$」となるのは「E^G が小さい」ときであり，「G が大きい」ときであり，「$\beta \in E$ を根に持つ多項式 $f(X) \in F[X]$ が E 内に β 以外の根をたくさん持つ」ときである．

注意 5.3 E は体とし，$x \in E, \sigma \in \mathrm{Aut}(E)$ とする．ガロア理論においては，$\sigma(x)$ を x^σ と表すことも多いが，本書ではこの記法を用いない．
$$\sigma(\tau(x)) = \sigma\tau(x) \quad (\sigma, \tau \in \mathrm{Aut}(E))$$
であるが，この式の両辺を上述の記法を用いて書き直すと
$$\sigma(\tau(x)) = \sigma(x^\tau) = (x^\tau)^\sigma, \quad \sigma\tau(x) = x^{\sigma\tau}$$
となり，「$(x^\tau)^\sigma = x^{\sigma\tau}$」という若干不自然な式が成り立つことになる．

5.2.3 分解体

F は体とし，$f(X) \in F[X] \setminus F$ とする．$f(X)$ の根を含むような F の拡大体を構成することを考える．

命題 5.24 F は体とし，$p(X) \in F[X] \setminus F$ は $F[X]$ における既約多項式とする．

(1) $F[X]/(p(X))$ は体である．

(2) $\iota: F \to F[X]$ は自然な埋め込み写像とし，$\pi: F[X] \to F[X]/(p(X))$ は標準的準同型写像とする．このとき，$\pi \circ \iota: F \to F[X]/(p(X))$ は単射な準同型写像である．

(3) $K = F[X]/(p(X))$ とおく．$c \in F$ と $\pi \circ \iota(c) \in K$ とを同一視することによって $\pi \circ \iota(F)$ と F とを同一視すると，K を F の拡大体とみることができる．このようにみるとき，$\alpha = \bar{X} \in F[X]/(p(X))\ (= K)$ とおけば，α は $p(X)$ の K 内での根である．

証明． (1) $p(X)$ は $F[X]$ の既約元であるので (命題 3.69 (2))，$(p(X))$ は $F[X]$ の極大イデアルであり (命題 3.60 (3))，したがって，$F[X]/(p(X))$ は体である (定理 3.38 (2))．

(2) π も ι も準同型写像であるので，$\pi \circ \iota$ も準同型写像である (問 3.16)．F は体であるので，問 3.19 (2) により，$\pi \circ \iota$ は単射である．

(3) $\pi \circ \iota$ が単射な準同型写像であるので，$\pi \circ \iota(F)$ と F とを同一視することができる．このとき，$c \in F$ と $\pi \circ \iota(c) = \overline{\iota(c)} = \bar{c} \in K$ とを同一視するこ

とになるので，$\bar{c}$ を単に c と表す．いま
$$p(X) = \sum_{i=0}^{m} c_i X^i \quad (c_i \in F, \ 0 \le i \le m)$$
とする．K 内において，上述の同一視を用いれば
$$0 = \bar{0} = \overline{p(X)} = \overline{\sum_{i=0}^{m} c_i X^i} = \sum_{i=0}^{m} \overline{c_i} \bar{X}^i = \sum_{i=0}^{m} c_i \alpha^i = p(\alpha)$$
が得られる．よって，α は $p(X)$ の K 内での根である． □

定理 5.25 F は体とし，$f(X) \in F[X], \deg(f) = n \ge 1$ とするとき，F のある拡大体 E が存在し，$f(X)$ は $E[X]$ 内で n 個の 1 次式の積に分解する．

証明． n に関する帰納法を用いる．$n = 1$ のときは，$E = F$ とすればよい．そこで，$n \ge 2$ とし，$(n-1)$ 次以下の多項式については定理の主張が成り立つと仮定する．いま，$F[X]$ における既約多項式 $p(X)$ であって，$f(X)$ を割り切るものを選ぶと，命題 5.24 により，F のある拡大体 K と $\alpha \in K$ が存在して，$p(\alpha) = 0$ となる．このとき，$f(\alpha) = 0$ であるので，命題 3.8 (2) より
$$f(X) = (X - \alpha) g(X)$$
を満たす $g(X) \in K[X]$ が存在する．よって，帰納法の仮定により，K のある拡大体 E が存在し，$g(X)$ は $E[X]$ 内で $(n-1)$ 個の 1 次式の積に分解する．このとき，$f(X)$ は $E[X]$ 内で n 個の 1 次式の積に分解する． □

定義 5.26 F は体とし，$f(X) \in F[X]$ は $\deg(f) = n \ge 1$ を満たすとする．

(1) F の拡大体 E であって，$E[X]$ 内で $f(X)$ が n 個の 1 次式の積に分解するものを，$f(X)$ の F 上の**分解体** (splitting field) という．

(2) E は $f(X)$ の F 上の分解体とする．$f(X)$ の F 上の分解体 E' であって，$E \supsetneq E'$ を満たすものが存在しないとき，E は $f(X)$ の F 上の**最小分解体**であるという．

直観的にいえば，定義 5.26 において，E が $f(X)$ の F 上の分解体であるとは，「E が $f(X)$ の根をすべて含む」ということである．

命題 5.27 F は体とし，$f(X) \in F[X]$ は $\deg(f) = n \ge 1$ を満たすとする．E は $f(X)$ の F 上の分解体とし，$f(X)$ は次のように表されるとする．

$$f(X) = c \prod_{i=1}^{n}(X - \alpha_i) \quad (c \in F,\ \alpha_i \in E,\ 1 \leq i \leq n).$$

このとき，$K = F(\alpha_1, \ldots, \alpha_n)$ は $f(X)$ の F 上の最小分解体である．

証明． $\alpha_1, \ldots, \alpha_n \in K$ より，$f(X)$ は $K[X]$ 内で 1 次式の積に分解する．よって，K は $f(X)$ の F 上の分解体である．また，E の部分体 K' が $f(X)$ の F 上の分解体ならば，K' は F を含み，$\alpha_1, \ldots, \alpha_n$ を含むので，$K' \supset K$ となる (命題 3.18 (2))．よって，$K \supsetneq K'$ を満たすような $f(X)$ の F 上の分解体 K' は存在しない．したがって，K は $f(X)$ の F 上の最小分解体である． □

系 5.28 F は体とし，$f(X) \in F[X] \setminus F$ とする．このとき，$f(X)$ の F 上の最小分解体が存在する．

証明． 定理 5.25 と命題 5.27 よりしたがう． □

命題 5.29 F は体とし，$f(X) \in F[X] \setminus F$ とする．このとき，F の拡大体 E に対して，次の 3 つの条件は同値である．

(a) E は $f(X)$ の F 上の最小分解体である．

(b) E は $f(X)$ の F 上の分解体であり，$f(X)$ の E におけるすべての根 $\alpha_1, \ldots, \alpha_n$ を用いて $E = F(\alpha_1, \ldots, \alpha_n)$ と表される．

(c) E は $f(X)$ の F 上の分解体であり，$f(X)$ の E におけるいくつかの根 $\beta_1, \ldots, \beta_m$ を用いて $E = F(\beta_1, \ldots, \beta_m)$ と表される．

証明． (a) $\Rightarrow$ (b)　条件 (a) より，E は $f(X)$ の F 上の最小分解体であるので，特に，E は $f(X)$ の F 上の分解体である．いま，$f(X)$ の E におけるすべての根 $\alpha_1, \ldots, \alpha_n$ を用いて

$$K = F(\alpha_1, \ldots, \alpha_n)$$

とおくと，E の部分体 K は $f(X)$ の F 上の分解体である．条件 (a) より E は $f(X)$ の F 上の最小分解体であるので，$E \supsetneq K$ ではあり得ない．したがって，$E = K = F(\alpha_1, \ldots, \alpha_n)$ が成り立ち，(b) がしたがう．

(b) $\Rightarrow$ (c)　明らかである．

(c) $\Rightarrow$ (a)　E の部分体 E' が $f(X)$ の F 上の分解体ならば，E' は F を含み，$\beta_1, \ldots, \beta_m$ を含むので，$E' \supset E$ となり (命題 3.18 (2))．よって，$E' = E$ となる．E は $f(X)$ の F 上の分解体であり，$E \supsetneq E'$ を満たすような $f(X)$

の F 上の分解体が存在しないので,E は $f(X)$ の F 上の最小分解体である.
$\square$

例 5.26 $F=\mathbb{Q}, f(X) = X^2 - 2 \in F[X], E = \mathbb{Q}(\sqrt{2})$ とすると,E は $f(X)$ の F 上の最小分解体である.実際,$E[X]$ 内で
$$f(X) = (X - \sqrt{2})(X + \sqrt{2})$$
と分解し,$E = \mathbb{Q}(\sqrt{2}) = \mathbb{Q}(\sqrt{2}, -\sqrt{2})$ である.

例 5.27 $\mathbb{C}$ は $X^2 + 1 \in \mathbb{R}[X]$ の $\mathbb{R}$ 上の最小分解体である.実際,$\mathbb{C}[X]$ 内で $f(X) = (X - \sqrt{-1})(X + \sqrt{-1})$ と分解し,$\mathbb{C} = \mathbb{R}(\sqrt{-1}, -\sqrt{-1})$ である.

例 5.28 $F=\mathbb{Q}, f(X) = X^4 - 10X^2 + 1, E = \mathbb{Q}(\sqrt{2}, \sqrt{3})$ とすると,E は $f(X)$ の F 上の最小分解体である.実際,$f(X)$ の 4 つの根 $\pm\sqrt{2} \pm \sqrt{3}$ はすべて E に属するので,E は $f(X)$ の F 上の分解体である(例 5.20 参照).さらに,$E = \mathbb{Q}(\sqrt{2}, \sqrt{3}) = \mathbb{Q}(\sqrt{2} + \sqrt{3})$ が成り立つので(例 5.12),命題 5.29 により,E は $f(X)$ の F 上の最小分解体である.

例 5.29 $F=\mathbb{Q}, h(X) = X^3 - 2, E = \mathbb{Q}(\sqrt[3]{2})$ とする.このとき,E は $h(X)$ の F 上の分解体ではない.実際,$h(X)$ は E 内に根を 1 つしか持たないので,$E[X]$ 内で 1 次式の積に分解しない(例 5.21 参照).

5.2.4 最小分解体と自己同型写像

まず,命題 5.20 を一般化する.

F, F' は体とし,$\sigma: F \to F'$ は同型写像とする.F 係数の多項式
$$f(X) = \sum_{i=0}^{n} c_i X^i \in F[X] \quad (c_i \in F, \ 0 \leq i \leq n) \tag{5.6}$$
に対して,F' 係数の多項式 $\sigma(f)(X) \in F'[X]$ を次のように定める.
$$\sigma(f)(X) = \sum_{i=0}^{n} \sigma(c_i) X^i.$$

命題 5.30 F, F' は体とし,$\sigma: F \to F'$ は同型写像とする.E は F の拡大体とし,E' は F' の拡大体とする.$\tilde{\sigma}: E \to E'$ は同型写像であって,σ の延長であるとする.$f(X) \in F[X]$ とし,$\alpha \in E$ は $f(X)$ の根であるとする.このとき,$\tilde{\sigma}(\alpha)$ は $\sigma(f)(X) \in F'[X]$ の根である.

証明. $f(X)$ は上述の式 (5.6) の形であるとする．このとき

$$0 = \tilde{\sigma}(0) = \tilde{\sigma}(f(\alpha)) = \tilde{\sigma}\left(\sum_{i=0}^{n} c_i \alpha^i\right) = \sum_{i=0}^{n} \sigma(c_i)\tilde{\sigma}(\alpha)^i = \sigma(f)(\tilde{\sigma}(\alpha))$$

が得られる． □

定理 5.31 $E \supset F$ は体の拡大とし，$[E:F] = n < \infty$ とする．

(1) 体の拡大 $E' \supset F'$，および，体の同型写像 $\tau : F \to F'$ が与えられているとする．このとき，体の同型写像 $\sigma : E \to E'$ であって，τ の延長であるものは，存在したとしても，その総数は n 以下である．

(2) $|\mathrm{Aut}_F(E)| \leq [E:F] = n$ が成り立つ．

証明. (1) 【ステップ1】 n に関する帰納法を用いる．$n = 1$ のとき，このような σ は 1 個（τ 自身のみ）である．そこで，$n \geq 2$ とし，$(n-1)$ 次以下の拡大については定理の主張が正しいと仮定する．

【ステップ2】 $\alpha \in E \setminus F$ とし，α の F 上の最小多項式を $\varphi(X)$ とし，$\deg(\varphi) = m$ とすると，$m \geq 2$ である（命題 5.4 (1)）．同型写像 $\sigma : E \to E'$ が τ の延長であるとき，$\alpha' = \sigma(\alpha)$ とおくと

$$\sigma|_{F(\alpha)} : F(\alpha) \to F'(\alpha')$$

は同型写像であって，τ の延長である．さらに，命題 5.30 により，α' は $\tau(\varphi)(X)$ の根である．

【ステップ3】 $\tau(\varphi)(X)$ の E' 内の根 β を 1 つ選ぶ．$F(\alpha)$ から $F'(\beta)$ への同型写像 ρ であって，τ の延長であり，かつ，$\rho(\alpha) = \beta$ となるものは，存在したとしても，ただ 1 つである．実際，定理 5.9 (4) より，$F(\alpha)$ の任意の元 z は $z = \sum_{i=0}^{m-1} c_i \alpha^i$（$c_i \in F, 0 \leq i \leq m-1$）と表される．このとき

$$\rho(z) = \rho\left(\sum_{i=0}^{m-1} c_i \alpha^i\right) = \sum_{i=0}^{m-1} \rho(c_i)\rho(\alpha)^i = \sum_{i=0}^{m-1} \tau(c_i)\beta^i$$

と定まるので，このような写像 ρ は，存在したとしても，ただ 1 つである．

【ステップ4】 $\tau(\varphi)(X)$ の根 β に応じて上のような ρ が高々 1 個定まるので，このような ρ の総数は $\deg(\tau(\varphi))(= m)$ 以下である（命題 3.9）．さらに $[F(\alpha):F] = m$（定理 5.9 (4)）に注意して定理 5.7 を用いれば

$$n = [E:F] = [E:F(\alpha)][F(\alpha):F] = m[E:F(\alpha)]$$

より，$[E : F(\alpha)] < n$ となる．よって，帰納法の仮定により，上のような ρ が 1 つ与えられたとき，E から E' への同型写像であって，ρ の延長であるものの総数は $[E : F(\alpha)]$ 以下である．よって，同型写像 $\sigma : E \to E'$ であって，τ の延長となるものの総数を N とすれば，次が成り立つ．

$$N \leq m[E : F(\alpha)] = [E : F] = n.$$

(2) (1) において，$F = F', E = E', \tau = \mathrm{id} : F \to F$ とすればよい． □

次に，体の同型写像の延長の存在について論ずる．

補題 5.32 F, F' は体とし，$\sigma : F \to F'$ は同型写像とする．E, E' はそれぞれ F, F' の拡大体であり，$E = F(\alpha), E' = F'(\alpha')$ $(\alpha \in E, \alpha' \in E')$ と表されるとする．さらに，α は $F[X]$ における既約多項式 $p(X)$ の E 内の根であり，α' は $\sigma(p)(X)$ の E' 内の根であると仮定する．このとき，同型写像 $\tilde{\sigma} : E \to E'$ であって，σ の延長であり，$\tilde{\sigma}(\alpha) = \alpha'$ を満たすものが存在する．

補題 5.32 の証明の前に，その内容を具体的に検討しておこう．

例 5.30 補題 5.32 の状況において，$F = F' = \mathbb{Q}$ とし，$\sigma : F \to F'$ は恒等写像とする．$E = E' = \mathbb{Q}(\sqrt{2})$ とし，

$$\alpha = \sqrt{2}, \quad \alpha' = -\sqrt{2}, \quad p(X) = X^2 - 2$$

とする．このとき，$\tilde{\sigma} : E \to E'$ は

$$\tilde{\sigma} : \mathbb{Q}(\sqrt{2}) \ni a + b\sqrt{2} \longmapsto a - b\sqrt{2} \in \mathbb{Q}(\sqrt{2}) \qquad (a, b \in \mathbb{Q})$$

と表される．この写像 $\tilde{\sigma}$ は，例 5.15 において σ と記した写像である．

例 5.31 $F = F' = \mathbb{Q}(\sqrt{2})$ とし，$\sigma : F \to F'$ は

$$\sigma : F \ni a + b\sqrt{2} \longmapsto a - b\sqrt{2} \in F' \qquad (a, b \in \mathbb{Q})$$

と表されるとする (例 5.15 の写像 σ)．さらに，$E = E' = \mathbb{Q}(\sqrt{2}, \sqrt{3})$ とし，$\alpha = \sqrt{3}, \alpha' = -\sqrt{3}, p(X) = X^2 - 3$ とすると，$\sigma(p)(X) = p(X)$ である．このとき，補題 5.32 の $\tilde{\sigma} : E \to E'$ は，例 5.17 で定めた写像

$$\rho : E \ni a + b\sqrt{2} + c\sqrt{3} + d\sqrt{6}$$
$$\longmapsto a - b\sqrt{2} - c\sqrt{3} + d\sqrt{6} \in E \quad (a, b, c, d \in \mathbb{Q})$$

にほかならない．

補題 5.32 の証明の概略. 写像 $\sigma^\sharp : F[X] \to F'[X]$ を

$$\sigma^\sharp : F[X] \ni f(X) = \sum_i c_i X^i$$
$$\longmapsto \sigma(f)(X) = \sum_i \sigma(c_i) X^i \in F'[X] \quad (c_i \in F)$$

と定める. $\sigma^\sharp$ は環の同型写像である. また, $F[X]$ のイデアル $I = (p(X))$ と, F' のイデアル $I' = (\sigma(p)(X))$ を考える. このとき, $I' = \sigma^\sharp(I)$ である. したがって, 次のような同型写像 $\overline{\sigma^\sharp}$ が存在する.

$$\overline{\sigma^\sharp} : F[X]/I \ni \overline{f(X)} \longmapsto \overline{\sigma(f)(X)} \in F'[X]/I'.$$

ここで, $\overline{f(X)} = f(X) \bmod I$, $\overline{\sigma(f)(X)} = \sigma(f)(X) \bmod I'$ である. 同じ記号「¯」を状況に応じて使い分けているが, 特に混乱は生じないであろう.

さて, $p(X)$ は $F[X]$ における既約多項式であるので, $p(X)$ は α の F 上の最小多項式である (命題 5.4 (6)). よって, 定理 5.9 (3) により, 同型写像

$$\Psi : F[X]/I \ni \overline{f(X)} \longmapsto f(\alpha) \in E$$

が存在する. 同様に, 同型写像

$$\Psi' : F'[X]/I' \ni \overline{g(X)} \longmapsto g(\alpha') \in E'$$

が存在する. ここで, $\tilde{\sigma} = \Psi' \circ \overline{\sigma^\sharp} \circ \Psi^{-1}$ とおけば, $\tilde{\sigma}$ は同型写像であり, 次の図式は可換図式となる.

$$\begin{array}{ccc} F & \xrightarrow{\sigma} & F' \\ \iota \downarrow & & \downarrow \iota' \\ F[X] & \xrightarrow{\sigma^\sharp} & F'[X] \\ \pi \downarrow & & \downarrow \pi' \\ F[X]/I & \xrightarrow{\overline{\sigma^\sharp}} & F'[X]/I' \\ \Psi \downarrow & & \downarrow \Psi' \\ E & \xrightarrow{\tilde{\sigma}} & E' \end{array}$$

ここで, ι, ι' は自然な埋め込み写像を表し, π, π' は標準的準同型写像を表す. このとき, $\Psi \circ \pi \circ \iota : F \to E$ と $\Psi' \circ \pi' \circ \iota' : F' \to E'$ は, それぞれ自然な包含写像と一致し, 上の図式は可換図式であるので, $\tilde{\sigma}$ は σ の延長である (詳細

な検討は読者にゆだねる). また, $\Psi(\bar{X}) = \alpha$, $\Psi'(\bar{X}) = \alpha'$ であるので
$$\tilde{\sigma}(\alpha) = \Psi' \circ \overline{\sigma^\sharp} \circ \Psi^{-1}(\alpha) = \Psi' \circ \overline{\sigma^\sharp}(\bar{X}) = \Psi'(\bar{X}) = \alpha'$$
が成り立つ. □

定理 5.33 $\sigma : F \to F'$ は体の同型写像とし, $f(X) \in F[X] \setminus F$ とする. E は $f(X)$ の F 上の最小分解体とし, E' は $\sigma(f)(X)$ の F' 上の最小分解体とする. また, $q(X)$ は $F[X]$ における既約多項式であって, $F[X]$ において $q(X)|f(X)$ を満たすものとする. さらに, α は多項式 $q(X)$ の E 内での任意の根とし, α' は $\sigma(q)(X)$ の E' 内での任意の根とする. このとき, 同型写像 $\tilde{\sigma} : E \to E'$ であって, σ の延長であり, さらに $\tilde{\sigma}(\alpha) = \alpha'$ を満たすものが存在する.

証明. $\deg(f) = n$ に関する帰納法を用いる. $n = 1$ のとき, $\tilde{\sigma} = \sigma$ とすればよい. そこで, $n \geq 2$ とし, $(n-1)$ 次以下の多項式については定理の結論が成り立つと仮定する. このとき, $f(X), \sigma(f)(X)$ はそれぞれ
$$f(X) = c \prod_{i=1}^{n}(X - \alpha_i), \quad \sigma(f)(X) = d \prod_{i=1}^{n}(X - \beta_i)$$
($c \in F$, $\alpha_i \in E$, $d \in F'$, $\beta_i \in E'$, $1 \leq i \leq n$) と表され
$$E = F(\alpha_1, \alpha_2, \ldots, \alpha_n), \quad E' = F'(\beta_1, \beta_2, \ldots, \beta_n)$$
が成り立つ (命題 5.29). $q(X)|f(X)$, $\sigma(q)(X)|\sigma(f)(X)$ であるので, 必要ならば α_i, β_i $(1 \leq i \leq n)$ の順序を入れかえて, $\alpha = \alpha_1$, $\alpha' = \beta_1$ とする. このとき, 補題 5.32 により, 同型写像 $\hat{\sigma} : F(\alpha) \to F'(\alpha')$ であって, σ の延長であり, $\hat{\sigma}(\alpha) = \alpha'$ を満たすものが存在する. ここで
$$f(X) = (X - \alpha)f_1(X)$$
を満たす $f_1(X) \in F(\alpha)[X]$ をとると (命題 3.8 (2) 参照)
$$\sigma(f)(X) = \hat{\sigma}(f)(X) = (X - \hat{\sigma}(\alpha))\hat{\sigma}(f_1)(X) = (X - \alpha')\hat{\sigma}(f_1)(X)$$
が成り立ち, $f_1(X), \hat{\sigma}(f_1)(X)$ はそれぞれ
$$f_1(X) = c \prod_{i=2}^{n}(X - \alpha_i), \quad \hat{\sigma}(f_1)(X) = d \prod_{i=2}^{n}(X - \beta_i)$$
と表される. このとき, $E = F(\alpha)(\alpha_2, \ldots, \alpha_n)$, $E' = F'(\alpha')(\beta_2, \ldots, \beta_n)$ であるので, E, E' はそれぞれ $f_1(X), \hat{\sigma}(f_1)(X)$ の $F(\alpha), F'(\alpha')$ 上の最小分解体である (命題 5.29). よって, 帰納法の仮定により, 同型写像 $\tilde{\sigma} : E \to E'$

であって，$\hat{\sigma}$ の延長であるものが存在する．このとき，$\tilde{\sigma}$ は σ の延長であって，$\tilde{\sigma}(\alpha) = \alpha'$ を満たす． □

系 5.34 F は体とし，$f(X) \in F[X] \setminus F$ とする．このとき，$f(X)$ の F 上の最小分解体は，すべて F 上同型である．

証明． E, E' を $f(X)$ の F 上の最小分解体とする．$\mathrm{id}: F \to F$ と E, E' に対して定理 5.33 を適用すればよい． □

系 5.35 F は体とし，$f(X) \in F[X] \setminus F$ とする．E は $f(X)$ の F 上の最小分解体とする．$q(X)$ は $F[X]$ における既約多項式であって，$F[X]$ において $q(X) | f(X)$ を満たすものとする．$q(X)$ の E 内での根を $\alpha_1, \alpha_2, \ldots, \alpha_m$ とする．このとき，任意の $\alpha_i, \alpha_j \, (1 \leq i \leq m, 1 \leq j \leq m)$ に対して，E の F 上の自己同型写像 τ であって，$\tau(\alpha_i) = \alpha_j$ を満たすものが存在する．

証明． $F = F', E = E'$ とし，$\mathrm{id}: F \to F$ に対して定理 5.33 を適用すればよい． □

5.2.5 分離拡大・非分離拡大

F は体とし，F の標数を p とする (定義 3.50 参照)．このとき，p は 0 または素数である (命題 3.51)．

定義 5.36 多項式 $f(X) = \sum_{i=0}^{n} a_i X^i \in F[X]$ に対し，$f(X)$ の**導多項式** $f'(X)$ を次のように定める．
$$f'(X) = \sum_{i=1}^{n} i a_i X^{i-1}.$$
ここで，$i a_i$ は a_i を i 回足し合わせたものを意味する $(1 \leq i \leq n)$．

$\mathrm{char}(F) = p > 0$ の場合，$a \in F$ に対して $pa = 0$ が成り立つので (命題 3.52 (1) 参照)，たとえば $(X^p)' = 0 \,(零多項式)$ となる．

命題 5.37 F は体とし，$f(X) = \sum_i a_i X^i$, $g(X) = \sum_j b_j X^j \in F[X]$ とする．
(1) $(f(X) + g(X))' = f'(X) + g'(X)$ が成り立つ．
(2) $(f(X)g(X))' = f'(X)g(X) + f(X)g'(X)$ が成り立つ．

証明. (1) $f(X) + g(X) = \sum_i (a_i + b_i)X^i$ であるので，次が得られる．

$$(f(X) + g(X))' = \sum_i i(a_i + b_i)X^{i-1} = \sum_i i a_i X^{i-1} + \sum_i i b_i X^{i-1}$$
$$= f'(X) + g'(X).$$

(2) $f(X)g(X) = \left(\sum_i a_i X^i\right)\left(\sum_j b_j X^j\right) = \sum_{i,j} a_i b_j X^{i+j}$ であるので

$$(f(X)g(X))' = \sum_{i,j}(i+j)a_i b_j X^{i+j-1}$$
$$= \sum_{i,j} i a_i b_j X^{i+j-1} + \sum_{i,j} j a_i b_j X^{i+j-1}$$
$$= \left(\sum_i i a_i X^{i-1}\right)\left(\sum_j b_j X^j\right) + \left(\sum_i a_i X^i\right)\left(\sum_j j b_j X^{j-1}\right)$$
$$= f'(X)g(X) + f(X)g'(X)$$

が成り立つ． □

命題 5.38 F は体とし，$f(X) \in F[X] \setminus F$ とする．E は $f(X)$ の F 上の分解体とし，$f(X)$ は E 内に重根 α を持つと仮定する．

(1) α は $f(X)$ と $f'(X)$ の共通の根である．

(2) $F[X]$ における既約多項式 $p(X)\,(\deg(p) \geq 1)$ が存在して，$F[X]$ において，$p(X)|f(X)$ かつ $p(X)|f'(X)$ が成り立つ．

証明. (1) $f(X) = (X - \alpha)^2 g(X)\,(g(X) \in E(X))$ と表されるので

$$f'(X) = 2(X - \alpha)g(X) + (X - \alpha)^2 g'(X)$$

である．この式に $X = \alpha$ を代入すれば，$f'(\alpha) = 0$ が得られる．

(2) α の F 上の最小多項式を $p(X)$ とすれば，$p(X)$ は $F[X]$ における既約多項式であり，$p(X)|f(X), p(X)|f'(X)$ が成り立つ (命題 5.4 (5), (4))． □

系 5.39 命題 5.38 の仮定のもと，さらに，$f(X)$ は $F[X]$ における既約多項式であるとする．このとき，$f'(X)$ は零多項式である．

証明. $f(X)$ が既約多項式であるので，命題 5.38 の既約多項式 $p(X)$ は $f(X)$ の定数倍である．よって，$f(X)|f'(X)$ が成り立つが，$\deg(f') < \deg(f)$ であるので，$f'(X)$ は零多項式である． □

導多項式が零多項式となるための条件について考えよう．

補題 5.40 F は標数 p の体とし，$f(X) = \sum_i a_i X^i \in F[X]$ とする．

(1) $p = 0$ のとき，$f'(X)$ が零多項式であることは，$f(X)$ が定数であることと同値である．

(2) $p > 0$ のとき，$f'(X)$ が零多項式であることは，ある $g(Y) \in F[Y]$ が存在して $f(X) = g(X^p)$ と表されることと同値である．

証明． 「$f'(X)$ は零多項式 $\Leftrightarrow$ 任意の $i > 0$ に対して $ia_i = 0$」に注意する．

(1) $i > 0$ に対して「$ia_i = 0 \Leftrightarrow a_i = 0$」が成り立つことよりしたがう．

(2) $a \in F$ とするとき，自然数 i が p の倍数ならば，つねに $ia = 0$ である．i が p の倍数でなければ，「$ia = 0 \Leftrightarrow a = 0$」が成り立つ．よって，$f'(X)$ が零多項式であることは
$$p \nmid i \Longrightarrow a_i = 0$$
が成り立つことと同値である．したがって，$f'(X)$ が零多項式ならば
$$f(X) = \sum_k a_{pk} X^{pk} = a_0 + a_p X^p + a_{2p} X^{2p} + \cdots + a_{mp} X^{mp} \quad (m \in \mathbb{N})$$
と表される．このとき，$g(Y) = \sum_k a_{pk} Y^k$ とおけば，$f(X) = g(X^p)$ が成り立つ．逆に，このような $g(Y)$ が存在すれば $f'(X)$ は零多項式である． □

定理 5.41 F は体とし，$f(X) \in F[X] \setminus F$ は $F[X]$ における既約多項式とする．E は $f(X)$ の F 上の分解体とする．

(1) $\mathrm{char}(F) = 0$ のとき，$f(X)$ は E 内に重根を持たない．

(2) $\mathrm{char}(F) = p > 0$ のとき，次の 2 つの条件 (a), (b) は同値である．

(a) $f(X)$ は E 内に重根を持つ．

(b) ある $g(Y) \in F[Y]$ が存在して，$f(X) = g(X^p)$ と表される．

証明． (1) $f(X)$ は定数でないので，系 5.39，補題 5.40 (1) よりしたがう．

(2) (a) $\Rightarrow$ (b) 系 5.39，補題 5.40 (2) よりしたがう．

(b) $\Rightarrow$ (a) $f(X)$ の E 内の根 α をとると，$g(\alpha^p) = f(\alpha) = 0$ より
$$g(Y) = (Y - \alpha^p) h(Y) \quad (h(Y) \in E[Y])$$
と表される (命題 3.8 (2))．このとき
$$f(X) = (X^p - \alpha^p) h(X^p) = (X - \alpha)^p h(X^p)$$
となるので (問 3.23)，α は $f(X)$ の重根である． □

定義 5.42 F は体とし，$f(X) \in F[X] \setminus F$ とし，E は $f(X)$ の F 上の分解体とする．$p(X) | f(X)$ を満たす $F[X]$ 内の任意の既約多項式 $p(X)$ が E 内に重根を持たないとき，$f(X)$ は**分離多項式** (separable polynomial) であるという．

定義 5.43 体の拡大 $K \supset F$ は代数拡大であるとする．

(1) $\alpha \in K$ とする．α の F 上の最小多項式 $\varphi(X)$ が分離多項式であるとき，α は F 上**分離的** (separable) であるという．そうでないとき，α は F 上**非分離的** (inseparable) であるという．

(2) K の任意の元が F 上分離的であるとき，$K \supset F$ は**分離拡大** (separable extension) である (K は F の**分離拡大体**である) という．そうでないとき，$K \supset F$ は**非分離拡大** (inseparable extension) である (K は F の**非分離拡大体**である) という．

注意 5.4 (1) 定義 5.43 (1) において，$\varphi(X)$ は $F[X]$ における既約多項式であるので (命題 5.4 (5))，α が F 上分離的であることは，$\varphi(X)$ がその F 上の分解体において重根を持たないことと同値である．

(2) 定理 5.41 より，$\mathrm{char}(F) = 0$ のとき，F の任意の代数拡大体は分離拡大体である．

(3) 今後，単に $f(X) \in F[X]$ が「重根を持たない」といったら，$f(X)$ が「F 上の分解体において重根を持たない」ことを意味するものとする．

定理 5.44 体の拡大 $E \supset F$ は有限次拡大かつ分離拡大とする．このとき，$E \supset F$ は単純拡大である．

ここでは，F が無限体の場合に定理 5.44 を証明する．$\mathrm{char}(F) = 0$ ならば F は無限体であることに注意しておく (命題 3.55 (1))．F が有限体の場合は系 5.67 を参照せよ．まず，補題を 2 つ証明する．

補題 5.45 体の拡大 $E \supset K$ は代数拡大かつ分離拡大とする．$\beta \in E$ とする．$g(X), h(X) \in K[X]$ が $g(X)h(X)$ の E 上の分解体の中で β を共通の根として持ち，それ以外の共通根は持たないと仮定する．このとき，$\beta \in K$ である．

証明. $\varphi(X)$ を β の K 上の最小多項式とする．$g(X)$, $h(X)$ が分解体内に β を根として持つので，$K[X]$ において，$\varphi(X)|g(X)$, $\varphi(X)|h(X)$ が成り立つ (命題 5.4 (4))．$g(X)$, $h(X)$ の共通根が β ただ 1 つであるので，$\varphi(X)$ は分解体内に根を β ただ 1 つのみ持つ．また，β は K 上分離的であるので，$\varphi(X)$ は重根を持たない．よって，$\deg(\varphi) = 1$ であり，$\beta \in K$ である (命題 5.4 (1))．□

補題 5.46 F は無限体とする．E は F の代数拡大体であって，分離拡大体であり，$E = F(\alpha, \beta)$ ($\alpha, \beta \in E$) と表されるとする．このとき，$c \in F$ をうまく選んで $\theta = \alpha + c\beta$ とおくと，$E = F(\theta)$ が成り立つ．

証明．【ステップ 1】 $f(X), g(X) \in F[X]$ をそれぞれ α, β の F 上の最小多項式とする．$f(X)g(X)$ を $E[X]$ の元とみて，その E 上の分解体 L をとる．このとき，L は E の拡大体であって，$L[X]$ 内で，$f(X), g(X)$ は

$$f(X) = a \prod_{i=1}^{m}(X - \alpha_i), \quad g(X) = b \prod_{j=1}^{n}(X - \beta_j)$$

($a, b \in F$, $\alpha_i, \beta_j \in L$, $1 \le i \le m, 1 \le j \le n$) と分解する．ここで，$\alpha_1 = \alpha$, $\beta_1 = \beta$ とする．いま，$1 \le i \le m, 2 \le j \le n$ を満たすすべての i, j に対して

$$\alpha_1 - \alpha_i + c(\beta_1 - \beta_j) \ne 0 \ (\iff \alpha_1 + c(\beta_1 - \beta_j) \ne \alpha_i)$$

となるように $c \in F$ を選ぶことができる．実際，β が F 上分離的であることより，$\beta_j \ne \beta_1$ ($j \ge 2$) であるので，高々有限個の例外を除いて，c は上の条件を満たす．F が無限体であるので，このような c は必ず存在する．

【ステップ 2】 $\theta = \alpha + c\beta$, $K = F(\theta)$ とおく．多項式 $h(X)$ を

$$h(X) = f(\theta - cX) \in F(\theta)[X] \, (= K[X])$$

と定めると，$h(\beta) = f(\theta - c\beta) = f(\alpha) = 0$ が成り立つので，$g(X), h(X)$ は分解体内に $\beta \, (= \beta_1)$ を共通根として持つ．このとき

$$\theta - c\beta_j = \theta - c\beta_1 + c(\beta_1 - \beta_j) = \alpha_1 + c(\beta_1 - \beta_j) \quad (2 \le j \le n)$$

であるが，c の選び方より，$\theta - c\beta_j$ ($2 \le j \le n$) は α_i ($1 \le i \le m$) のいずれとも一致しない．よって，$2 \le j \le n$ のとき，$h(\beta_j) = f(\theta - c\beta_j) \ne 0$ である．したがって，$K[X]$ 内の 2 つの多項式 $g(X), h(X)$ は分解体内に β をただ 1 つの共通根として持つ．よって，補題 5.45 より，$\beta \in K$ である．

【ステップ3】 ステップ2より, $\beta \in K$ であるので, $\alpha = \theta - c\beta \in K$ となり, $E = F(\alpha, \beta) \subset K$ がしたがう. $E \supset K$ とあわせれば, $E = K = F(\theta)$ が得られる. □

定理 5.44 の証明 (F が無限体の場合). $[E:F] = n$ に関する帰納法を用いる. $n=1$ ならば, $E = F = F(\alpha)\,(\alpha \in F)$ と表せる. そこで, $n \geq 2$ とし, 拡大次数が $(n-1)$ 以下の分離拡大は単純拡大であるとする. いま, $\alpha \in E \setminus F$ を選び, α の F 上の最小多項式の次数を m とすると, $m \geq 2$ である (命題 5.4 (1)). 定理 5.9 (4) と定理 5.7 を用いると

$$[E:F] = [E:F(\alpha)][F(\alpha):F] = m[E:F(\alpha)]$$

より, $[E:F(\alpha)] < n$ が得られる. そこで, 体の拡大 $E \supset F(\alpha)$ に対して帰納法の仮定を適用すれば

$$E = F(\alpha)(\beta) = F(\alpha, \beta)$$

となる $\beta \in E$ が存在することがわかる. このとき, 補題 5.46 により, $E \supset F$ は単純拡大である. □

系 5.47 標数 0 の体 F の任意の有限次拡大体は F の単純拡大体である.

証明. 定理 5.15, 注意 5.4 (2), 定理 5.44 よりしたがう. □

5.2.6 正規拡大

定義 5.48 体の代数拡大 $E \supset F$ が次の条件 (N) を満たすとき, $E \supset F$ は**正規拡大** (normal extension) である (E は F の**正規拡大体**である) という.

【条件 (N)】 $F[X]$ における既約多項式 $f(X) \in F[X] \setminus F$ が E 内に根を 1 つ持つならば, $f(X)$ は $E[X]$ 内で 1 次式の積に分解する.

直観的にいえば, 条件 (N) は「$F[X]$ における既約多項式 $f(X)$ が E 内に根を 1 つでも持てば, $f(X)$ のすべての根が E 内にある」ということである.

例 5.32 $\mathbb{Q}(\sqrt[3]{2})$ は $\mathbb{Q}$ の正規拡大体ではない. 実際, $\mathbb{Q}[X]$ における既約多項式 $f(X) = X^3 - 2$ は 1 根 $\sqrt[3]{2}$ のみを $\mathbb{Q}(\sqrt[3]{2})$ 内に持つ.

命題 5.49 体の有限次拡大 $E \supset F$ について, 次の 2 条件は同値である.

(a) E は F の正規拡大体である.

(b) ある多項式 $f(X) \in F[X] \setminus F$ が存在して，E は $f(X)$ の F 上の最小分解体である．

証明． (a) $\Rightarrow$ (b)　E は F の有限次拡大体であるので，$E = F(\alpha_1, \ldots, \alpha_s)$ ($\alpha_i \in E, 1 \leq i \leq s$) と表される (問 5.5)．$\alpha_i$ の F 上の最小多項式を $\varphi_i(X)$ とする ($1 \leq i \leq s$)．このとき，条件 (a) より，$\varphi_i(X)$ は $E[X]$ 内で 1 次式の積に分解する．そこで

$$f(X) = \prod_{i=1}^{s} \varphi_i(X) \in F[X]$$

とおくと，$f(X)$ は $E[X]$ 内で 1 次式の積に分解するので，E は $f(X)$ の F 上の分解体である．E は F に $f(X)$ のいくつかの根 $\alpha_1, \ldots, \alpha_s$ を添加した体であるので，E は $f(X)$ の F 上の最小分解体である (命題 5.29)．

(b) $\Rightarrow$ (a)　**【ステップ 1】**　E が多項式 $f(X) \in F[X]$ の F 上の最小分解体であるとする．このとき，$f(X)$ は

$$f(X) = a \prod_{i=1}^{n} (X - \beta_i) \qquad (a \in F,\ \beta_i \in E,\ 1 \leq i \leq n)$$

と分解し，$E = F(\beta_1, \ldots, \beta_n)$ と表される (命題 5.29)．

【ステップ 2】　$F[X]$ における既約多項式 $q(X)$ であって，E 内に 1 根 γ_1 を持つものを選ぶ．このとき，$q(X)$ が $E[X]$ 内で 1 次式の積に分解することを示す．いま，L を $q(X)$ の E 上の最小分解体とすると

$$q(X) = b \prod_{j=1}^{m} (X - \gamma_j) \qquad (b \in F,\ \gamma_j \in L,\ 1 \leq j \leq m)$$

と分解し，$L = E(\gamma_1, \ldots, \gamma_m)$ と表される．ここで，$K = F(\gamma_1, \ldots, \gamma_m)$ とおくと，体 F, E, K, L には，次のような包含関係がある．

$$\begin{array}{ccc}
L & = & E(\gamma_1, \ldots, \gamma_m) \\
& \cup \qquad \cup & \\
E = F(\beta_1, \ldots, \beta_n) & & K = F(\gamma_1, \ldots, \gamma_m) \\
& \cup \qquad \cup & \\
& F &
\end{array}$$

【ステップ 3】　$K = F(\gamma_1, \ldots, \gamma_m)$ は $q(X)$ の F 上の最小分解体である．よって，系 5.35 により，K の F 上の自己同型写像 τ_j であって

$$\tau_j(\gamma_1) = \gamma_j$$

を満たすものが存在する $(1 \leq j \leq m)$.

【ステップ 4】 $L = F(\beta_1, \ldots, \beta_n, \gamma_1, \ldots, \gamma_m) = K(\beta_1, \ldots, \beta_n)$ であるので，L は $f(X)$ の K 上の最小分解体である．また，$\tau_j : K \to K$ は F 上の自己同型写像であり，$f(X) \in F[X]$ であるので，$\tau_j(f)(X) = f(X)$ である．よって，定理 5.33 により，L の自己同型写像 σ_j であって，τ_j の延長であるものが存在する．このとき，σ_j は F 上の自己同型写像である．さらに

$$a \prod_{i=1}^{n}(X - \beta_i) = f(X) = \sigma_j(f)(X) = a \prod_{i=1}^{n}\bigl(X - \sigma_j(\beta_i)\bigr)$$

であるので，集合の等式 $\{\sigma_j(\beta_1), \ldots, \sigma_j(\beta_n)\} = \{\beta_1, \ldots, \beta_n\}$ が成立する．

【ステップ 5】 $\gamma_1 \in E = F(\beta_1, \ldots, \beta_n)$ であるので

$$\gamma_j = \sigma_j(\gamma_1) \in F(\sigma_j(\beta_1), \ldots, \sigma_j(\beta_n)) = F(\beta_1, \ldots, \beta_n) = E$$

が得られる (問 5.7)．こうして，$q(X)$ のすべての根 γ_j $(1 \leq j \leq m)$ が E に属することが示された．よって，E は F の正規拡大体である． □

問 5.7 体 L は体 F の拡大体とし，$\sigma \in \mathrm{Aut}_F(L)$ とする．L の元 $\beta_1, \ldots, \beta_n, \gamma$ について，「$\gamma \in F(\beta_1, \ldots, \beta_n) \Rightarrow \sigma(\gamma) \in F(\sigma(\beta_1), \ldots, \sigma(\beta_n))$」を示せ．

例 5.33 $\mathbb{Q}(\sqrt{2})$ は $X^2 - 2$ の $\mathbb{Q}$ 上の最小分解体であるので (例 5.26)，$\mathbb{Q}$ の正規拡大体である．

例 5.34 $\mathbb{C}$ は $X^2 + 1$ の $\mathbb{R}$ 上の最小分解体であるので (例 5.27)，$\mathbb{R}$ の正規拡大体である．

例 5.35 $\mathbb{Q}(\sqrt{2}, \sqrt{3})$ は $X^4 - 10X^2 + 1$ の $\mathbb{Q}$ 上の最小分解体であるので (例 5.28)，$\mathbb{Q}$ の正規拡大体である．

5.2.7 ガロア拡大とガロア群

定義 5.50 体の有限次拡大 $E \supset F$ が正規拡大かつ分離拡大であるとき，$E \supset F$ は**ガロア拡大** (Galois extension) である (E は F の**ガロア拡大体**である) という．

注意 5.5 $\mathrm{char}(F) = 0$ のとき，体の有限次拡大 $E \supset F$ に対して「$E \supset F$ はガロア拡大 $\Leftrightarrow$ $E \supset F$ は正規拡大」が成り立つ (注意 5.4 (2) 参照)．

定義 5.51 ガロア拡大 $E \supset F$ に対して，$\mathrm{Aut}_F(E)$ を E の F 上の**ガロア群** (Galois group) とよび，$\mathrm{Gal}(E/F)$ と表す．

例 5.36 ガロア拡大とそのガロア群の例をいくつかまとめておく．

(1) $\mathbb{Q}(\sqrt{2})$ は $\mathbb{Q}$ のガロア拡大体である (例 5.33)．$\mathrm{Gal}(\mathbb{Q}(\sqrt{2})/\mathbb{Q})$ は位数 2 の巡回群である (例 5.15，例 5.18)．

(2) $\mathbb{C}$ は $\mathbb{R}$ のガロア拡大体である (例 5.34)．$\mathrm{Gal}(\mathbb{C}/\mathbb{R})$ は位数 2 の巡回群である (例 5.16，例 5.19)．

(3) $\mathbb{Q}(\sqrt{2}, \sqrt{3})$ は $\mathbb{Q}$ のガロア拡大体である (例 5.35)．$\mathrm{Gal}(\mathbb{Q}(\sqrt{2}, \sqrt{3})/\mathbb{Q})$ は $(\mathbb{Z}/2\mathbb{Z}) \times (\mathbb{Z}/2\mathbb{Z})$ と同型な位数 4 の群である (例 5.17，例 5.20)．

定理 5.52 $E \supset F$ はガロア拡大とし，$[E : F] = n$ とする．

(1) E は F の単純拡大体であり，$E = F(\alpha)\,(\alpha \in E)$ と表される．

(2) α の F 上の最小多項式を $\varphi(X)$ とすると，$\varphi(X)$ は分離多項式であり，$F[X]$ における既約多項式であり，$\deg(\varphi) = n$ である．

(3) E は $\varphi(X)$ の F 上の最小分解体である．

(4) $\varphi(X)$ は E 内にちょうど n 個の相異なる根 $\alpha = \alpha_1, \alpha_2, \ldots, \alpha_n$ を持つ．各 $i\,(1 \le i \le n)$ に対して，$\sigma_i(\alpha) = \alpha_i$ を満たす $\sigma_i \in \mathrm{Gal}(E/F)$ がただ 1 つ定まり，$\mathrm{Gal}(E/F) = \{\sigma_1, \sigma_2, \ldots, \sigma_n\}$ となる．

(5) $|\mathrm{Gal}(E/F)| = [E : F]$ が成り立つ．

証明． (1) $E \supset F$ は有限次分離拡大であるので，定理 5.44 よりしたがう．

(2) $E \supset F$ は分離拡大であるので，$\varphi(X)$ は分離多項式である．命題 5.4 (5)，定理 5.9 (4) より，$\varphi(X)$ に関する残りの性質がしたがう．

(3) E は F の正規拡大体であり，$\varphi(X)$ の根 α を含むので，$\varphi(X)$ のすべての根を含む．よって，E は $\varphi(X)$ の E 上の分解体である．さらに，命題 5.29 より，$E = F(\alpha)$ は $\varphi(X)$ の F 上の最小分解体である．

(4) $\deg(\varphi) = n$ であり，$\varphi(X)$ は重根を持たないので，$\varphi(X)$ は E 内に相異なる根をちょうど n 個持つ．系 5.35，命題 5.20 (3) より，根 $\alpha_i\,(1 \le i \le n)$ に対して，$\sigma_i(\alpha) = \alpha_i$ を満たす $\sigma_i \in \mathrm{Gal}(E/F)$ がただ 1 つ存在する．また，命題 5.20 (2) より，$\mathrm{Gal}(E/F)$ の元はこのようなものに限られる．

(5) (4) よりしたがう． □

定理 5.53 $E \supset F$ は体の有限次拡大とし，$G = \mathrm{Aut}_F(E)$ とする．このとき，次の 3 つの条件 (a)，(b)，(c) は同値である．

(a) E は F のガロア拡大体である.

(b) E はある分離多項式 $f(X) \in F[X] \setminus F$ の F 上の最小分解体である.

(c) $E^G = F$ である.

証明. (a) $\Rightarrow$ (b) 定理 5.52 (2), (3) よりしたがう.

(b) $\Rightarrow$ (c) 【ステップ 1】 E が分離多項式 $f(X) \in F[X] \setminus F$ の F 上の最小分解体であるとする. $n = [E : F]$ とおき, n に関する帰納法により, $E^G = F$ を示す. $n = 1$ のときは, $E = F$, $G = \{\mathrm{id}\}$ より, $E^G = F$ である.

【ステップ 2】 $n \geq 2$ とし, 拡大次数が $(n-1)$ 次以下の場合は結論が成立すると仮定する. $f(X)$ の根 $\alpha \in E \setminus F$ をとり, $\varphi(X)$ を α の F 上の最小多項式とすると, $\varphi(X)$ は $F[X]$ における既約多項式であり, $\varphi(X) | f(X)$ を満たす (命題 5.4 (5), (4)). $\deg(\varphi) = m$ とおくと, $m \geq 2$ である (命題 5.4 (1)). ここで, $K = F(\alpha)$ とおくと, 定理 5.9 (4) と定理 5.7 により

$$n = [E : F] = [E : K][K : F] = m[E : K]$$

が成り立つので, $[E : K] < n$ となる.

【ステップ 3】 $H = \mathrm{Aut}_K(E)$ とおく. E は $f(X)$ の K 上の最小分解体であるので (問 5.8), 帰納法の仮定により, $E^H = K$ となる. 任意の $\theta \in E^G$ をとると, $G \supset H$ より, $\theta \in E^G \subset E^H = K$ となるので, 定理 5.9 (4) より

$$\theta = \sum_{i=0}^{m-1} c_i \alpha^i \qquad (c_i \in F,\ 0 \leq i \leq m-1) \tag{5.7}$$

と表される.

【ステップ 4】 $f(X)$ は分離多項式であるので, $\varphi(X)$ は E 内に重根を持たず, $\varphi(X)$ は E 内に相異なる m 個の根 $\alpha_1, \ldots, \alpha_m$ を持つ. ここで, $\alpha_1 = \alpha$ とする. このとき, 系 5.35 により, $\sigma_j(\alpha) = \alpha_j$ を満たす $\sigma_j \in G$ が存在する ($1 \leq j \leq m$). $\theta \in E^G$ であるので, 式 (5.7) より

$$\theta = \sigma_j(\theta) = \sum_{i=0}^{m-1} \sigma_j(c_i) \sigma_j(\alpha)^i = \sum_{i=0}^{m-1} c_i \alpha_j^i \quad (1 \leq j \leq m) \tag{5.8}$$

が得られる. そこで, $g(X) \in E[X]$ を次のように定める.

$$g(X) = (c_0 - \theta) + c_1 X + c_2 X^2 + \cdots + c_{m-1} X^{m-1}.$$

式 (5.8) は, $g(X) (\deg(g) \leq m-1)$ が m 個の相異なる根 $\alpha_j (1 \leq j \leq m)$ を持つことを意味する. よって, $g(X)$ は零多項式である (命題 3.9). 特に

$c_0 - \theta = 0$ であるので，$\theta = c_0 \in F$ である．よって，$E^G \subset F$ が成り立つ．$F \subset E^G$ (命題 5.23 (3)) とあわせれば，$E^G = F$ が示される．

(c) $\Rightarrow$ (a) 　【ステップ 1】　$E^G = F$ であると仮定する．任意の $\alpha \in E$ に対して，α の F 上の最小多項式を $\varphi(X)$ とおくとき，$\varphi(X)$ が重根を持たず，さらに，$E[X]$ において 1 次式の積に分解することを示せばよい (問 5.9)．

【ステップ 2】　$|G| \leq [E:F]$ であるので (定理 5.31 (2))，特に G は有限群である．$\sigma(\alpha) (\sigma \in G)$ の形の元のうち，異なるものをすべて選び出し，それらが次のような s 個の元からなる集合 S であるとする．

$$S = \{\sigma(\alpha) \mid \sigma \in G\} = \{\sigma_1(\alpha), \sigma_2(\alpha), \ldots, \sigma_s(\alpha)\}.$$

ここで，$\sigma_1(\alpha) = \alpha$ とする．任意の $\tau \in G$ に対して

$$\tau S = \{\tau\sigma(\alpha) \mid \sigma \in G\} = \{\tau\sigma_1(\alpha), \tau\sigma_2(\alpha), \ldots, \tau\sigma_s(\alpha)\}$$

とおくと，集合の等式 $\tau S = S$，すなわち

$$\{\tau\sigma_1(\alpha), \tau\sigma_2(\alpha), \ldots, \tau\sigma_s(\alpha)\} = \{\sigma_1(\alpha), \sigma_2(\alpha), \ldots, \sigma_s(\alpha)\} \tag{5.9}$$

が成り立つ (問 5.10)．

【ステップ 3】　$h(X) = \prod_{i=1}^{s} \left(X - \sigma_i(\alpha)\right) \in E[X]$ とおくと，式 (5.9) により，任意の $\tau \in G$ に対して，次が成り立つ．

$$\tau(h)(X) = \prod_{i=1}^{s}\left(X - \tau\sigma_i(\alpha)\right) = \prod_{j=1}^{s}\left(X - \sigma_j(\alpha)\right) = h(X).$$

よって，$h(X) \in E^G[X] = F[X]$ である．さらに，$h(\alpha) = h(\sigma_1(\alpha)) = 0$ であるので，命題 5.4 (4) より，$\varphi(X) | h(X)$ が成り立つ．$h(X)$ は $E[X]$ 内で 1 次式の積に分解しているので，$\varphi(X)$ も $E[X]$ 内で 1 次式の積に分解する．$h(X)$ は重根を持たないので，$\varphi(X)$ も重根を持たない．　□

問 5.8 F は体とし，$f(X) \in F[X] \setminus F$ とする．E は $f(X)$ の F 上の最小分解体とし，K は体の拡大 $E \supset F$ の中間体とする．このとき，E は $f(X)$ の K 上の最小分解体であることを示せ．

問 5.9 体の有限次拡大 $E \supset F$ において，任意の $\alpha \in E$ の F 上の最小多項式 $\varphi(X)$ が重根を持たず，さらに，$E[X]$ において 1 次式の積に分解するならば，E は F のガロア拡大体であることを示せ．

問 5.10 定理 5.53 の証明中の式 (5.9) が成り立つことを示せ．

系 5.54 体の有限次拡大 $E \supset F$ はガロア拡大とし,K はその中間体とする ($E \supset K \supset F$).このとき,E は K のガロア拡大体である.

証明. 定理 5.53 により,E はある分離多項式 $f(X) \in F[X]$ の F 上の最小分解体であるので,E は分離多項式 $f(X)$ の K 上の最小分解体でもある (問 5.8).よって,再び定理 5.53 により,E は K のガロア拡大体である.

□

注意 5.6 系 5.54 の状況において,K は必ずしも F のガロア拡大体であるとは限らない.K が F のガロア拡大体となる条件は定理 5.59 を参照せよ.

定理 5.55 E は体とし,H は $\mathrm{Aut}(E)$ の有限部分群とする.
 (1) $[E : E^H] = |H|$ が成り立つ.
 (2) 体の拡大 $E \supset E^H$ はガロア拡大である.
 (3) $\mathrm{Gal}(E/E^H) = H$ が成り立つ.

証明. (1) 【ステップ 1】 任意の $\sigma \in H$ は任意の $z \in E^H$ に対して $\sigma(z) = z$ を満たすので,H は $\mathrm{Aut}_{E^H}(E)$ の部分群である.したがって,定理 5.31 (2) により,次が成り立つ ($[E : E^H] = \infty$ の場合は自明).

$$|H| \leq |\mathrm{Aut}_{E^H}(E)| \leq [E : E^H].$$

【ステップ 2】 $|H| < [E : E^H]$ であると仮定して,矛盾を導く.$|H| = n$ とし,$H = \{\tau_1, \ldots, \tau_n\}$ ($\tau_1 = \mathrm{id}$) とする.$[E : E^H] \geq n+1$ とすると,E^H 上線形独立な $(n+1)$ 個の元 $\alpha_1, \ldots, \alpha_{n+1} \in E$ が存在する.このとき,$(n+1)$ 個の未知数 $X_1, \ldots, X_{n+1}$ に関する n 本の式の連立 1 次方程式

$$\sum_{j=1}^{n+1} \tau_i(\alpha_j) X_j = 0 \qquad (1 \leq i \leq n) \tag{5.10}$$

は E 内に非自明解 ($X_1 = \cdots = X_{n+1} = 0$ 以外の解) を持つ.このような解のうち,$X_j = 0$ となる j ($1 \leq j \leq n+1$) の個数が最も多いものを

$$X_j = \gamma_j \quad (1 \leq j \leq n+1)$$

とする.ここで,必要ならば $\alpha_1, \ldots, \alpha_{n+1}$ の番号をつけかえて

$$\gamma_1 \neq 0, \ldots, \gamma_s \neq 0, \gamma_{s+1} = \cdots = \gamma_{n+1} = 0$$

とする.さらに,$\theta_j = \dfrac{\gamma_j}{\gamma_1}$ とおくと,$\theta_1 = 1$ であり

$$X_j = \theta_j \quad (1 \leq j \leq n+1)$$

も方程式 (5.10) の解である．すなわち，次が成り立つ．
$$\tau_i(\alpha_1) + \sum_{j=2}^{s} \tau_i(\alpha_j)\theta_j = 0 \qquad (1 \leq i \leq n). \tag{5.11}$$

【ステップ 3】 $\tau_1 = \mathrm{id}$ であるので，(5.11) の第 1 式は次のように表される．
$$\alpha_1 + \sum_{j=2}^{s} \alpha_j \theta_j = 0. \tag{5.12}$$

もし，すべての $j\,(2 \leq j \leq s)$ に対して $\theta_j \in E^H$ ならば，式 (5.12) により，$\alpha_1, \ldots, \alpha_s$ は E^H 上線形従属である．これは $\alpha_1, \ldots, \alpha_{n+1}$ の選び方に反する．よって，ある $l\,(2 \leq l \leq s)$ に対して $\theta_l \notin E^H$ となる．このとき，ある $\tau_k \in H\,(1 \leq k \leq n)$ が存在して
$$\tau_k(\theta_l) \neq \theta_l \tag{5.13}$$

が成り立つ．いま，(5.11) のすべての式の両辺にこの τ_k を作用させると
$$\tau_k \tau_i(\alpha_1) + \sum_{j=2}^{s} \tau_k \tau_i(\alpha_j) \tau_k(\theta_j) = 0 \qquad (1 \leq i \leq n)$$

となる．ここで，$\{\tau_k \tau_1, \ldots, \tau_k \tau_n\} = \{\tau_1, \ldots, \tau_n\}$ であるので，上の式において，$\tau_k \tau_i$ をあらためて τ_i とおき直し，式の順序を並べかえることにより
$$\tau_i(\alpha_1) + \sum_{j=2}^{s} \tau_i(\alpha_j) \tau_k(\theta_j) = 0 \qquad (1 \leq i \leq n) \tag{5.14}$$

が得られる．ここで，(5.11) と (5.14) の対応する辺同士の差をとると
$$\sum_{j=2}^{s} \tau_i(\alpha_j)\bigl(\tau_k(\theta_j) - \theta_j\bigr) = 0 \qquad (1 \leq i \leq n)$$

が得られる．したがって
$$X_1 = 0,\ X_2 = \tau_k(\theta_2) - \theta_2, \ldots, X_s = \tau_k(\theta_s) - \theta_s,$$
$$X_{s+1} = \cdots = X_{n+1} = 0$$

は連立 1 次方程式 (5.10) の解である．さらに，(5.13) よりこれは非自明解であり，$X_j = 0$ となる $j\,(1 \leq j \leq n+1)$ の個数が $(n+1-s)$ より多い．これは $\gamma_j\,(1 \leq j \leq n+1)$ の選び方に反する．よって，$|H| = [E : E^H]$ である．

(2) $G = \mathrm{Aut}_{E^H}(E)$ とおく．(1) の証明の【ステップ 1】で $H \subset G$ が示されているので，命題 5.23 (2) より $E^H \supset E^G$ がしたがう．一方，命題 5.23 (3) を $F = E^H$ に対して適用すれば，$E^G \supset E^H$ が得られる．よって，$E^G = E^H$ となるので，定理 5.53 (条件 (c)) より，E は E^H のガロア拡大体である．

(3) $G = \mathrm{Gal}(E/E^H)$ である (G は (2) で定めたもの). このとき, 定理 5.52 (5) より, $|G| = [E : E^H]$ である. よって, (1) とあわせれば, $|H| = |G|$ が得られる. したがって, G の部分群 H は G と一致する. □

5.2.8 ガロア理論の基本定理

$E \supset F$ はガロア拡大とし, $G = \mathrm{Gal}(E/F)$ とする. K を中間体とすると, $E \supset K$ はガロア拡大であり (系 5.54), $\mathrm{Gal}(E/K)$ は $\mathrm{Gal}(E/F)$ の部分群である (実際, E の K 上の自己同型写像は F 上の自己同型写像でもある). また, H を G の部分群とすると, 固定体 E^H は $E \supset F$ の中間体である. ガロア理論は, $E \supset F$ の中間体と G の部分群との対応関係を記述する. ここでは, 基本的な定理 (定理 5.57, 定理 5.59) を述べる.

定義 5.56 $E \supset F$ は体の拡大とし, K_1, K_2 は中間体とする. F 上 $K_1 \cup K_2$ で生成された体 $F(K_1 \cup K_2)$ を K_1 と K_2 の**合成体**とよび, $K_1 \cdot K_2$ と表す.

定理 5.57 $E \supset F$ はガロア拡大とし, $G = \mathrm{Gal}(E/F)$ とする. また

$$\mathcal{F} = \{\, K \mid K \text{ は } E \supset F \text{ の中間体}\,\}, \quad \mathcal{G} = \{\, H \mid H \text{ は } G \text{ の部分群}\,\}$$

とし, 写像 $\varphi : \mathcal{F} \to \mathcal{G}, \psi : \mathcal{G} \to \mathcal{F}$ を次のように定める.

$$\varphi : \mathcal{F} \ni K \longmapsto \varphi(K) = \mathrm{Gal}(E/K) \in \mathcal{G},$$
$$\psi : \mathcal{G} \ni H \longmapsto \psi(H) = E^H \in \mathcal{F}.$$

(1) $K \in \mathcal{F}$ に対して, $\psi \circ \varphi(K) = K$ が成り立つ.
(2) $H \in \mathcal{G}$ に対して, $\varphi \circ \psi(H) = H$ が成り立つ.
(3) φ, ψ は全単射であり, 一方が他方の逆写像である.
(4) $K_1, K_2 \in \mathcal{F}$ に対して, 「$K_1 \subset K_2 \Rightarrow \varphi(K_1) \supset \varphi(K_2)$」が成り立つ.
(5) $H_1, H_2 \in \mathcal{G}$ に対して, 「$H_1 \subset H_2 \Rightarrow \psi(H_1) \supset \psi(H_2)$」が成り立つ.
(6) $K \in \mathcal{F}$ に対して, $[E : K] = |\varphi(K)|$ が成り立つ.
(7) $H \in \mathcal{G}$ に対して, $[E : \psi(H)] = |H|$ が成り立つ.
(8) $K_1, K_2 \in \mathcal{F}$ に対して, $\varphi(K_1 \cap K_2) = \langle \varphi(K_1) \cup \varphi(K_2) \rangle$ が成り立つ. ここで, $\langle \varphi(K_1) \cup \varphi(K_2) \rangle$ は $\varphi(K_1) \cup \varphi(K_2)$ で生成された G の部分群を表す (定義 2.2 参照).
(9) $K_1, K_2 \in \mathcal{F}$ に対して, $\varphi(K_1 \cdot K_2) = \varphi(K_1) \cap \varphi(K_2)$ が成り立つ.
(10) $H_1, H_2 \in \mathcal{G}$ に対して, $\psi(H_1 \cap H_2) = \psi(H_1) \cdot \psi(H_2)$ が成り立つ.

(11) $H_1, H_2 \in \mathcal{G}$ に対して,$\psi(\langle H_1 \cup H_2 \rangle) = \psi(H_1) \cap \psi(H_2)$ が成り立つ.

証明. (1) $E \supset K$ はガロア拡大である (系 5.54). $H = \mathrm{Gal}(E/K)$ とおくと,$\psi \circ \varphi(K) = \psi(H) = E^H$ であるが,定理 5.53 (条件 (c)) より,これは K と一致する.

(2) $\varphi \circ \psi(H) = \varphi(E^H) = \mathrm{Gal}(E/E^H)$ であるが,定理 5.55 (3) より,これは H と一致する.

(3) (1), (2) よりしたがう.

(4) 命題 5.23 (1) よりしたがう.

(5) 命題 5.23 (2) よりしたがう.

(6) 定理 5.52 (5) をガロア拡大 $E \supset K$ に対して適用すればよい.

(7) 定理 5.55 (1) よりしたがう.

(8) $\varphi(K_1) = H_1, \varphi(K_2) = H_2, \langle H_1 \cup H_2 \rangle = H$ とおく.$K_1 \cap K_2 \subset K_1$ より,$\varphi(K_1 \cap K_2) \supset \varphi(K_1) = H_1$ である.同様に $\varphi(K_1 \cap K_2) \supset H_2$ であるので,$\varphi(K_1 \cap K_2) \supset H_1 \cup H_2$ である.したがって,命題 2.3 (2) より

$$\varphi(K_1 \cap K_2) \supset \langle H_1 \cup H_2 \rangle = H$$

となる.一方,(3) より $\psi(H_1) = K_1, \psi(H_2) = K_2$ である.また,$\psi(H) = K$ とおくと,$\varphi(K) = H$ である.このとき,$H \supset H_1$ であるので,$K \subset K_1$ である.同様に $K \subset K_2$ であるので,$K \subset K_1 \cap K_2$ である.よって

$$H = \varphi(K) \supset \varphi(K_1 \cap K_2)$$

となる.以上のことをあわせれば,$\varphi(K_1 \cap K_2) = H$ が得られる.

(9) $\varphi(K_1) = H_1, \varphi(K_2) = H_2, H_1 \cap H_2 = H$ とおく.$K_1 \cdot K_2 \supset K_1$ より,$\varphi(K_1 \cdot K_2) \subset \varphi(K_1) = H_1$ である.同様に $\varphi(K_1 \cdot K_2) \subset H_2$ であるので

$$\varphi(K_1 \cdot K_2) \subset H_1 \cap H_2 = H$$

が成り立つ.一方,$\psi(H_1) = K_1, \psi(H_2) = K_2$ である.また,$\psi(H) = K$ とおくと,$\varphi(K) = H$ である.このとき,$H \subset H_1$ より,$K \supset K_1$ である.同様に $K \supset K_2$ であるので,命題 3.18(2) より $K \supset K_1 \cdot K_2$ である.よって

$$H = \varphi(K) \subset \varphi(K_1 \cdot K_2)$$

となる.以上のことをあわせれば,$\varphi(K_1 \cdot K_2) = H$ が得られる.

(10) $\psi(H_i) = K_i$ $(i = 1, 2)$ とおくと,(9) より

$$\varphi\Big(\psi(H_1) \cdot \psi(H_2)\Big) = \varphi(K_1 \cdot K_2) = \varphi(K_1) \cap \varphi(K_2) = H_1 \cap H_2$$

が成り立つ．両辺の ψ による像を考えれば，求める等式が得られる．

(11) $\psi(H_i) = K_i \, (i = 1, 2)$ とおくと，(8) より

$$\varphi\Big(\psi(H_1) \cap \psi(H_2)\Big) = \varphi(K_1 \cap K_2) = \langle \varphi(K_1) \cup \varphi(K_2) \rangle = \langle H_1 \cup H_2 \rangle$$

が成り立つ．両辺の ψ による像を考えれば，求める等式が得られる． □

補題 5.58 $E \supset F$ はガロア拡大とし，$G = \mathrm{Gal}(E/F)$ とする．K は中間体とし，$H = \mathrm{Gal}(E/K)$ とする．

(1) $K = F(\theta)$ となる $\theta \in K$ が存在する．
(2) $\sigma \in G$ に対して，「$\sigma \in H \Leftrightarrow \sigma(\theta) = \theta$」が成り立つ．
(3) $\sigma, \tau \in G$ に対して

$$\sigma|_K = \tau|_K \iff \sigma(\theta) = \tau(\theta) \iff \sigma^{-1}\tau \in H \iff \sigma H = \tau H$$

が成り立つ．ここで，$\sigma H, \tau H$ は H に関する左剰余類を表す．

(4) $(G : H) = m$ とし，G の H に関する左商集合 G/H が

$$G/H = \{\sigma_1 H, \sigma_2 H, \ldots, \sigma_m H\} \quad (\sigma_i \in G, \; 1 \leq i \leq m, \; \sigma_1 = \mathrm{id})$$

と表されるとする．このとき $\sigma_1(\theta), \ldots, \sigma_m(\theta)$ は相異なる元である．

(5) $\sigma \in G$ に対して，次が成り立つ．

$$\{\sigma\sigma_1(\theta), \sigma\sigma_2(\theta), \ldots, \sigma\sigma_m(\theta)\} = \{\sigma_1(\theta), \sigma_2(\theta), \ldots, \sigma_m(\theta)\}.$$

(6) $\varphi(X) = \prod_{i=1}^{m} \Big(X - \sigma_i(\theta)\Big)$ とおくと，$\varphi(X) \in F[X]$ である．

(7) $m = (G : H) = [K : F]$ が成り立つ．

(8) $\varphi(X)$ は θ の F 上の最小多項式である．

証明． (1) $E \supset F$ は有限次拡大であるので，$K \supset F$ も有限次拡大である (定理 5.7 参照)．また，$E \supset F$ は分離拡大であるので，$K \supset F$ も分離拡大である．よって，定理 5.44 により，$K \supset F$ は単純拡大である．

(2) 「$\sigma \in H \Leftrightarrow \sigma|_K = \mathrm{id}$」が成り立つことに注意する．$\sigma|_K = \mathrm{id}$ ならば，$\sigma(\theta) = \theta$ である．逆に，$\sigma(\theta) = \theta$ が成り立つとする．定理 5.9 (3) より，任意の $z \in K$ は $z = f(\theta) \, (f(X) \in F[X])$ と表されるので，命題 5.20 (1) より

$$\sigma(z) = \sigma(f(\theta)) = f(\sigma(\theta)) = f(\theta) = z$$

が成り立つ．このとき，$\sigma|_K = \mathrm{id}$ である．

(3) 「$\sigma|_K = \tau|_K \Leftrightarrow \sigma(\theta) = \tau(\theta)$」の証明は読者の演習問題とする (問 5.11). $\sigma(\theta) = \tau(\theta)$ ならば，両辺に σ^{-1} を作用させれば，$\theta = \sigma^{-1}\tau(\theta)$ となるので，(2) より $\sigma^{-1}\tau \in H$ である．$\sigma^{-1}\tau \in H$ ならば，$\theta = \sigma^{-1}\tau(\theta)$ より，$\sigma(\theta) = \tau(\theta)$ が得られる．よって，「$\sigma(\theta) = \tau(\theta) \Leftrightarrow \sigma^{-1}\tau \in H$」が示される．さらに，群の一般論より，これは「$\sigma H = \tau H$」と同値である (命題 2.15).

(4) $1 \leq i \leq m, 1 \leq j \leq m$ とする．$i \neq j$ ならば，$\sigma_i H \neq \sigma_j H$ であるので，(3) より，$\sigma_i(\theta) \neq \sigma_j(\theta)$ である．

(5) $\sigma\sigma_i H$ は，ある $l (1 \leq l \leq m)$ を用いて $\sigma\sigma_i H = \sigma_l H$ と表される．このとき，(3) より $\sigma\sigma_i(\theta) = \sigma_l(\theta)$ となる．また，$i \neq j$ ならば $\sigma_i H \neq \sigma_j H$ より，$(\sigma\sigma_i)^{-1}(\sigma\sigma_j) = \sigma_i^{-1}\sigma_j \notin H$ となる．よって，(3) より $\sigma\sigma_i(\theta) \neq \sigma\sigma_j(\theta)$ がしたがう．相異なる m 個の元からなる集合 $\{\sigma\sigma_1(\theta), \ldots, \sigma\sigma_m(\theta)\}$ が，m 個の元からなる集合 $\{\sigma_1(\theta), \ldots, \sigma_m(\theta)\}$ に含まれるので，両者は一致する．

(6) 任意の $\sigma \in G$ をとる．(5) の等式に注意すれば
$$\sigma(\varphi)(X) = \prod_{i=1}^m \left(X - \sigma\sigma_i(\theta)\right) = \prod_{i=1}^m \left(X - \sigma_i(\theta)\right) = \varphi(X)$$
が得られる．よって，$\varphi(X) \in E^G[X]$ であるが，定理 5.53 より $E^G = F$ であるので，$\varphi(X) \in F[X]$ である．

(7) $E \supset F, E \supset K$ はガロア拡大である．定理 5.52 (5) より
$$|G| = [E : F], \quad |H| = [E : K]$$
であることに注意して，定理 2.19，定理 5.7 を用いれば
$$m = (G : H) = \frac{|G|}{|H|} = \frac{[E : F]}{[E : K]} = [K : F]$$
が得られる．

(8) $\varphi(\theta) = \varphi(\sigma_1(\theta)) = 0$ である．一方，θ の F 上の最小多項式の次数は $[F(\theta) : F] = [K : F] = m = \deg(\varphi)$ である (定理 5.9 (4)). よって，φ は θ の F 上の最小多項式である． □

問 5.11 補題 5.58 (3) において，「$\sigma|_K = \tau|_K \Leftrightarrow \sigma(\theta) = \tau(\theta)$」を示せ．

定理 5.59 $E \supset F$ はガロア拡大とし，$G = \mathrm{Gal}(E/F)$ とする．K は中間体とし，$H = \mathrm{Gal}(E/K)$ とする．

(1) 「$K \supset F$ はガロア拡大 $\Leftrightarrow H$ は G の正規部分群」が成り立つ．

(2) $K \supset F$ がガロア拡大ならば,写像 $\pi: G \to \mathrm{Gal}(K/F)$ を
$$\pi: G \ni \sigma \longmapsto \sigma|_K \in \mathrm{Gal}(K/F)$$
により定めることができる.

(3) $K \supset F$ がガロア拡大ならば,(2) の写像 π は次の同型を誘導する.
$$\mathrm{Gal}(K/F) \cong G/H = \mathrm{Gal}(E/F)/\mathrm{Gal}(E/K).$$

証明. 定理 5.57 (1) により,$E^H = K$ が成り立つことに注意する.また,$\theta, m, \sigma_1, \ldots, \sigma_m, \varphi(X)$ は補題 5.58 のものとする.

(1) ($\Rightarrow$) $K \supset F$ がガロア拡大ならば,K は F の正規拡大体であり,$\varphi(X)$ の根 θ を含むので,$\varphi(X)$ は $K[X]$ 内で 1 次式の積に分解する.よって
$$\sigma_1(\theta), \sigma_2(\theta), \ldots, \sigma_m(\theta) \in K = E^H$$
が成り立つ.したがって,任意の $\tau \in H$ と任意の σ_i $(1 \leq i \leq m)$ に対して,$\tau\sigma_i(\theta) = \sigma_i(\theta)$ となる.よって,補題 5.58 (3) より
$$\sigma_i^{-1}\tau\sigma_i \in H \tag{5.15}$$
が成り立つ.いま,G の元 σ を任意に選ぶと,σ は
$$\sigma = \sigma_i \rho \quad (1 \leq i \leq m, \ \rho \in H)$$
と表される.このとき,式 (5.15) を用いれば,任意の $\tau \in H$ に対して
$$\sigma^{-1}\tau\sigma = (\sigma_i\rho)^{-1}\tau(\sigma_i\rho) = \rho^{-1}(\sigma_i^{-1}\tau\sigma_i)\rho \in H$$
が成り立つことがわかる.よって,H は G の正規部分群である.

($\Leftarrow$) H が G の正規部分群ならば,任意の $\tau \in H$ と任意の σ_i $(1 \leq i \leq m)$ に対して,$\sigma_i^{-1}\tau\sigma_i \in H$ となるので,$\tau\sigma_i(\theta) = \sigma_i(\theta)$ である (補題 5.58 (3)).τ は任意であったので,$\sigma_i(\theta) \in E^H = K$ である.よって,$K = F(\theta)$ は $\varphi(X)$ の F 上の分解体である.また,その形から,$\varphi(X)$ の F 上の最小分解体であることがわかる (命題 5.29).さらに,$\varphi(X)$ は重根を持たないので,$K \supset F$ はガロア拡大である (定理 5.53).

(2) $K \supset F$ がガロア拡大ならば,$\sigma_i(\theta) \in K$ $(1 \leq i \leq m)$ である ((1) の証明参照).よって,補題 5.58 (5) により,任意の $\sigma \in G$ に対して
$$\sigma(\theta) = \sigma\sigma_1(\theta) \in \{\sigma_1(\theta), \sigma_2(\theta), \ldots, \sigma_m(\theta)\} \subset K$$
が成り立つ.このとき,任意の $z \in K$ は $z = f(\theta)$ $(f(X) \in F[X])$ と表されることを用いれば (定理 5.9 (3))

$$\sigma(z) = \sigma(f(\theta)) = f(\sigma(\theta)) \in K$$

が得られる (命題 5.20 (1)). よって, $\sigma(K) \subset K$ である. 補題 5.58 (5) を用いれば, $\sigma(K) = K$ も示されるので (詳細は省略), $\sigma|_K$ は K の F 上の自己同型写像である. すなわち, $\sigma|_K \in \mathrm{Gal}(K/F)$ であるので, 写像 π が定まる.

(3) (2) で定めた π は群の準同型写像であり, $\sigma \in G$ に対して

$$\sigma \in \mathrm{Ker}(\pi) \iff \sigma|_K = \mathrm{id} \iff \sigma \in \mathrm{Gal}(E/K) = H$$

が成り立つので, $\mathrm{Ker}(\pi) = H$ である. よって, 群の準同型定理 (定理 2.30) により, 単射な群の準同型写像

$$\bar{\pi} : G/H \ni \sigma H \longmapsto \pi(\sigma) \in \mathrm{Gal}(K/F)$$

が存在する. さらに, 補題 5.58 (7) と定理 5.52 (5) により

$$|G/H| = (G : H) = [K : F] = |\mathrm{Gal}(K/F)|$$

が成り立つので, $\bar{\pi}$ は同型写像である. □

例 5.37 $E = \mathbb{Q}(\sqrt{2}, \sqrt{3})$, $F = \mathbb{Q}$ とすると, $E \supset F$ はガロア拡大である. $G = \mathrm{Gal}(E/F)$ とおく. このとき, 例 5.17 の記号を用いれば

$$G = \{\mathrm{id}, \sigma, \tau, \rho\} \cong (\mathbb{Z}/2\mathbb{Z}) \times (\mathbb{Z}/2\mathbb{Z})$$

が成り立つ (例 5.17, 例 5.20, 例 5.28, 例 5.35, 例 5.36 参照). G の部分群は, G 自身と $\{\mathrm{id}\}$ 以外に

$$H_1 = \{\mathrm{id}, \sigma\}, \quad H_2 = \{\mathrm{id}, \tau\}, \quad H_3 = \{\mathrm{id}, \rho\}$$

の 3 個存在する. これらの固定体は

$$E^{H_1} = \mathbb{Q}(\sqrt{2}), \quad E^{H_2} = \mathbb{Q}(\sqrt{3}), \quad E^{H_3} = \mathbb{Q}(\sqrt{6})$$

である (詳細な検討は読者にゆだねる). 定理 5.57 の対応によれば, 体の拡大 $E \supset F$ の中間体であって, E とも F とも異なるものはこの 3 つである. さらに, H_i は G の正規部分群であるので, 定理 5.59 により, $E^{H_i} \supset F$ はガロア拡大である ($i = 1, 2, 3$).

$$\begin{array}{ccc} & E & \\ \subset & \cup & \supset \\ \mathbb{Q}(\sqrt{2}) \quad \mathbb{Q}(\sqrt{3}) \quad \mathbb{Q}(\sqrt{6}) & & \\ \supset & \cup & \subset \\ & F & \end{array} \qquad \begin{array}{ccc} & \{\mathrm{id}\} & \\ \supset & \cap & \subset \\ H_1 \quad H_2 \quad H_3 & & \\ \subset & \cap & \supset \\ & G & \end{array}$$

例 5.38 $\omega = \dfrac{-1+\sqrt{-3}}{2}$ とおき，$E = \mathbb{Q}(\sqrt[3]{2}, \omega)$, $F = \mathbb{Q}$ とする．
$f(X) = X^3 - 2 \in \mathbb{Q}[X]$ とおくと，$f(X)$ は $\mathbb{Q}[X]$ における既約多項式であって (問 5.2)，$\mathbb{C}$ 内に相異なる 3 つの根 $\sqrt[3]{2}, \sqrt[3]{2}\omega, \sqrt[3]{2}\omega^2$ を持つ．このとき
$$E = \mathbb{Q}(\sqrt[3]{2}, \omega) = \mathbb{Q}(\sqrt[3]{2}, \sqrt[3]{2}\omega, \sqrt[3]{2}\omega^2)$$
であるので (問 5.12 (1))，E は $f(X)$ の F 上の最小分解体である (命題 5.29)．したがって，$E \supset F$ はガロア拡大である (定理 5.53)．

$G = \mathrm{Gal}(E/F)$ とおく．$\sigma \in G$ は $f(X)$ の根を $f(X)$ の根にうつすので (命題 5.20 (2))，$\sqrt[3]{2}, \sqrt[3]{2}\omega, \sqrt[3]{2}\omega^2$ の並べ替え (置換) を引き起こす．いま
$$S = \{\sqrt[3]{2}, \sqrt[3]{2}\omega, \sqrt[3]{2}\omega^2\}$$
とおき，S から S 自身への全単射全体のなす群を S_3 (3 次対称群) と同一視すると，群の準同型写像
$$\Phi : G \ni \sigma \longmapsto \sigma|_S \in S_3$$
が定まる．このとき，Φ は単射である (問 5.12 (2))．一方
$$E = \mathbb{Q}(\sqrt[3]{2})(\omega) \supset \mathbb{Q}(\sqrt[3]{2}) \supset \mathbb{Q} = F$$
に注意すれば，定理 5.52 (5)，定理 5.7 を用いて
$$|G| = [E : F] = [E : \mathbb{Q}(\sqrt[3]{2})][\mathbb{Q}(\sqrt[3]{2}) : \mathbb{Q}] = 2 \times 3 = 6 = |S_3|$$
が得られる (問 5.12 (3)，例 5.13 参照)．よって，Φ は全単射であり，$G \cong S_3$ である．したがって，$\sqrt[3]{2}, \sqrt[3]{2}\omega, \sqrt[3]{2}\omega^2$ の任意の置換を与えたとき，その置換を実現する G の元がただ 1 つ存在する．いま，$\tau \in G$ を
$$\tau(\sqrt[3]{2}) = \sqrt[3]{2}, \quad \tau(\sqrt[3]{2}\omega) = \sqrt[3]{2}\omega^2, \quad \tau(\sqrt[3]{2}\omega^2) = \sqrt[3]{2}\omega$$
が成り立つように選ぶ．このとき，$\tau^2 = \mathrm{id}$ である．$H = \{\mathrm{id}, \tau\}$ とおくと，H は G の部分群である．さらに，$E^H = \mathbb{Q}(\sqrt[3]{2})$ である (問 5.12 (4))．H は G の正規部分群でないので (例 1.14, 例 2.6, 例 2.10 を参考に考察せよ)，定理 5.59 より，$\mathbb{Q}(\sqrt[3]{2})$ は $\mathbb{Q}$ のガロア拡大体でない (例 5.32 も参照せよ)．

問 5.12 例 5.38 において，次のことを示せ．
(1) $\mathbb{Q}(\sqrt[3]{2}, \omega) = \mathbb{Q}(\sqrt[3]{2}, \sqrt[3]{2}\omega, \sqrt[3]{2}\omega^2)$ を示せ．
(2) Φ が単射な準同型写像であることを示せ．
(3) $[E : \mathbb{Q}(\sqrt[3]{2})] = 2$ を示せ．
(4) $E^H = \mathbb{Q}(\sqrt[3]{2})$ を示せ．

5.3 補遺

いままで触れてこなかったことがらをここにまとめておく.

5.3.1 代数閉体, 代数閉包

命題 5.60 体 F について, 次の 3 つの条件 (a), (b), (c) は同値である.

(a) 1 次以上の任意の多項式 $f(X) \in F[X]$ は F 内に必ず根を持つ.

(b) 1 次以上の任意の多項式 $f(X) \in F[X]$ は $F[X]$ 内で 1 次式の積に分解する.

(c) F の代数拡大体は F 自身のみである.

証明. (a) $\Rightarrow$ (b) 読者の演習問題とする (問 5.13).

(b) $\Rightarrow$ (c) E を F の代数拡大体とし, $\beta \in E$ を任意にとる. β の F 上の最小多項式を $\varphi(X)$ とすると, $\varphi(X)$ は $F[X]$ における既約多項式である (命題 5.4 (5)). 仮定 (b) により, $F[X]$ 内の 2 次以上の多項式は可約多項式であるので, $\deg(\varphi) = 1$ である. よって, $\beta \in F$ である (命題 5.4 (1)). $\beta \in E$ は任意であったので, $E = F$ が成り立つ.

(c) $\Rightarrow$ (a) $f(X) \in F[X] \setminus F$ とし, E を $f(X)$ の F 上の最小分解体とする. 系 5.28 と命題 5.29 により, このような E は必ず存在し, $E = F(\alpha_1, \ldots, \alpha_n)$ ($\alpha_1, \ldots, \alpha_n$ は $f(X)$ の根) と表される. 各 α_i は F 上代数的であるので, 系 5.17 より, E は F の代数拡大体である. このとき, 仮定 (c) より $E = F$ であるので, $f(X)$ は F 内に根を持つ. □

問 5.13 命題 5.60 において, 「(a) $\Rightarrow$ (b)」を示せ.

定義 5.61 体 F が命題 5.60 の条件 (a), (b), (c) のいずれか, よってすべてを満たすとき, F は**代数閉体** (algebraically closed field) であるという.

次の定理は**代数学の基本定理**とよばれる. 証明は省略する.

定理 5.62 (代数学の基本定理) 複素数体 $\mathbb{C}$ は代数閉体である.

定義 5.63 F は体とする. F の拡大体 Ω が次の 2 つの条件を同時に満たすとき, Ω は F の**代数閉包** (algebraic closure) であるといい, $\Omega = \bar{F}$ と表す.

(a) Ω は F の代数拡大体である.

(b) Ω は代数閉体である.

次の定理も証明を省略する.

定理 5.64 任意の体 F に対して,F の代数閉包が存在する.さらに,F の代数閉包はすべて F 上同型である.

たとえば,$\mathbb{C} = \bar{\mathbb{R}}$ である.また,「体 F が代数閉体 $\Leftrightarrow F = \bar{F}$」が成り立つ.

命題 5.65 体の拡大 $E \supset F$ において,E は代数閉体であるとする.
$$K = \{x \in E \mid x \text{ は } F \text{ 上代数的}\}$$
とおくと,K は F の代数閉包である.

証明. K は F を含む E の部分体である(系 5.16 (3)).また,K は F の代数拡大体である.$f(X) \in K[X] \setminus K$ を任意にとると,$f(X)$ は E 内に根 α を持つ.α は K 上代数的であるので,α は F 上代数的である(問 5.14).よって,K の定め方より,$\alpha \in K$ である.したがって,K は代数閉体である.
□

問 5.14 体の拡大 $E \supset K \supset F$ において,K は F の代数拡大体であるとする.$\alpha \in E$ が K 上代数的ならば,α は F 上代数的であることを示せ.

例 5.39 $\bar{\mathbb{Q}} = \{x \in \mathbb{C} \mid x \text{ は } \mathbb{Q} \text{ 上代数的}\}$ とおくと,$\bar{\mathbb{Q}}$ は $\mathbb{Q}$ の代数閉包である.$\bar{\mathbb{Q}}$ の元を**代数的数**とよび,$\bar{\mathbb{Q}}$ に属さない複素数を**超越数**とよぶ.

5.3.2 有限体

ここでは有限体について述べる.

命題 5.66 K を有限体とすると,乗法群 $K^* = K \setminus \{0\}$ は巡回群である.

証明. K^* は有限群であり,アーベル群であるので,アーベル群の基本定理(定理 2.37)により,乗法群 K^* は次のような加法群 G と同型である.
$$G = (\mathbb{Z}/e_1\mathbb{Z}) \times (\mathbb{Z}/e_2\mathbb{Z}) \times \cdots \times (\mathbb{Z}/e_r\mathbb{Z}).$$
ここで,e_i は 2 以上の自然数 $(1 \leq i \leq r)$ であり,$e_i | e_{i+1}$ $(1 \leq i \leq r-1)$ を満たす.このとき,$r \geq 2$ であると仮定して矛盾を導く.いま,$e_2 = le_1$ となる整数 l をとり,$\alpha_i, \beta_i \in G$ $(0 \leq i \leq e_1 - 1)$ を
$$\alpha_i = (i \bmod e_1\mathbb{Z}, 0 \bmod e_2\mathbb{Z}, 0 \bmod e_3\mathbb{Z}, \ldots, 0 \bmod e_r\mathbb{Z})$$
$$\beta_i = (0 \bmod e_1\mathbb{Z}, il \bmod e_2\mathbb{Z}, 0 \bmod e_3\mathbb{Z}, \ldots, 0 \bmod e_r\mathbb{Z})$$

と定めると，$e_1\alpha_i = 0, e_1\beta_i = 0$ を満たすので，G 内に $e_1 x = 0$ を満たす元 x が $(2e_1 - 1)$ 個以上存在する．したがって，K^* 内に $z^{e_1} = 1$ を満たす元 z が $(2e_1 - 1)$ 個以上存在する．これは，多項式 $X^{e_1} - 1$ の K 内での根の個数が e_1 以下であることに反する (命題 3.9 参照)．よって $r = 1$ であり，K^* は巡回群である． □

系 5.67 K が有限体ならば，任意の有限次拡大 $E \supset K$ は単純拡大である．

証明． 命題 5.66 より，E^* は巡回群である．その生成元を θ とすると
$$E = E^* \cup \{0\} = \{1, \theta, \theta^2, \ldots, \theta^{q-2}\} \cup \{0\}$$
となる (q は E の元の個数)．この形より $E = K(\theta)$ であることがわかる． □

有限体の標数は素数である (命題 3.51 と命題 3.55 (1) の対偶よりしたがう)．

命題 5.68 K は有限体とし，$\mathrm{char}(K) = p$ (p は素数) とする．
(1) K は $\mathbb{F}_p\,(= \mathbb{Z}/p\mathbb{Z})$ と同型な体 F を部分体として含む．
(2) $[K : F] = n$ とし，$q = p^n$ とおくと，K は q 個の元からなる．
(3) (2) の状況において，K は分離多項式 $f(X) = X^q - X$ の $\mathbb{F}_p$ 上の最小分解体である．

証明． (1) 命題 3.55 (2) よりしたがう．
(2) $[K : F] = n$ であるので，K は $\mathbb{F}_p$ 上の線形空間として
$$\mathbb{F}_p^n = \{(x_1, x_2, \ldots, x_n) \mid x_i \in \mathbb{F}_p, \, 1 \leq i \leq n\}$$
と同型である．よって，K は p^n 個の元からなる．

(3) 系 2.20 (2) より，乗法群 $K^* = K \setminus \{0\}$ の任意の元 z は $z^{q-1} = 1$ を満たす．よって，z は $f(X)$ の根である．0 も $f(X)$ の根であるので，K の任意の元は $f(X)$ の根である．したがって，q 次多項式 $f(X)$ は q 個の相異なる根を持つので，$f(X)$ は分離多項式である．また，K は $\mathbb{F}_p$ に $f(X)$ のすべての根を添加した体とみることができるので，$f(X)$ の $\mathbb{F}_p$ 上の最小分解体である (命題 5.29)． □

系 5.69 2 つの有限体 K_1, K_2 に含まれる元の個数が等しければ，K_1 と K_2 は同型である．

証明. K_1, K_2 がいずれも q 個の元からなるとすると，命題 5.68 (1), (2) より，$q = p^n$ (p は素数, $n \in \mathbb{N}$) と表される．命題 5.68 (3) より，K_1, K_2 は $X^q - X$ の $\mathbb{F}_p$ 上の最小分解体であり，系 5.34 より，$K_1 \cong K_2$ である． □

5.3.3 超越次数

ここでは，体の超越拡大について述べる．$E \supset F$ は体の拡大とする．

定義 5.70 $E \supset F$ は体の拡大とし，$\alpha_1, \ldots, \alpha_n \in E$ とする．

$f(\alpha_1, \ldots, \alpha_n) = 0$ を満たす多項式 $f \in F[X_1, \ldots, X_n]$ が零多項式以外に存在しないとき，$\alpha_1, \ldots, \alpha_n$ は F 上**代数的に独立** (algebraically independent) であるといい，そうでないとき，F 上**代数的に従属** (algebraically dependent) であるという．

1 つの元 $\alpha \in E$ が F 上代数的に独立であることは，α が F 上超越的であることを意味する．

定義 5.71 E は体 F 上有限生成な体とする．$\alpha_1, \ldots, \alpha_n \in E$ が次の 2 つの条件 (a), (b) を同時に満たすとき，$\alpha_1, \ldots, \alpha_n$ は E の F 上の**超越基底** (transcendental basis) であるという．

(a) $\alpha_1, \ldots, \alpha_n$ は F 上代数的に独立である．

(b) $E \supset F(\alpha_1, \ldots, \alpha_n)$ は代数拡大である．

定理 5.72 E は体 F 上有限生成な体であって，F の超越拡大体であるとする．このとき，E の F 上の超越基底が存在する．さらに，E の F 上の任意の超越基底を構成する元の個数は一定である．

証明は省略する．

定義 5.73 E は体 F 上有限生成な体とする．E の F 上の超越基底を構成する元の個数を E の F 上の**超越次数** (transcendental degree) といい，記号 $\mathrm{tr.deg}_F(E)$ で表す．ただし，$E \supset F$ が代数拡大のときは，$\mathrm{tr.deg}_F(E) = 0$ と定める．

例 5.40 F は体とし，$E = F(X_1, \ldots, X_n)$ (有理関数体) とする (例 3.29 参照)．このとき，$X_1, \ldots, X_n$ は E の F 上の超越基底である．したがって，$\mathrm{tr.deg}_F(E) = n$ である．

定理 5.74 E は体 K 上有限生成な体とし，K は体 F 上有限生成な体とする．このとき，次の式が成り立つ．

$$\mathrm{tr.deg}_F(E) = \mathrm{tr.deg}_K(E) + \mathrm{tr.deg}_F(K).$$

証明は省略する．

問の解答

問 1.1 (1) $0 = 0 \cdot d \in I$.

(2) $x, y \in I$ ならば,$x = md, y = nd$ $(m, n \in \mathbb{Z})$ と表せる.このとき
$$x \pm y = (m \pm n)d \in I \quad (\text{複号同順}).$$

(3) $x \in I$ ならば,$x = md$ $(m \in \mathbb{Z})$ と表され,$cx = (cm)d \in I$.

問 1.2 $x = \sum_{i=1}^{k} c_i a_i, y = \sum_{i=1}^{k} d_i a_i \in I, c \in \mathbb{Z}$ $(c_i, d_i \in \mathbb{Z}, 1 \leq i \leq k)$ とすると,$0 = \sum_{i=1}^{k} 0 \cdot a_i \in I, x \pm y = \sum_{i=1}^{k} (c_i \pm d_i)a_i \in I, cx = \sum_{i=1}^{k} cc_i a_i \in I$ である.

問 1.3 次のような行列の基本変形を考える.

$$\begin{pmatrix} 1 & 0 & 0 & 30 \\ 0 & 1 & 0 & 84 \\ 0 & 0 & 1 & 105 \end{pmatrix} \xrightarrow[R_3 - 3R_1]{R_2 - 2R_1} \begin{pmatrix} 1 & 0 & 0 & 30 \\ -2 & 1 & 0 & 24 \\ -3 & 0 & 1 & 15 \end{pmatrix}$$

$$\xrightarrow[R_2 - R_3]{R_1 - 2R_3} \begin{pmatrix} 7 & 0 & -2 & 0 \\ 1 & 1 & -1 & 9 \\ -3 & 0 & 1 & 15 \end{pmatrix} \xrightarrow{R_3 - R_2} \begin{pmatrix} 7 & 0 & -2 & 0 \\ 1 & 1 & -1 & 9 \\ -4 & -1 & 2 & 6 \end{pmatrix}$$

$$\xrightarrow{R_2 - R_3} \begin{pmatrix} 7 & 0 & -2 & 0 \\ 5 & 2 & -3 & 3 \\ -4 & -1 & 2 & 6 \end{pmatrix} \xrightarrow{R_3 - 2R_2} \begin{pmatrix} 7 & 0 & -2 & 0 \\ 5 & 2 & -3 & 3 \\ -14 & -5 & 8 & 0 \end{pmatrix}.$$

$c_1 = 5, c_2 = 2, c_3 = -3$ とすればよい.

問 1.4 (1) $a - a = 0$ は m の倍数であるので,$a \equiv a \pmod{m}$.

(2) $a \equiv b \pmod{m}$ とすると,ある $q \in \mathbb{Z}$ に対して,$a - b = qm$ が成り立つ.このとき,$b - a = -qm$ であるので,$b \equiv a \pmod{m}$.

(3) $a \equiv b \pmod{m}$,$b \equiv c \pmod{m}$ と仮定すると,ある $q, q' \in \mathbb{Z}$ に対

して，$a-b=qm, b-c=q'm$ が成り立つ．このとき
$$a-c=(a-b)+(b-c)=(q+q')m$$
であるので，$a \equiv c \pmod{m}$．

問 1.5 $0 \cdot x = a$ とおく．環の定義の条件 (3) より，$0+0=0$ である．この式の両辺に右から x をかければ，$(0+0)x = 0 \cdot x$ となるが，条件 (6) より，この式の左辺は $0 \cdot x + 0 \cdot x$ であるので，結局，$a+a=a$ が得られる．両辺に $-a$ を加えて，条件 (1), (4), (3) を順次用いると，左辺は
$$(a+a)+(-a) = a+(a+(-a)) = a+0 = a$$
となる．右辺は $a+(-a)=0$ となる．よって，$a=0$ が得られる．すなわち $0 \cdot x = 0$ である．$x \cdot 0 = 0$ も同様に証明できる (省略)．

問 1.6 $\begin{pmatrix} 1 & 0 & 7 \\ 0 & 1 & 19 \end{pmatrix} \xrightarrow{R_2-2R_1} \begin{pmatrix} 1 & 0 & 7 \\ -2 & 1 & 5 \end{pmatrix} \xrightarrow{R_1-R_2} \begin{pmatrix} 3 & -1 & 2 \\ -2 & 1 & 5 \end{pmatrix}$

$\xrightarrow{R_2-2R_1} \begin{pmatrix} 3 & -1 & 2 \\ -8 & 3 & 1 \end{pmatrix} \xrightarrow{R_1-2R_2} \begin{pmatrix} 19 & -7 & 0 \\ -8 & 3 & 1 \end{pmatrix}$ となるので，

$7 \times (-8) + 19 \times 3 = 1$ である．解は $x \equiv 3 \times (-8) \equiv 14 \pmod{19}$．

問 1.7 $\tau\sigma = \begin{pmatrix} 1 & 2 & 3 \\ 2 & 1 & 3 \end{pmatrix}$, $\tau^{-1} = \begin{pmatrix} 1 & 2 & 3 \\ 3 & 2 & 1 \end{pmatrix}$.

問 1.8 $\tau_1 = (3\,4)$ とすると，$\tau_1\sigma = \begin{pmatrix} 1 & 2 & 3 & 4 \\ 3 & 1 & 2 & 4 \end{pmatrix}$．$\tau_2 = (2\,3)$ とすると，

$\tau_2\tau_1\sigma = \begin{pmatrix} 1 & 2 & 3 & 4 \\ 2 & 1 & 3 & 4 \end{pmatrix}$．$\tau_3 = (1\,2)$ とすると，$\tau_3\tau_2\tau_1\sigma = \mathrm{id}$．この式の両辺に左から $\tau_1\tau_2\tau_3$ をかければ，$\sigma = \tau_1\tau_2\tau_3$ (解答の1例)．

問 1.9 $\sigma(i) > \sigma(j)$ となるのは，$(i,j) = (1,2), (1,3), (1,4)$ であるので，転倒数は 3．符号は $(-1)^3 = -1$．

問 1.10 $\mathrm{sgn}(\sigma) = \mathrm{sgn}(\tau) = 1$ であるので，$\mathrm{sgn}(\sigma\tau) = \mathrm{sgn}(\sigma)\mathrm{sgn}(\tau) = 1$ であり，$\mathrm{sgn}(\sigma^{-1}) = \mathrm{sgn}(\sigma) = 1$ である．

問 1.11 (1) $ac = bc$ の両辺に右から c^{-1} をかければ $a = b$ が得られる．
(2) $ca = cb$ の両辺に左から c^{-1} をかければ $a = b$ が得られる．

問 1.12 $(ab)(b^{-1}a^{-1}) = aa^{-1} = e$, $(b^{-1}a^{-1})(ab) = b^{-1}b = e$ が成り立つので，$(ab)^{-1} = b^{-1}a^{-1}$ である．また，$aa^{-1} = a^{-1}a = e$ であるが，この

式は a が a^{-1} の逆元であることを示している.

問 1.13 $\sigma = (1\,2), \tau = (1\,3) \in S_n$ とすると,$\sigma\tau(1) = 3, \tau\sigma(1) = 2$ となるので,$\sigma\tau \neq \tau\sigma$ である.

問 1.14 $\sigma\sigma = \sigma^2, \sigma\sigma^2 = \sigma^2\sigma = \mathrm{id}, \sigma^2\sigma^2 = \sigma, \sigma^{-1} = \sigma^2, (\sigma^2)^{-1} = \sigma$ より,H_1 は積に関して閉じており,H_1 の元の逆元は H_1 に属する.よって,H_1 は S_3 の部分群である.また,$\tau\tau = \mathrm{id}, \tau^{-1} = \tau$ であるので,H_2 は S_3 の部分群である.さらに,$\sigma_1 = (1\,2)(3\,4), \sigma_2 = (1\,3)(2\,4), \sigma_3 = (1\,4)(2\,3)$ とおくと,$\sigma_i^2 = \mathrm{id}, \sigma_i^{-1} = \sigma_i$ ($i = 1, 2, 3$), $\sigma_i\sigma_j = \sigma_k$ ($\{i, j, k\} = \{1, 2, 3\}$) であるので,$V$ は S_4 の部分群である (詳細は省略).

問 1.15 $a, b \in R^*$ とすると,$a^{-1}, b^{-1} \in R$ が存在する.このとき
$$(ab)(b^{-1}a^{-1}) = (b^{-1}a^{-1})(ab) = 1$$
であるので,$ab \in R^*$ となる.また,$1 \in R^*$ である.さらに,$a \in R^*$ とすると,$a^{-1} \in R^*$ である (a が a^{-1} の逆元である).乗法に関する結合法則,交換法則も成り立つので,R^* は乗法に関して可換群をなす.

問 1.16 $\det E_n = 1$ より,$E_n \in SL(n, \mathbb{R})$.また,$A, B \in SL(n, \mathbb{R})$ に対して,$\det(A^{-1}B) = (\det A)^{-1} \det B = 1$ より,$A^{-1}B \in SL(n, \mathbb{R})$.

問 1.17 $E_n^{-1} = {}^tE_n = E_n$ より,$E_n \in O(n)$ である.また,$A, B \in O(n)$ とするとき,${}^t(A^{-1}B)A^{-1}B = {}^t({}^tAB)({}^tAB) = {}^tBA{}^tAB = {}^tBB = E_n$ より,$(A^{-1}B)^{-1} = {}^t(A^{-1}B)$ となるので,$A^{-1}B \in O(n)$ である.

問 2.1 $\sigma H_2 = \{\sigma, \sigma\tau\} = \{\sigma, (1\,2)\}, \sigma\tau H_2 = \{\sigma\tau, \sigma\tau^2\} = \{\sigma\tau, \sigma\} = \{\sigma, (1\,2)\}, H_2\sigma = \{\sigma, \tau\sigma\} = \{\sigma, (1\,3)\}, H_1^{-1} = \{\mathrm{id}, \sigma^2, \sigma\} = H_1, H_1H_2 = S_3$.

問 2.2 $\sigma, \tau \in H_1 \cup H_2 = \{\mathrm{id}, \sigma, \sigma^2, \tau\}$ であるが,$\sigma\tau \notin H_1 \cup H_2$ である.

問 2.3 $0 \cdot \bar{3} = \bar{0}, 1 \cdot \bar{3} = \bar{3}, 2 \cdot \bar{3} = \bar{2}, 3 \cdot \bar{3} = \bar{1}$ より,$\langle \bar{3} \rangle = \mathbb{Z}/4\mathbb{Z}$ である.一方,$\langle \bar{2} \rangle = \{\bar{0}, \bar{2}\} \neq \mathbb{Z}/4\mathbb{Z}$ である.

問 2.4 $\bar{0}$ の位数は 1.$\bar{1}$ と $\bar{5}$ の位数は 6.$\bar{2}$ と $\bar{4}$ の位数は 3.$\bar{3}$ の位数は 2.

問 2.5 $x, y, z \in G$ とする.$xx^{-1} \in H$ より,$x \equiv_r x$ (H) である.$x \equiv_r y$ (H) ならば,$yx^{-1} = (xy^{-1})^{-1} \in H$ より,$y \equiv_r x$ (H) である.さらに $x \equiv_r y$ $(H), y \equiv_r z$ (H) ならば,$xz^{-1} = (xy^{-1})(yz^{-1}) \in H$ より,$x \equiv_r z$ (H).

問 2.6 $z \in G$ とする.「$zx^{-1} \in H \Leftrightarrow$ ある $h \in H$ に対して $zx^{-1} = h \Leftrightarrow$ ある $h \in H$ に対して $z = hx$」よりしたがう.

問 2.7 $SL(n,\mathbb{R})$ は $GL(n,\mathbb{R})$ の部分群である (問 1.16). 任意の $A \in SL(n,\mathbb{R})$, 任意の $P \in GL(n,\mathbb{R})$ をとる. $\det A = 1$ に注意すれば
$$\det(PAP^{-1}) = \det P \det A \det(P^{-1}) = \det P \cdot 1 \cdot (\det P)^{-1} = 1$$
となるので, $PAP^{-1} \in SL(n,\mathbb{R})$ である.

問 2.8 $y' = xyx^{-1}$ とおくと, $G \triangleright N$ より $y' \in N$ であり, $xy = y'x$. また, $y'' = x^{-1}yx$ とおくと, $y'' \in N$ であり, $yx = xy''$.

問 2.9 $S_3 = \{\mathrm{id}, \sigma, \sigma^2, \tau, \sigma\tau, \sigma^2\tau\}$ である. $\mathrm{id}, \sigma, \sigma^2$ は符号が 1 であり, $\tau, \sigma\tau, \sigma^2\tau$ は符号が -1 であるので, $A_3 = \{\mathrm{id}, \sigma, \sigma^2\} = H_1$ である.

問 2.10 $a,b \in G$ に対して, $g(f(ab)) = g(f(a)f(b)) = g(f(a))g(f(b))$.

問 2.11 (a) $\Rightarrow$ (b) $f(e) = e'$ より, $\mathrm{Ker}(f) \supset \{e\}$ である. また, $x \in \mathrm{Ker}(f)$ とすると, $f(x) = e' = f(e)$ となるが, f が単射であるので, $x = e$ である. 以上のことより, $\mathrm{Ker}(f) = \{e\}$ が得られる.

(b) $\Rightarrow$ (a) $x, y \in G$ が $f(x) = f(y)$ を満たすとする. このとき
$$f(x^{-1}y) = (f(x))^{-1} f(y) = e'$$
より, $x^{-1}y \in \mathrm{Ker}(f) = \{e\}$, すなわち, $x^{-1}y = e$ が得られる. よって, $x = y$ である. したがって, f は単射である.

問 2.12 G/H の任意の元は $\bar{x}\,(x \in G)$ と表されるので, π は全射である. また, $x \in G$ について, $x \in \mathrm{Ker}(\pi) \Leftrightarrow \pi(x) = \bar{e} \Leftrightarrow \bar{x} = \bar{e} \Leftrightarrow x \in H$ であるので, $\mathrm{Ker}(\pi) = H$ である.

問 2.13 $f : S_n \to U_2$ を $f(\sigma) = \mathrm{sgn}(\sigma)\,(\sigma \in S_n)$ と定めると, f は全射準同型写像であり, $\mathrm{Ker}(f) = A_n$ であるので, 準同型定理より, $S_n/A_n \cong U_2$.

問 2.14 $\zeta = \cos(2\pi/m) + \sqrt{-1}\sin(2\pi/m)$ とし, $f : \mathbb{Z} \to U_m$ を $f(k) = \zeta^k\,(k \in \mathbb{Z})$ と定めると, f は全射準同型写像であり, $\mathrm{Ker}(f) = m\mathbb{Z}$ であるので, 準同型定理より, $\mathbb{Z}/m\mathbb{Z} \cong U_m$.

問 2.15 $f : \mathbb{R} \to T$ を $f(\alpha) = \cos(2\pi\alpha) + \sqrt{-1}\sin(2\pi\alpha)\,(\alpha \in \mathbb{R})$ と定めると, f は全射準同型写像であり, $\mathrm{Ker}(f) = \mathbb{Z}$ であるので, 準同型定理より, $\mathbb{R}/\mathbb{Z} \cong T$.

問 2.16 $\alpha = \bar{a}, \beta = \bar{b} \in N'\,(a,b \in N)$ をとると, $a^{-1}b \in N$ より
$$\alpha^{-1}\beta = (\bar{a})^{-1}\bar{b} = \overline{a^{-1}b} \in N'$$
が得られる. さらに, $\bar{e} \in N'$ であるので, N' は G' の部分群である. 次に, 任意の $z = \bar{x} \in G'\,(x \in G)$, 任意の $w = \bar{y} \in N'\,(y \in N)$ をとる

と，$xyx^{-1} \in N$ であるので，$zwz^{-1} = \bar{x}\bar{y}(\bar{x})^{-1} = \overline{xyx^{-1}} \in N'$ となる．よって，$G' \rhd N'$ である．

問 2.17 G/N の元 $\bar{x}$ $(x \in G)$ に対して $h(\bar{x}) = f(x)$ と定める．$x, y \in G$ が $\bar{x} = \bar{y}$ を満たすとき，$x^{-1}y \in N \subset \mathrm{Ker}(f)$ より，$f(x^{-1}y) = e'$ (G' の単位元) であるので，$f(y) = f(xx^{-1}y) = f(x)f(x^{-1}y) = f(x)$ が成り立つ．よって，h は well-defined である．また，$\bar{x}, \bar{y} \in G/N$ $(x, y \in G)$ に対して，$h(\bar{x}\bar{y}) = h(\overline{xy}) = f(xy) = f(x)f(y) = h(\bar{x})h(\bar{y})$ が成り立つので，h は準同型写像である．さらに，$x \in G$ に対して，$h \circ \pi(x) = h(\bar{x}) = f(x)$ となるので，$h \circ \pi = f$ である．また，写像 $\tilde{h} : G/N \to G'$ が $\tilde{h} \circ \pi = f$ を満たすならば，任意の $x \in G$ に対して $\tilde{h}(\bar{x}) = \tilde{h}(\pi(x)) = f(x)$ である．よって，このような性質を持つ写像はただ 1 つである．

問 2.18 $x = (x_1, \ldots, x_n), y = (y_1, \ldots, y_n), z = (z_1, \ldots, z_n) \in G$ とすると
$$(xy)z = (x_1y_1, \ldots, x_ny_n)(z_1, \ldots z_n) = \bigl((x_1y_1)z_1, \ldots, (x_ny_n)z_n\bigr)$$
$$= \bigl(x_1(y_1z_1), \ldots, x_n(y_nz_n)\bigr) = (x_1, \ldots, x_n)(y_1z_1, \ldots, y_nz_n) = x(yz)$$
が成り立つ．また，$e = (e_1, \ldots, e_n)$ とおくと
$$ex = (e_1x_1, \ldots, e_nx_n) = (x_1, \ldots, x_n) = x$$
が成り立つ．同様に，$xe = x$ であるので，e は G の単位元である．さらに
$$(x_1, \ldots, x_n)(x_1^{-1}, \ldots, x_n^{-1}) = (x_1^{-1}, \ldots, x_n^{-1})(x_1, \ldots, x_n) = e$$
であるので，x^{-1} が存在し，$x^{-1} = (x_1^{-1}, \ldots, x_n^{-1})$ である．

問 2.19 任意の $x = (\alpha, \beta) \in G$ $(\alpha \in \mathbb{Z}/2\mathbb{Z}, \beta \in \mathbb{Z}/6\mathbb{Z})$ は $6x = (6\alpha, 6\beta) = 0$ を満たす．よって，G には位数 12 の元が存在しない．一方，$\mathbb{Z}/12\mathbb{Z}$ には位数 12 の元が存在する．よって，この 2 つの群は同型でない．

問 2.20 (1) $ab = ba$ ならば，右から $a^{-1}b^{-1}$ をかければ $aba^{-1}b^{-1} = e$ が得られる．$aba^{-1}b^{-1} = e$ ならば，右から ba をかければ $ab = ba$ が得られる．

(2) $(aba^{-1}b^{-1})^{-1} = (b^{-1})^{-1}(a^{-1})^{-1}b^{-1}a^{-1} = bab^{-1}a^{-1}$.

問 2.21 $ABA^{-1}B^{-1} = A^2 \in D(G)$ であるので，$\bar{A}\bar{B}\bar{A}^{-1}\bar{B}^{-1} = \bar{E}_2$ である．よって，$\bar{B}\bar{A} = \bar{A}\bar{B} = \overline{AB}$ である．

問 2.22 加法群 $(\mathbb{Z}/2\mathbb{Z}) \times (\mathbb{Z}/2\mathbb{Z})$ の乗積表は次の通りである．

	0	α	β	γ
0	0	α	β	γ
α	α	0	γ	β
β	β	γ	0	α
γ	γ	β	α	0

この乗積表と例 2.18 の群 $G/D(G)$ (m が偶数の場合) の乗積表を比べると,対応 $0 \leftrightarrow \bar{E}_2, \alpha \leftrightarrow \bar{A}, \beta \leftrightarrow \bar{B}, \gamma \leftrightarrow \overline{AB}$ が 2 つの群の間の同型対応を与えていることがわかる.

問 2.23 $A = \begin{pmatrix} a_{11} & a_{12} \\ a_{21} & a_{22} \end{pmatrix} \in Z(G)$ とする. $B = \begin{pmatrix} 2 & 0 \\ 0 & 1 \end{pmatrix}, C = \begin{pmatrix} 0 & 1 \\ 1 & 0 \end{pmatrix}$ に対して $AB = BA, AC = CA$ であるので, $a_{12} = a_{21} = 0$. $a_{11} = a_{22}$ となり, $A = cE_2$ ($c \in \mathbb{R}^*$) と表される. 逆に, $A = cE_2$ ($c \in \mathbb{R}^*$) ならば, 任意の $X \in G$ に対して $AX = XA$ であるので, $A \in Z(G)$.

問 2.24 「$h \in H \Rightarrow hH = H = Hh$」より, $H \subset N(H)$ である. また, 任意の $x \in N(H)$ に対して $xH = Hx$ が成り立つので, $N(H) \rhd H$ である.

問 2.25 $x, y, z \in G$ とする. $x = exe^{-1}$ より, $x \sim x$ である. また, $x \sim y$ ならば, $x = uyu^{-1}$ となる $u \in G$ が存在し, $y = u^{-1}xu = u^{-1}x(u^{-1})^{-1}$ となるので, $y \sim x$ である. また, 「$x \sim y$ かつ $y \sim z$」ならば, $x = uyu^{-1}, y = vzv^{-1}$ となる $u, v \in G$ が存在し, $x = u(vzv^{-1})u^{-1} = (uv)z(uv)^{-1}$ となるので, $x \sim z$ である.

問 2.26 $S_3 = \{\mathrm{id}, \sigma, \sigma^2, \tau, \sigma\tau, \sigma^2\tau\}$ である. S_3 の元 x, a に対して xax^{-1} を計算すると, 次の表のようになる.

$x \backslash a$	id	σ	σ^2	τ	$\sigma\tau$	$\sigma^2\tau$
id	id	σ	σ^2	τ	$\sigma\tau$	$\sigma^2\tau$
σ	id	σ	σ^2	$\sigma^2\tau$	τ	$\sigma\tau$
σ^2	id	σ	σ^2	$\sigma\tau$	$\sigma^2\tau$	τ
τ	id	σ^2	σ	τ	$\sigma^2\tau$	$\sigma\tau$
$\sigma\tau$	id	σ^2	σ	$\sigma^2\tau$	$\sigma\tau$	τ
$\sigma^2\tau$	id	σ^2	σ	$\sigma\tau$	τ	$\sigma^2\tau$

この表の縦の列にあらわれる元の組合せが 1 つの共役類である. したがって, 共役類は $\{\mathrm{id}\}, \{\sigma, \sigma^2\}, \{\tau, \sigma\tau, \sigma^2\tau\}$ の 3 つである. ただ 1 つの元

からなる共役類は $\{\mathrm{id}\}$ のみであるので，$Z(G) = \{\mathrm{id}\}$ であり，類等式は $6 = 1 + 2 + 3$ となる．

問 3.1 $a = (1,0), b = (0,1) \in R_1 \times R_2$ とすると，$a \neq (0,0), b \neq (0,0)$ であるが，$ab = (0,0)$ であるので，$R_1 \times R_2$ は整域でない．

問 3.2 まず，$\sqrt{2} \notin \mathbb{Q}$ を背理法によって示しておく．仮に $\sqrt{2} \in \mathbb{Q}$ であるとすると，$\sqrt{2} = \dfrac{q}{p}$ (p, q は互いに素な整数) と表される．このとき，$q^2 = 2p^2$ であるので，q は偶数であり，$q = 2q'$ となる整数 q' が存在する．このとき，$(2q')^2 = 2p^2$ より，$p^2 = 2q'^2$ となるので，p は偶数である．これは p と q が互いに素であることに反する．よって，$\sqrt{2}$ は有理数でない．

$x = a + b\sqrt{2}, y = c + d\sqrt{2} \in K$ とすると
$$x + y = (a + c) + (b + d)\sqrt{2}, \quad xy = (ac + 2bd) + (ad + bc)\sqrt{2} \in K$$
である．また，加法・乗法に関する結合法則，交換法則，分配法則が成り立つ．$0 \in K$ は零元であり，$-x = -a - b\sqrt{2} \in K$ は x の加法に関する逆元であり，$1 \in K$ は単位元である．よって，K は単位元 1 を持つ可換環である．

$x = a + b\sqrt{2} \neq 0$ のとき，$a - b\sqrt{2} \neq 0$ であることに注意する．実際，仮に $a - b\sqrt{2} = 0$ であるとする．$b = 0$ ならば $a = 0$ となり，$x \neq 0$ であることに反するので，$b \neq 0$ であるが，このとき，$\sqrt{2} = \dfrac{a}{b} \in \mathbb{Q}$ となって，$\sqrt{2}$ が有理数でないことに反する．よって，$a - b\sqrt{2}(\neq 0)$ を分母と分子にかけることにより
$$\frac{1}{x} = \frac{1}{a + b\sqrt{2}} = \frac{a}{a - 2b^2} - \frac{b}{a - 2b^2}\sqrt{2} \in K$$
が得られる．よって，K は体である．

問 3.3 $cb = 0$ ならば，$c = cbb^{-1} = 0 \cdot b^{-1} = 0$ となり，仮定に反する．

問 3.4 $\bigcap_{\mu \in M} F_\mu$ が K の部分環であることはすでに示されている．$a \in \bigcap_{\mu \in M} F_\mu$ とし，$a \neq 0$ とすると，任意の $\mu \in M$ に対して $a \in F_\mu \setminus \{0\}$ であり，F_μ が K の部分体であるので，$a^{-1} \in F_\mu$ である．μ は任意であるので，$a^{-1} \in \bigcap_{\mu \in M} F_\mu$ である．よって，$\bigcap_{\mu \in M} F_\mu$ は K の部分体である．

問 3.5 $x = \dfrac{\alpha}{\beta}, y = \dfrac{\gamma}{\delta} \in \tilde{F}$ ($\alpha, \beta, \gamma, \delta \in F[N]$, $\beta, \delta \neq 0$) に対して

$$-x+y = \frac{-\alpha\delta+\beta\gamma}{\beta\delta}, \quad xy = \frac{\alpha\gamma}{\beta\delta} \in \tilde{F}$$

である．また，$x \neq 0$ ならば，$\alpha \neq 0$ であるので，$x^{-1} = \dfrac{\beta}{\alpha} \in \tilde{F}$ である．さらに $F[N] \subset \tilde{F}$ より，$\tilde{F}$ は F と N を含む K の部分体である．

問 3.6 $F(N)$ は K の部分環でもあり，F と N を含むので，$F(N) \supset F[N]$ が成り立つ．一方，仮定より $F[N]$ は K の部分体であり，F と N を含むので，$F[N] \supset F(N)$ が成り立つ．よって，$F(N) = F[N]$ である．

問 3.7 $z \in I$ をとれば，条件 (a) より $-z + z = 0 \in I$ である．$x, y \in I$ とするとき，$x, 0 \in I$ に条件 (a) を適用すれば $-x + 0 = -x \in I$ が得られ，さらに $-x, y$ に条件 (a) を適用すれば $-(-x) + y = x + y \in I$ が得られる．条件 (b) とあわせれば，I が R のイデアルであることがわかる．

問 3.8 $0 \in I$ である．また，$f, g \in I$ とすると
$$(f+g)(a) = f(a) + g(a) = 0 + 0 = 0,$$
$$(f-g)(a) = f(a) - g(a) = 0 - 0 = 0$$
が成り立つので，$f+g, f-g \in I$ である．さらに，$\varphi \in \mathbb{R}[X]$ に対して
$$(\varphi f)(a) = \varphi(a) f(a) = \varphi(a) \cdot 0 = 0$$
が成り立つので，$\varphi f \in I$ である．

問 3.9 $1 \in R = (a)$ より，ある $x \in R$ が存在して，$1 = xa$ となる．

問 3.10 I を $K[X]$ のイデアルとする．$I = \{0\}$ ならば，$I = (0)$ である．そうでないとし，I に含まれる 0 以外の元のうち，次数が最小のものを $p(X)$ とすると，$I = (p(X))$ となる．実際，$p(X) \in I$ より，$(p(X)) \subset I$ である．また，$f(X) \in I$ に対して
$$f(X) = q(X)p(X) + r(X) \quad (q(X), r(X) \in K[X], \deg(r) < \deg(p))$$
となる $q(X), r(X)$ を選ぶと，$r(X) = f(X) - q(X)p(X) \in I$ である．もし $r(X) \neq 0$ ならば，$p(X)$ が I に属する 0 以外の元のうち，次数が最小であることに反する．よって $r(X) = 0$ であり，$f(X) \in (p(X))$ となる．したがって，$I = (p(X))$ である．

問 3.11 $I = (X, 2) = (\varphi)$ $(\varphi \in \mathbb{Z}[X])$ とすると，$2 \in (\varphi)$ より $\varphi | 2$ であるので，$\varphi = \pm 1, \pm 2$ である．さらに $X \in (\varphi)$ より $\varphi | X$ であるので，$\varphi = \pm 1$ である．一方，I の元は $Xf + 2g$ $(f, g \in \mathbb{Z}[X])$ と表されるので，その定数項は 2 の倍数である．よって，$\pm 1 \notin I$ となり，矛盾．

問 3.12 $x, y, z \in R$ とする. $x - x = 0 \in I$ より, $x \equiv x \pmod{I}$ である. $x \equiv y \pmod{I}$ ならば, $y - x = -(x - y) \in I$ より, $y \equiv x \pmod{I}$ が成り立つ. さらに, $x \equiv y \pmod{I}, y \equiv z \pmod{I}$ ならば
$$x - z = (x - y) + (y - z) \in I$$
より, $x \equiv z \pmod{I}$ が成り立つ.

問 3.13 $x \equiv x' \pmod{I}, y \equiv y' \pmod{I}$ ならば, $x - x', y - y' \in I$ であり
$$(x + y) - (x' + y') = (x - x') + (y - y') \in I,$$
$$xy - x'y' = x(y - y') + y'(x - x') \in I$$
となる. よって, $x + y \equiv x' + y' \pmod{I}, xy \equiv x'y' \pmod{I}$.

問 3.14 $\alpha_i = z_i + a_i x \in J \, (z_i \in I, a_i \in R, i = 1, 2), c \in R$ に対して
$$\alpha_1 - \alpha_2 = (z_1 - z_2) + (a_1 - a_2)x \in J, \quad c\alpha_1 = cz_1 + ca_1 x \in J$$
となるので, J は R のイデアルである. $z \in I$ ならば $z = z + 0 \cdot x \in J$ であるので, $I \subset J$ である. さらに, $x = 0 + 1 \cdot x \in J$ であるが, $x \notin I$ であるので, $J \neq I$ である.

問 3.15 (1) $0_R + 0_R = 0_R$ より, $f(0_R) + f(0_R) = f(0_R + 0_R) = f(0_R)$ が成り立つ. この式から辺々 $f(0_R)$ を引けば, 求める式が得られる.
(2) $x + (-x) = 0_R$ より, $f(x) + f(-x) = f(x + (-x)) = f(0_R) = 0_{R'}$ が成り立つ. この式から辺々 $f(x)$ を引けば, 求める式が得られる.
(3) $f(x - y) = f(x) + f(-y) = f(x) + (-f(y)) = f(x) - f(y)$.
(4) $x^{-1} \in R$ が存在して, $xx^{-1} = 1$ であるので, 次が成り立つ.
$$f(x)f(x^{-1}) = f(xx^{-1}) = f(1_R) = 1_{R'}.$$
よって, $f(x)$ は R' の可逆元であり, $(f(x))^{-1} = f(x^{-1})$ である.

問 3.16 $g \circ f(1_R) = g(1_{R'}) = 1_{R''}$ である ($1_R, 1_{R'}, 1_{R''}$ はそれぞれ R, R', R'' の単位元). また, $a, b \in R$ に対して
$$g(f(a + b)) = g(f(a) + f(b)) = g(f(a)) + g(f(b)),$$
$$g(f(ab)) = g(f(a)f(b)) = g(f(a))g(f(b))$$
が成り立つ. よって, $g \circ f$ は準同型写像である.

問 3.17 (1) $1 \in S$ より, $1 = f(1) \in f(S)$ である. $a = f(c), b = f(d) \in f(S) \, (c, d \in S)$ とすると, $c - d, cd \in S$ であるので, 次が成り立つ.

$$a-b = f(c)-f(d) = f(c-d) \in f(S), \quad ab = f(c)f(d) = f(cd) \in f(S).$$

(2) $f(1) = 1 \in S'$ より $1 \in f^{-1}(S')$ である．$x, y \in f^{-1}(S')$ とすると，$f(x), f(y) \in S'$ であるので
$$f(x-y) = f(x) - f(y) \in S', \quad f(xy) = f(x)f(y) \in S'$$
が成り立つ．よって，$x-y, xy \in f^{-1}(S')$ である．

問 3.18 $g(X) \in \mathbb{R}[X]$ に対して
$$g(X) = (X^2+1)q(X) + a + bX \quad (q(X) \in \mathbb{R}[X], \ a, b \in \mathbb{R})$$
となる $q(X), a, b$ を選ぶと
$$g(X) \in \mathrm{Ker}(f) \iff a + b\sqrt{-1} = 0 \iff a = b = 0 \iff g(X) \in (X^2+1).$$

問 3.19 (1) f が単射であるとする．$x \in \mathrm{Ker}(f)$ ならば，$f(x) = 0 = f(0)$ であるが，f が単射であるので，$x = 0$ である．よって，$\mathrm{Ker}(f) = \{0\}$ である．逆に，$\mathrm{Ker}(f) = \{0\}$ とする．$x, y \in R$ が $f(x) = f(y)$ を満たすならば，$f(x-y) = f(x) - f(y) = 0$ より，$x - y \in \mathrm{Ker}(f) = \{0\}$. よって $x = y$ である．したがって，f は単射である．

(2) R が体ならば，命題 3.24 (2) より，$\mathrm{Ker}(f)$ は R または (0) であるが，$f(1) = 1 \neq 0$ より，$1 \notin \mathrm{Ker}(f)$ である．よって，$\mathrm{Ker}(f) = (0)$ であり，(1) より f は単射である．

問 3.20 例 3.21 の準同型写像 f について，$\mathrm{Ker}(f) = (X^2 - 2)$, $\mathrm{Im}(f) = \mathbb{Q}(\sqrt{2})$ である (例 3.25)．準同型定理を適用すれば，求める同型が得られる．

問 3.21 $z_i = x_i + y_i \in I + J \ (x_i \in I, y_i \in J, i = 1, 2), c \in R$ とすると
$$z_1 - z_2 = (x_1 - x_2) + (y_1 - y_2) \in I + J, \quad cz_1 = cx_1 + cy_1 \in I + J$$
となる．また，$0 = 0 + 0 \in I + J$ である．

問 3.22 $a \in R, b \in R \setminus \{0\}$ とする．命題の条件を満たす任意の $\tilde{f}$ に対して，$\tilde{f}\left(\dfrac{a}{1}\right) = \tilde{f}(\iota(a)) = f(a)$ が成り立つ．また，$1 = \tilde{f}\left(\dfrac{1}{1}\right) = \tilde{f}\left(\dfrac{b}{1}\right)\tilde{f}\left(\dfrac{1}{b}\right)$ より，$\tilde{f}\left(\dfrac{1}{b}\right) = (f(b))^{-1}$ が得られる．さらに，$\dfrac{a}{b} = \dfrac{a}{1} \cdot \dfrac{1}{b}$ に注意すれば
$$\tilde{f}\left(\frac{a}{b}\right) = \tilde{f}\left(\frac{a}{1} \cdot \frac{1}{b}\right) = \tilde{f}\left(\frac{a}{1}\right)\tilde{f}\left(\frac{1}{b}\right) = f(a)(f(b))^{-1}$$

が成り立つ．よって，$\tilde{f}$ は一意的に定まる．

問 3.23 $a - b = c$ とおくと，$a = b + c$ より，$a^p = (b+c)^p = b^p + c^p$ となる．よって，$(a-b)^p = c^p = a^p - b^p$ が成り立つ．

問 3.24 (1) $a \neq 0, a(b - b') = 0$ であり，R が整域であるので，$b - b' = 0$．
(2) $a \sim a', b \sim b'$ より，$a = ua', b = vb'$ $(u, v \in R^*)$ と表される．このとき，$uv \in R^*$ であり，$ab = uva'b'$ となるので，$ab \sim a'b'$ である．
(3) $a \sim a'$ より，$a = ua'$ $(u \in R^*)$ と表される．両辺に b をかければ
$$ab = ua'b \tag{A1.1}$$
が得られる．一方，$ab \sim a'b'$ より
$$ab = wa'b' \quad (w \in R^*) \tag{A1.2}$$
と表される．式 (A1.1) と式 (A1.2) より $a'(ub - wb') = 0$ が得られるが，R が整域であり，$a' \neq 0$ であることより，$ub - wb' = 0$ が成り立つ．このとき，$b = u^{-1}wb', u^{-1}w \in R^*$ となるので，$b \sim b'$ である．

問 3.25 $p|p'$ であり，p' は既約元であるので，$p \sim 1$ または $p \sim p'$ となるが，p は可逆元でないので，$p \sim p'$ である．

問 3.26 $x, y \in I, c \in R$ とすると，ある $k, l \in \mathbb{N}$ に対して $x \in I_k, y \in I_l$ となる．$m = \max\{k, l\}$ とすれば，$x, y \in I_m$ であるので，$-x + y \in I_m \subset I, cx \in I_m \subset I$ が成り立つ．また，$0 \in I$ である．よって，I は R のイデアルである．

問 3.27 $b|a$ より，$a \in (b)$ であるので，$(a) \subset (b)$ である．もし $(a) = (b)$ ならば，$b \in (a)$ より，$a|b$ となるが，このとき $b \sim a$ となり，仮定に反する．

問 3.28 $g(X) = f(X)h(X)$ となる $h(X) \in K[X]$ がとれる．$a \in R \setminus \{0\}$ をうまく選んで，$ah(X) \in R[X]$ とする．このとき，$ag(X) = f(X)(ah(X))$ が成り立つので，$R[X]$ において $f(X)|ag(X)$ が成り立つ．$f(X)$ は原始多項式であるので，$R[X]$ において $f(X)|g(X)$ が成り立つ．

問 3.29 (1) R において $f|g$ ならば，$R[X]$ において $f|g$ である．逆に，$R[X]$ において $f|g$ ならば，ある $\tilde{h}(X) \in R[X]$ に対して $g = \tilde{h}(X)f$ となるが，このとき，$\tilde{h}(X) \in R$ となる．よって，R において $f|g$ である．
(2) f は $R[X]$ の可逆元でないので，R の可逆元ではない．$g_1, g_2 \in R$ が R において $f|g_1g_2$ を満たすとすると，$R[X]$ においても $f|g_1g_2$ が成り立つ．f が $R[X]$ の素元であるので，$R[X]$ において $f|g_1$ または $f|g_2$

214　問の解答

が成り立ち，したがって，R においても $f|g_1$ または $f|g_2$ が成り立つ．よって f は R の素元である．

問 3.30 $b = a_1 a_2 \cdots a_r$, $c = a_2 \cdots a_r b^{-1}$ とおくと，$a_1 c = 1$ であるので，a_1 は可逆元である．$a_2, \ldots, a_r$ についても同様である．

問 4.1 (1) $0_R + 0_R = 0_R$ より，$0_R \cdot x + 0_R \cdot x = 0_R \cdot x$．両辺に $-(0_R \cdot x)$ を加えれば，$0_R \cdot x = 0_M$ が得られる．

(2) $1_R + (-1_R) = 0_R$，および小問 (1) より
$$0_M = 0_R \cdot x = 1_R \cdot x + (-1_R) \cdot x = x + (-1_R) \cdot x$$
となる．これより，$(-1_R) \cdot x = -x$ が得られる．

問 4.2 $f(0) = f(0 \cdot x) = 0 \cdot f(x) = 0$, $f(-x) = f((-1)x) = (-1)f(x) = -f(x)$.

問 4.3 f が単射ならば，$f(x) = 0 \, (= f(0))$ を満たす x は 0 のみであるので，$\mathrm{Ker}(f) = \{0\}$ である．逆に，$\mathrm{Ker}(f) = \{0\}$ とするとき，$f(x) = f(y)$ ならば，$f(x - y) = f(x) - f(y) = 0$ より $x - y \in \mathrm{Ker}(f) = \{0\}$ であるので，$x = y$ となる $(x, y \in M)$．よって，f は単射である．

問 4.4 $\pi' \colon M' \to M'/N'$ を標準的準同型写像とする．$\pi' \circ f \colon M \to M'/N'$ は全射な R 線形写像であり，$x \in M$ に対して
$$x \in \mathrm{Ker}(\pi' \circ f) \iff \pi'(f(x)) = \bar{0} \iff f(x) \in N' \iff x \in f^{-1}(N')$$
が成り立つので，$\mathrm{Ker}(\pi' \circ f) = f^{-1}(N') = N$ である．$\pi' \circ f$ に準同型定理を適用すれば，$M/N \cong M'/N'$ が得られる．

問 4.5 (1) $x \in M_3$ に対して $f_2(y) = x$ となる $y \in M_2$ を選び，$z = \varphi_2(y)$, $w = g_2(z)$ とおき，$\varphi_3(x) = w$ と定める．$\varphi_3(x)$ は well-defined である．実際，$f_2(y') = x$, $z' = \varphi_2(y')$, $w' = g_2(z')$ とすると，$f_2(y' - y) = 0$ より，$f_1(u) = y' - y$ となる $u \in M_1$ が存在する．$v = \varphi_1(u)$ とおくと
$$g_1(v) = g_1 \circ \varphi_1(u) = \varphi_2 \circ f_1(u) = \varphi_2(y' - y) = z' - z$$
が成り立つ．このとき，$g_2(z' - z) = g_2 \circ g_1(v) = 0$ であるので
$$w' = g_2(z') = g_2(z' - z) + g_2(z) = g_2(z) = w$$
が成り立つ．よって，$w = \varphi_3(x)$ は y の選び方によらず定まる．

φ_3 は R 線形写像である．実際，$x_1, x_2 \in M_3$, $c \in R$ とし，$y_1, y_2 \in M_2$ は $f_2(y_i) = x_i$ を満たすとし，$z_i = \varphi_2(y_i)$ とおくと $(i = 1, 2)$

$$f_2(y_1 + y_2) = f_2(y_1) + f_2(y_2) = x_1 + x_2,$$
$$\varphi_2(y_1 + y_2) = \varphi_2(y_1) + \varphi_2(y_2) = z_1 + z_2$$

が成り立つので，φ_3 の定め方より

$$\varphi_3(x_1 + x_2) = g_2(z_1 + z_2) = g_2(z_1) + g_2(z_2) = \varphi_3(x_1) + \varphi_3(x_2)$$

が成り立つ．同様に，$\varphi_3(cx_1) = g_2(cz_1) = cg_2(z_1) = c\varphi_3(x_1)$ も成り立つ．

また，φ_3 の作り方より，$\varphi_3 \circ f_2 = g_2 \circ \varphi_2$ がしたがう．

(2) 次の可換図式に Five Lemma を適用すればよい．

$$\begin{array}{ccccccccc}
M_1 & \xrightarrow{f_1} & M_2 & \xrightarrow{f_2} & M_3 & \longrightarrow & 0 & \longrightarrow & 0 \quad (\text{exact}) \\
\downarrow \psi_1 & & \downarrow \varphi_2 & & \downarrow \varphi_3 & & \downarrow & & \downarrow \\
N_1 & \xrightarrow{g_1} & N_2 & \xrightarrow{g_2} & N_3 & \longrightarrow & 0 & \longrightarrow & 0 \quad (\text{exact}).
\end{array}$$

問 4.6 $x = (x_1, \ldots, x_n), y = (y_1, \ldots, y_n) \in R^n, c \in R$ に対して

$$\psi_E(x+y) = \sum_{i=1}^{n}(x_i + y_i)e_i = \sum_{i=1}^{n}x_i e_i + \sum_{i=1}^{n}y_i e_i = \psi_E(x) + \psi_E(y),$$
$$\psi_E(cx) = \sum_{i=1}^{n}cx_i e_i = c\sum_{i=1}^{n}x_i e_i = c\psi_E(x)$$

が成り立つので，ψ_E は R 線形写像である．

問 4.7 (1) $(1, 0, \ldots, 0, 0), (0, 1, \ldots, 0, 0), \ldots, (0, 0, \ldots, 1, 0) \in R^m$ は R 上線形独立であって，M' の任意の元はこれらの元の R 上の線形結合の形に表されるので，これらの元は M' の基底であり，$M' \cong R^{m-1}$ である．
(2) $\text{Ker}(f) = \{(x_i) \in M \mid x_m = 0\} = M' = \text{Im}(\iota)$ である．また，ι は単射であり，f は全射である．
(3) $\text{Ker}(f|_N) = \text{Ker}(f) \cap N = M' \cap N = N' = \text{Im}(\iota|_{N'})$ である．また，$\iota|_{N'}$ は単射であり，$f|_N : N \to f(N)$ は全射である．

問 4.8 成分がすべて 0 の行や列を含む行列式は 0 である．また，B の第 i 行 $(1 \leq i \leq r)$ の 0 でない成分は (i, i) 成分のみである．よって $1 \leq k \leq r$ であるときは，B の 0 でない k 次小行列式は，第 i_1 行，…，第 i_k 行と第 i_1 列，…，第 i_k 列 $(1 \leq i_1 < i_2 < \cdots < i_k \leq r)$ を用いて作ったものに限られ，その値は $e_{i_1} e_{i_2} \cdots e_{i_k}$ である．$i_1 \geq 1, i_2 \geq 2, \ldots, i_k \geq k$ より，$e_{i_1} e_{i_2} \cdots e_{i_k}$ はすべて $e_1 e_2 \cdots e_k$ の倍元であり，$i_j = j \, (1 \leq j \leq k)$

のとき, $e_{i_1}e_{i_2}\cdots e_{i_k} = e_1 e_2 \cdots e_k$ であるので, $I_k(B) = (e_1 \epsilon_2 \cdots e_k)$ である. $k > r$ のとき, B の k 次小行列は, 成分がすべて 0 の列を必ず含むので, k 次小行列式はすべて 0 であり, $I_k(B) = (0)$ である.

問 4.9 仮定より T_A は単射である. g が全射であることは, その形からわかる. また, $x = {}^t(x_1, \ldots, x_n) \in R^n$ に対して
$$g \circ T_A(x) = (e_1 x_1 \bmod (e_1), \ldots, e_n x_n \bmod (e_n), 0, \ldots, 0) = 0$$
となる. さらに, $z = {}^t(z_1, \ldots, z_m) \in R^m$ が $g(z) = 0$ を満たすならば
$$z_i \in (e_i) \ (1 \leq i \leq n), \quad z_{n+1} = \cdots = z_m = 0$$
が成り立つので, $z_i = e_i y_i$ を満たす $y_i \in R \, (1 \leq i \leq n)$ が存在する. そこで, $y = {}^t(y_1, \ldots, y_n) \in R^n$ とおけば, $T_A(y) = z$ となる.

問 4.10 (1) $x \in M'$ とすると, ある $a \in R \setminus \{0\}$ に対して $ax = 0$ となる.
$$a\varphi(x) = \varphi(ax) = \varphi(0) = 0$$
より, $\varphi(x) \in M_1'$ である. よって, $\varphi(M') \subset M_1'$ が成り立つ. 逆写像 φ^{-1} についても同様の考察をすることにより, $\varphi(M') = M_1'$ が得られる.

(2) 次の可換図式に問 4.5 を適用すればよい.

$$\begin{array}{ccccccccc}
0 & \longrightarrow & M' & \longrightarrow & M & \longrightarrow & M/M' & \longrightarrow & 0 \quad (\text{exact}) \\
& & \downarrow \varphi|_{M'} & & \downarrow \varphi & & & & \\
0 & \longrightarrow & M_1' & \longrightarrow & M_1 & \longrightarrow & M_1/M_1' & \longrightarrow & 0 \quad (\text{exact}).
\end{array}$$

問 5.1 $\varphi(X) = X^2 + 1$ とすると, $\varphi(i) = 0$ を満たす. $i \notin \mathbb{R}$ より, i の $\mathbb{R}$ 上の最小多項式の次数は 2 以上であるが, $\deg(\varphi) = 2$ であるので, $\varphi(X)$ は i の $\mathbb{R}$ 上の最小多項式である.

問 5.2 2 次式 $g(X)$ は実根を持たないので, $\mathbb{Q}[X]$ における既約多項式である. $h(X)$ の最高次係数は 1 であり, $\deg(h) = 3$ であるので, もし $h(X)$ が $\mathbb{Z}[X]$ における可約多項式ならば
$$h(X) = X^3 - 2 = (X - a)(X^2 + bX + c) \quad (a, b, c \in \mathbb{Z})$$
と分解する. このとき, $h(a) = 0, ac = 2$ であるが, $h(1), h(-1), h(2), h(-2)$ はいずれも 0 でない. よって, $h(X)$ は $\mathbb{Z}[X]$ における既約多項式であり, したがって, $\mathbb{Q}[X]$ における既約多項式である.

問 5.3 $a, b \in \mathbb{Q}$ が $a+b\sqrt{2}=0$ を満たすとする．$b \neq 0$ ならば，$\sqrt{2}=-\dfrac{a}{b} \in \mathbb{Q}$ となって矛盾．よって $b=0$．このとき，$a=0$ も成り立つ．

問 5.4 問題の条件を満たす有理数 a, b が存在したと仮定する．$ab=0$ より，$a=0$ または $b=0$ である．$a=0$ ならば，$2b^2=3$ である．そこで，$b=\dfrac{q}{p}$ (p, q は互いに素な整数) と表すと，$2q^2=3p^2$ であるので，p は偶数である．このとき，$p=2p'$ となる整数 p' に対して，$q^2=6p'^2$ となるので，q も偶数である．これは p, q が互いに素であることに反する．$b=0$ ならば，$a^2=3$ となる．$a=\dfrac{s}{r}$ (r, s は互いに素な整数) と表すと，$s^2=3r^2$ より，$s=3s'$ となる整数 s' が存在する．このとき，$3s'^2=r^2$ となるので，r も 3 の倍数となって，矛盾する．

問 5.5 $E \supset F$ は有限次拡大であるので，E の元はすべて F 上代数的である．$[E:F]=n$ に関する帰納法を用いる．$n=1$ ならば正しい．$n \geq 2$ とし，拡大次数が $(n-1)$ 以下のときには正しいと仮定する．$\beta \in E \setminus F$ をとり，β の F 上の最小多項式の次数を s とすると，$s \geq 2$ である．このとき
$$n = [E:F] = [E:F(\beta)][F(\beta):F] = s[E:F(\beta)]$$
より，$[E:F(\beta)] < n$ であるので，帰納法の仮定より，ある $\beta_1, \ldots, \beta_l$ に対して $E = F(\beta)(\beta_1, \ldots, \beta_l)$ となる．このとき，$E = F(\beta, \beta_1, \ldots, \beta_l)$ が成り立つ．

問 5.6 $\alpha = a+b\sqrt{2}$, $\beta = c+d\sqrt{2}$ ($a, b, c, d \in \mathbb{Q}$) とするとき，次が成り立つ．
$$\alpha + \beta\sqrt{3} = a + b\sqrt{2} + c\sqrt{3} + d\sqrt{6},$$
$$\sigma(\alpha + \beta\sqrt{3}) = a + b\sqrt{2} - c\sqrt{3} - d\sqrt{6} = \alpha - \beta\sqrt{3}.$$
また，$\theta_i = \alpha_i + \beta_i\sqrt{3}$ ($\alpha_i, \beta_i \in K$, $i=1, 2$) に対して
$$\sigma(\theta_1 + \theta_2) = (\alpha_1 + \alpha_2) - (\beta_1 + \beta_2)\sqrt{3} = \sigma(\theta_1) + \sigma(\theta_2),$$
$$\sigma(\theta_1 \theta_2) = \alpha_1\alpha_2 + 3\beta_1\beta_2 - (\alpha_1\beta_2 + \alpha_2\beta_1)\sqrt{3} = \sigma(\theta_1)\sigma(\theta_2)$$
が成り立つ．さらに，σ は全単射であり，$\theta \in K$ ならば $\sigma(\theta) = \theta$ であるので，σ は E の K 上の自己同型写像である．

問 5.7 $\gamma \in F(\beta_1, \ldots, \beta_n)$ とすると，ある $\varphi, \psi \in F[X_1, \ldots, X_n]$ が存在して
$$\gamma = \frac{\varphi(\beta_1, \ldots, \beta_n)}{\psi(\beta_1, \ldots, \beta_n)}, \quad \psi(\beta_1, \ldots, \beta_n) \neq 0$$

と表される．このとき，次が成り立つ．
$$\sigma(\gamma) = \frac{\sigma(\varphi(\beta_1,\ldots,\beta_n))}{\sigma(\psi(\beta_1,\ldots,\beta_n))}$$
$$= \frac{\varphi(\sigma(\beta_1),\ldots,\sigma(\beta_n))}{\psi(\sigma(\beta_1),\ldots,\sigma(\beta_n))} \in F(\sigma(\beta_1),\ldots,\sigma(\beta_n)).$$

問 5.8 $f(X)$ は $E[X]$ 内で 1 次式の積に分解するので，E は $f(X)$ の K 上の分解体である．また，$E = F(\alpha_1,\ldots,\alpha_n)$ ($\alpha_1,\ldots,\alpha_n$ は $f(X)$ の根) という形であるので，$E = K(\alpha_1,\ldots,\alpha_n)$ も成り立つ．よって，E は $f(X)$ の K 上の最小分解体である．

問 5.9 $F[X]$ における既約多項式 $q(X)$ が E 内に根 β を持つとすると，$q(X)$ は β の F 上の最小多項式であるので，仮定より，$q(X)$ は $E[X]$ において 1 次式の積に分解する．よって，E は F の正規拡大体である．次に，任意の $\alpha \in E$ をとり，α の F 上の最小多項式を $\varphi(X)$ とすると，仮定より，$\varphi(X)$ は分解体内で重根を持たないので，α は F 上分離的である．よって，E は F の分離拡大体である．

問 5.10 τS の任意の元は $\tau\sigma(\alpha)$ ($\sigma \in G$) という形であるが，$\tau\sigma \in G$ より，$\tau\sigma(\alpha) \in S$ である．よって，$\tau S \subset S$ である．任意の $\sigma(\alpha) \in S$ ($\sigma \in G$) に対して，$\sigma(\alpha) = \tau(\tau^{-1}\sigma(\alpha)) \in \tau S$ が成り立つので，$S \subset \tau S$ である．

問 5.11 $\sigma|_K = \tau|_K$ ならば，$\sigma(\theta) = \tau(\theta)$ である．逆に，$\sigma(\theta) = \tau(\theta)$ ならば，任意の $z = f(\theta) \in K$ ($f(X) \in F[X]$) に対して，次が成り立つ．
$$\sigma(z) = \sigma(f(\theta)) = f(\sigma(\theta)) = f(\tau(\theta)) = \tau(f(\theta)) = \tau(z).$$

問 5.12 (1) $\sqrt[3]{2}, \sqrt[3]{2}\omega, \sqrt[3]{2}\omega^2 \in \mathbb{Q}(\sqrt[3]{2},\omega)$ より $\mathbb{Q}(\sqrt[3]{2},\sqrt[3]{2}\omega,\sqrt[3]{2}\omega^2) \subset \mathbb{Q}(\sqrt[3]{2},\omega)$ である．一方
$$\sqrt[3]{2} \in \mathbb{Q}(\sqrt[3]{2},\sqrt[3]{2}\omega,\sqrt[3]{2}\omega^2), \quad \omega = \frac{\sqrt[3]{2}\omega}{\sqrt[3]{2}} \in \mathbb{Q}(\sqrt[3]{2},\sqrt[3]{2}\omega,\sqrt[3]{2}\omega^2)$$
より $\mathbb{Q}(\sqrt[3]{2},\omega) \subset \mathbb{Q}(\sqrt[3]{2},\sqrt[3]{2}\omega,\sqrt[3]{2}\omega^2)$ である．

(2) $\sigma,\tau \in G$ に対して，$\Phi(\sigma\tau) = \sigma\tau|_S = (\sigma|_S) \circ (\sigma|_S) = \Phi(\sigma)\Phi(\sigma)$ であるので，Φ は準同型写像である．また，$\sigma \in \mathrm{Ker}(\Phi)$ とすると
$$\sigma(\omega) = \sigma\left(\frac{\sqrt[3]{2}\omega}{\sqrt[3]{2}}\right) = \frac{\sigma(\sqrt[3]{2}\omega)}{\sigma(\sqrt[3]{2})} = \frac{\sqrt[3]{2}\omega}{\sqrt[3]{2}} = \omega$$
が成り立つ．$\sigma(\sqrt[3]{2}) = \sqrt[3]{2}, \sigma(\omega) = \omega$ より，$\sigma = \mathrm{id}$ である (詳細な検討

は読者にゆだねる).よって,$\mathrm{Ker}(\Phi) = \{\mathrm{id}\}$ であり,Φ は単射である.

(3) $\omega \notin \mathbb{Q}(\sqrt[3]{2})$ より,ω の $\mathbb{Q}(\sqrt[3]{2})$ 上の最小多項式の次数は 2 以上である.一方,$h(X) = X^2 + X + 1 \in \mathbb{Q}(\sqrt[3]{2})[X]$ は ω を根に持つので,$h(X)$ は ω の $\mathbb{Q}(\sqrt[3]{2})$ 上の最小多項式であり,$[E : \mathbb{Q}(\sqrt[3]{2})] = \deg(h) = 2$ である.

(4) $K = \mathbb{Q}(\sqrt[3]{2})$ とおく.$\tau(\sqrt[3]{2}) = \sqrt[3]{2}$ より,$\sqrt[3]{2} \in E^H$ である.よって,$K \subset E^H$ である.一方,τ は E の K 上の自己同型写像であって

$$\tau(\omega) = \tau\left(\frac{\sqrt[3]{2}\omega}{\sqrt[3]{2}}\right) = \frac{\tau(\sqrt[3]{2}\omega)}{\tau(\sqrt[3]{2})} = \frac{\sqrt[3]{2}\omega^2}{\sqrt[3]{2}} = \omega^2$$

を満たす.$[E : K] = 2$ より,E の任意の元 z は $z = \alpha + \beta\omega$ ($\alpha, \beta \in K$) と表される.このとき

$$z \in E^H \Longrightarrow \alpha + \beta\omega^2 = \alpha + \beta\omega \Longrightarrow \beta = 0 \Longrightarrow z \in K$$

が成り立つので,$E^H \subset K$ である.よって,$E^H = K = \mathbb{Q}(\sqrt[3]{2})$ である.

問 5.13 $\deg(f) = n$ に関する帰納法を用いる.$n = 1$ のとき正しい.$n \geq 2$ とし,$\alpha \in F$ を $f(X)$ の根とする.このとき

$$f(X) = (X - \alpha)f_1(X) \quad (f_1(X) \in F[X])$$

と表される.帰納法の仮定より,$f_1(X)$ は $F[X]$ 内で 1 次式の積に分解するので,$f(X)$ も $F[X]$ 内で 1 次式の積に分解する.

問 5.14 α が K 上代数的であるので,$K(\alpha)$ は K の代数拡大体である.仮定より K は F の代数拡大体であるので,系 5.18 より,$K(\alpha)$ は F の代数拡大体である.よって,α は F 上代数的である.

索 引

■欧文先頭

Five Lemma　121
PID　78
UFD　97
well-defined　10

■あ行

アーベル群の基本定理　56, 150
アイゼンシュタインの判定法　107
アーベル群　21

位数 (群の)　22
位数 (群の元の)　37
一意分解整域　97
1 次結合　77, 112
1 次従属　123
1 次独立　122
一般線形群　25
イデアル ($\mathbb{Z}$ の)　2
イデアル (環の)　75
因子　69
因数定理　69

演算 (2 項演算)　21
延長 (体の同型写像の)　164

オイラー関数　15
オイラーの定理　16

■か行

階数　124
ガウスの補題　102

可換環　10
可換群の基本定理　56
可換群　21
可換図式　119
可逆 (行列が)　130
可逆元　13
核 (環の準同型写像の)　85
核 (群の準同型写像の)　47
核 (線形写像の)　116
拡大次数　154
拡大体　151
加群　109
合併集合　34
加法群　22
可約元　96
可約多項式　100
ガロア拡大　185
ガロア拡大体　185
ガロア群　186
ガロア理論　164
環　10
完全系列　119
簡約法則　22

奇置換　20
基底 (拡大体の)　154
基底 (加群の)　123
基本行列　135
基本変形　136
逆行列　130
既約元　96

索引 221

逆元　10, 13, 21
既約多項式　100
逆置換　17
既約分解　97
共通部分　34
共役 (群の元の)　60
共役 (部分群の)　63
共役類　60
行列式　130
行列の定める線形写像　115
極大イデアル　81

偶置換　20
群　21

係数　65
結合法則　11, 21
原始多項式　102

交換子　57
交換子群　57
交換法則　11
合成数　1
合成体　191
交代群　24
合同 (m を法として)　7
合同式　7
恒等置換　17
公倍数　2
公約数　2
互換　17
固定体　168
根　69

■さ行

最高次係数　65

最小公倍数　2
最小分解体　171
最大公約数　2
最小多項式　152
座標写像　126

自己同型群 (体の)　166
自己同型写像 (環の)　83
自己同型写像 (群の)　30
自己同型写像 (部分体上の体の)　165
次数 (1 変数多項式の)　65
次数 (n 変数多項式の)　66
次数 (体の元の)　152
指数 (部分群の)　41
自然基底　123
自然な準同型写像 (加群の)　116
自然な準同型写像 (環の)　83
自然な準同型写像 (群の)　48
実数体　13
自由加群　123
巡回群　36
準同型写像 (加群の)　115
準同型写像 (環の)　83
準同型写像 (群の)　30
準同型定理 (加群の)　116
準同型定理 (環の)　85
準同型定理 (群の)　48
商加群　114
小行列　141
小行列式　141
商群　45
商集合 (正規部分群による)　44
商集合 (同値関係による)　9
乗積表　29
商体　92
乗法群　22

剰余加群　114
剰余環　80
剰余群　45
剰余定理　69
剰余類 (m を法とする)　8
剰余類 (正規部分群に関する)　44
シローの定理　63
シロー部分群　63

推移律　7

整域　14
正規拡大　183
正規拡大体　183
正規化群　60
正規部分群　43
整数環　64
生成 (イデアルの)　76
生成 (加群の)　111
生成 (環の)　71
生成 (群の)　35
生成系 (加群の)　112
生成系 (群の)　36
生成元 (イデアルの)　76
生成元 (巡回群の)　36
生成元の集合 (群の)　36
生成 (体の)　72
積 (乗法群における)　22
積 (置換の)　17
零加群　110
零元　10
零写像　115
線形結合　77, 112
線形写像　115
線形従属　123
線形独立　122

素イデアル　81
素因数分解　5
像 (環の準同型写像の)　85
像 (群の準同型写像の)　47
像 (線形写像の)　116
双対加群　118
素元　96
素元分解　97
素元分解整域　99
素数　1
素体　93

■た行
第 1 同型定理　53
第 2 同型定理　53
第 3 同型定理　53
対称群　17, 23
対称律　7
代数拡大　162
代数拡大体　162
代数学の基本定理　198
代数的　151
代数的数　199
代数的に従属　201
代数的に独立　201
代数閉体　198
代数閉包　198
体の拡大　151
互いに素　2, 102
多項式　65
多項式環　65, 66
単位元　10, 21
単位元を持つ (環が)　10
単位的準同型写像　83
短完全系列　120
単元　13

単項イデアル　78
単項イデアル環　78
単項イデアル整域　78
単純拡大　156
単純拡大体　156

置換　16
置換群　24
中間体　151
中国剰余定理　88
中心化群　59
中心　59
超越拡大　162
超越拡大体　162
超越基底　201
超越次数　201
超越数　199
超越的　151
直積 (環の)　65
直積 (群の)　54
直和　110
直和因子　113
直和に分解する (直和分解)　113
直交群　26

デロスの問題　159
転倒数　19

同型 (加群の)　115
同型 (環の)　83
同型 (群の)　30
同型写像 (加群の)　115
同型写像 (環の)　83
同型写像 (群の)　30
同型写像 (部分体上の)　164
同型 (部分体上の)　164

導多項式　178
同値関係　7
同値類　7
同伴　95
特殊線形群　26
特殊直交群　26
閉じている (演算について)　22

■な行
内容　102

二面体群　28

ねじれ R 加群　128
ねじれがない　128
ねじれ元　127
ねじれ部分　128

■は行
倍元　95
倍数　1
反射律　7

非可換群　21
左合同　38
左商集合　40
左剰余類　39
非分離拡大　181
非分離拡大体　181
非分離的　181
表現行列　131
標準基底　123
標準的準同型写像 (加群の)　116
標準的準同型写像 (環の)　83
標準的準同型写像 (群の)　48
標数　92

フェルマの小定理　14, 15
複素数体　13
複素平面　155
符号 (置換の)　18
不定元　65
部分加群　111
部分環　70
部分群　23
部分集合の族　34
部分体　70
不変体　168
フロベニウス写像　93
分解体　171
分離拡大　181
分離拡大体　181
分離多項式　181
分離的　181

変換行列 (基底の)　132
変数　65

包含写像　120

■ま行
右合同　38
右商集合　40
右剰余類　39

無限群　22
無限次拡大　154
無限次拡大体　154
無限体　14

■や行
約元　95

約数　1
ユークリッドの互除法　5
有限群　22
有限次拡大　154
有限次拡大体　154
有限生成 (イデアルの)　78
有限生成 (加群の)　112
有限生成 (環の)　71
有限生成 (群の)　36
有限生成 (体の)　72
有限体　14
有理関数体　92
有理数体　13
有理整数環　64
ユニモジュラー行列　131

余因子　130
余因子行列　130
余核　120

■ら行
ラグランジュの定理　41

立方体倍積作図問題　159

類別 (同値関係による)　8

■わ行
和 (加法群における)　22
和集合　34
割り切れる　69

海老原　円
えびはら・まどか

略歴
1962 年　　東京都生まれ
1985 年　　東京大学理学部数学科卒業．同大学院を経て，
1989 年　　学習院大学助手
現　　在　　埼玉大学大学院理工学研究科准教授
博士 (理学) 東京大学
専門は代数幾何学

著書
『線形代数』(数学書房)
『14 日間でわかる代数幾何学事始』(日本評論社)
『詳解と演習大学院入試問題〈数学〉―大学数学の理解を深めよう』(数理工学社)
『例題から展開する線形代数』(サイエンス社)
『例題から展開する線形代数演習』(サイエンス社)
『例題から展開する集合・位相』(サイエンス社)
『じっくり速習線形代数と微分積分　大学理系篇』(数学書房)
『文系学部のための線形代数と微分積分』(日本評論社)

代数学教本

2018 年　1月20日　第 1 版第 1 刷発行
2024 年　9月20日　第 1 版第 2 刷発行

著者	海老原 円
発行者	横山 伸
発行	有限会社　数学書房
	〒 101-0051　　東京都千代田区神田神保町 1-32-2
	TEL　　03-5281-1777
	FAX　　03-5281-1778
	mathmath@sugakushobo.co.jp
	振込口座　　00100-0-372475
印刷製本	精文堂印刷株式会社
組版	野崎 洋
装幀	岩崎寿文

ⓒMadoka Ebihara 2018
ISBN 978-4-903342-85-6

数学書房

◆ テキスト理系の数学3
線形代数
海老原 円 著

本書は理工系大学1,2年生向けの教科書・参考書.
題材を基本的なものに限定した上で,一つ一つの話題に関する記述を
できるだけ丁寧に解説して理解しやすいものを目指した.
A5判／2600円+税／978-4-903342-33-7

代数の魅力
木村達雄・竹内光弘・宮本雅彦・森田 純 共著

群, 環, 体, 整数論を, 雪の結晶, 正四面体など,
豊富な具体例を取り上げながらやさしく解説した.
少ない予備知識で代数系の魅力を味わいたいというかたにお勧め.
A5判／2400円+税／978-4-903342-11-5

◆ テキスト理系の数学10
代 数 学
津村博文 著

群, 環, 体という代数系の基本的概念を解説.
大学理系2,3年生向け教科書・参考書.
A5判／2300円＋税／978-4-903342-40-5

整数の分割
ジョージ・アンドリュース, キムモ・エリクソン 著／佐藤文広 訳

オイラー, ルジャンドル, ラマヌジャン, セルバーグなどが研究発展してきた分野.
少ない予備知識でこれほど深い数学が楽しめる話題は他にない.
本邦初の入門書.
A5判／2800円+税／978-4-903342-61-0

じっくり速習 線形代数と微分積分 大学理系篇
海老原 円 著

微分積分と線形代数を1年間で履修する「速習」型の講義のためのテキスト.
「速習」が成功するかどうかは, 基礎的な考察にじっくり取り組めたかどうかに
かかっている, といっても過言ではない.「じっくり速習」をめざして執筆した.
A5判／2600円＋税／978-4-903342-88-7